U0118798

国家出版基金资助项目

现代数学中的著名定理纵横谈丛书

丛书主编　王梓坤

MÖBIUS FUNCTION

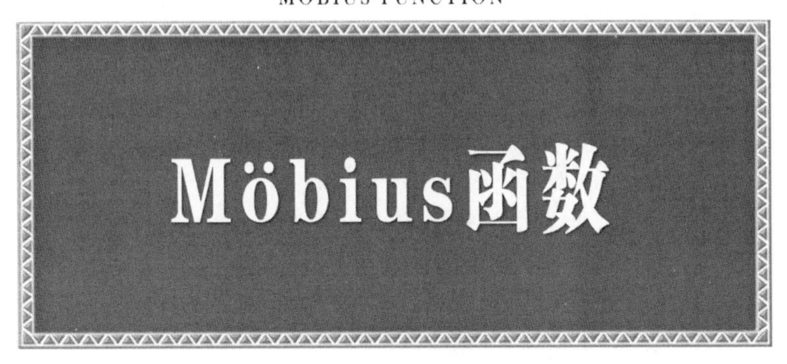

Möbius函数

刘培杰数学工作室　编

哈爾濱工業大學出版社
HITP HARBIN INSTITUTE OF TECHNOLOGY PRESS

内 容 简 介

本书主要阐述了麦比乌斯函数及其相关理论，并详细介绍了有关麦比乌斯函数在高等数学中的若干应用.

本书适合于高等学校数学及相关专业师生使用，也适合于数学爱好者参考阅读.

图书在版编目(CIP)数据

Mobius 函数/刘培杰数学工作室编. —哈尔滨：哈尔滨工业大学出版社，2024. 3

（现代数学中的著名定理纵横谈丛书）

ISBN 978－7－5603－9679－8

Ⅰ. ①M… Ⅱ. ①刘… Ⅲ. ①灭比乌斯函数 Ⅳ. ①O156

中国版本图书馆 CIP 数据核字(2021)第 191596 号

MÖBIUS HANSHU

策划编辑　刘培杰　张永芹
责任编辑　甄淼淼　钱辰琛
封面设计　孙茵艾
出版发行　哈尔滨工业大学出版社
社　　址　哈尔滨市南岗区复华四道街 10 号　邮编 150006
传　　真　0451－86414749
网　　址　http://hitpress.hit.edu.cn
印　　刷　辽宁新华印务有限公司
开　　本　787 mm×960 mm　1/16　印张 16.25　字数 180 千字
版　　次　2024 年 3 月第 1 版　2024 年 3 月第 1 次印刷
书　　号　ISBN 978－7－5603－9679－8
定　　价　98.00 元

⊙代序

读书的乐趣

你最喜爱什么——书籍.

你经常去哪里——书店.

你最大的乐趣是什么——读书.

这是友人提出的问题和我的回答. 真的,我这一辈子算是和书籍,特别是好书结下了不解之缘. 有人说,读书要费那么大的劲,又发不了财,读它做什么? 我却至今不悔,不仅不悔,反而情趣越来越浓. 想当年,我也曾爱打球,也曾爱下棋,对操琴也有兴趣,还登台伴奏过. 但后来却都一一断交,"终身不复鼓琴". 那原因便是怕花费时间,玩物丧志,误了我的大事——求学. 这当然过激了一些. 剩下来唯有读书一事,自幼至今,无日少废,谓之书痴也可,谓之书橱也可,管它呢,人各有志,不可相强. 我的一生大志,便是教书,而当教师,不多读书是不行的.

读好书是一种乐趣,一种情操;一种向全世界古往今来的伟人和名人求教的方法，一种和他们展开讨论的方式；一封出席各种活动、体验各种生活、结识各种人物的邀请信；一张迈进科学官殿和未知世界的入场券；一股改造自己、丰富自己的强大力量．书籍是全人类有史以来共同创造的财富，是永不枯竭的智慧的源泉．失意时读书，可以使人重整旗鼓；得意时读书，可以使人头脑清醒；疑难时读书，可以得到解答或启示；年轻人读书，可明奋进之道；年老人读书，能知健神之理．浩浩乎！洋洋乎！如临大海，或波涛汹涌，或清风微拂，取之不尽，用之不竭．吾于读书，无疑义矣，三日不读，则头脑麻木，心摇摇无主．

潜能需要激发

我和书籍结缘，开始于一次非常偶然的机会．大概是八九岁吧，家里穷得揭不开锅，我每天从早到晚都要去田园里帮工．一天，偶然从旧木柜阴湿的角落里，找到一本蜡光纸的小书，自然很破了．屋内光线暗淡，又是黄昏时分，只好拿到大门外去看．封面已经脱落，扉页上写的是《薛仁贵征东》．管它呢，且往下看．第一回的标题已忘记，只是那首开卷诗不知为什么至今仍记忆犹新：

日出遥遥一点红，飘飘四海影无踪．

三岁孩童千两价，保主跨海去征东．

第一句指山东，二、三两句分别点出薛仁贵（雪、人贵）．那时识字很少，半看半猜，居然引起了我极大的兴趣，同时也教我认识了许多生字．这是我有生以来独立看的第一本书．尝到甜头以后，我便千方百计去找书，向小朋友借，到亲友家找，居然断断续续看了《薛丁山征西》《彭公案》《二度梅》等，樊梨花便成了我心中的女英雄. 我真入迷了. 从此, 放牛也罢, 车水也罢, 我总要带一本书, 还练出了边走田间小路边读书的本领, 读得津津有味, 不知人间别有他事.

当我们安静下来回想往事时, 往往会发现一些偶然的小事却影响了自己的一生. 如果不是找到那本《薛仁贵征东》, 我的好学心也许激发不起来. 我这一生, 也许会走另一条路. 人的潜能, 好比一座汽油库, 星星之火, 可以使它雷声隆隆、光照天地; 但若少了这粒火星, 它便会成为一潭死水, 永归沉寂.

抄, 总抄得起

好不容易上了中学, 做完功课还有点时间, 便常光顾图书馆. 好书借了实在舍不得还, 但买不到也买不起, 便下决心动手抄书. 抄, 总抄得起. 我抄过林语堂写的《高级英文法》, 抄过英文的《英文典大全》, 还抄过《孙子兵法》, 这本书实在爱得狠了, 竟一口气抄了两份. 人们虽知抄书之苦, 未知抄书之益, 抄完毫末俱见, 一览无余, 胜读十遍.

始于精于一, 返于精于博

关于康有为的教学法, 他的弟子梁启超说: "康先生之教, 专标专精、涉猎二条, 无专精则不能成, 无涉猎则不能通也." 可见康有为强烈要求学生把专精和广博 (即 "涉猎") 相结合.

在先后次序上, 我认为要从精于一开始. 首先应集中精力学好专业, 并在专业的科研中做出成绩, 然后逐步扩大领域, 力求多方面的精. 年轻时, 我曾精读杜布 (J. L. Doob) 的《随机过程论》, 哈尔莫斯 (P. R. Halmos) 的《测度论》等世界数学名著, 使我终身受益. 简言之, 即 "始于精于一, 返于精于博". 正如中国革命一样，必须先有一块根据地，站稳后再开创几块，最后连成一片.

丰富我文采，澡雪我精神

辛苦了一周，人相当疲劳了，每到星期六，我便到旧书店走走，这已成为生活中的一部分，多年如此. 一次，偶然看到一套《纲鉴易知录》，编者之一便是选编《古文观止》的吴楚材. 这部书提纲挈领地讲中国历史，上自盘古氏，直到明末，记事简明，文字古雅，又富于故事性，便把这部书从头到尾读了一遍. 从此启发了我读史书的兴趣.

我爱读中国的古典小说，例如《三国演义》和《东周列国志》. 我常对人说，这两部书简直是世界上政治阴谋诡计大全. 即以近年来极时髦的人质问题（伊朗人质、劫机人质等），这些书中早就有了，秦始皇的父亲便是受害者，堪称"人质之父".

《庄子》超尘绝俗，不屑于名利. 其中"秋水""解牛"诸篇，诚绝唱也.《论语》束身严谨，勇于面世，"己所不欲，勿施于人"，有长者之风. 司马迁的《报任少卿书》，读之我心两伤，既伤少卿，又伤司马；我不知道少卿是否收到这封信，希望有人做点研究. 我也爱读鲁迅的杂文，果戈理、梅里美的小说. 我非常敬重文天祥、秋瑾的人品，常记他们的诗句："人生自古谁无死，留取丹心照汗青""休言女子非英物，夜夜龙泉壁上鸣". 唐诗、宋词、《西厢记》《牡丹亭》，丰富我文采，澡雪我精神，其中精粹，实是人间神品.

读了邓拓的《燕山夜话》，既叹服其广博，也使我动了写《科学发现纵横谈》的心. 不料这本小册子竟给我招来了上千封鼓励信. 以后人们便写出了许许多多的“纵横谈”.

从学生时代起,我就喜读方法论方面的论著.我想,做什么事情都要讲究方法,追求效率、效果和效益,方法好能事半而功倍.我很留心一些著名科学家、文学家写的心得体会和经验.我曾惊讶为什么巴尔扎克在51年短短的一生中能写出上百本书,并从他的传记中去寻找答案.文史哲和科学的海洋无边无际,先哲们的明智之光沐浴着人们的心灵,我衷心感谢他们的恩惠.

读书的另一面

以上我谈了读书的好处,现在要回过头来说说事情的另一面.

读书要选择.世上有各种各样的书:有的不值一看,有的只值看20分钟,有的可看5年,有的可保存一辈子,有的将永远不朽.即使是不朽的超级名著,由于我们的精力与时间有限,也必须加以选择.决不要看坏书,对一般书,要学会速读.

读书要多思考.应该想想,作者说得对吗?完全吗?适合今天的情况吗?从书本中迅速获得效果的好办法是有的放矢地读书,带着问题去读,或偏重某一方面去读.这时我们的思维处于主动寻找的地位,就像猎人追找猎物一样主动,很快就能找到答案,或者发现书中的问题.

有的书浏览即止,有的要读出声来,有的要心头记住,有的要笔头记录.对重要的专业书或名著,要勤做笔记,“不动笔墨不读书”.动脑加动手,手脑并用,既可加深理解,又可避忘备查,特别是自己的灵感,更要及时抓住.清代章学诚在《文史通义》中说:“札记之功必不可少,如不札记,则无穷妙绪如雨珠落大海矣.”

许多大事业、大作品，都是长期积累和短期突击相结合的产物．涓涓不息，将成江河；无此涓涓，何来江河？

爱好读书是许多伟人的共同特性，不仅学者专家如此，一些大政治家、大军事家也如此．曹操、康熙、拿破仑、毛泽东都是手不释卷，嗜书如命的人．他们的巨大成就与毕生刻苦自学密切相关．

王梓坤

◎目录

麦比乌斯函数的提出与性质

第一章

§0 一道小题引出的重要函数

数学奥林匹克是数学普及的重要阵地，许多数学中的重要内容都会以各种形式出现在各级竞赛试题中，如下面的2015年全国高中数学联赛四川赛区预赛试题：

试题 对任意正整数 n，定义函数 $\mu(n)$

$$\mu(1)=1$$

且当 $n=p_1^{\alpha_1}p_2^{\alpha_2}\cdots p_t^{\alpha_t}\geqslant 2$ 时

$$\mu(n)=\begin{cases}(-1)^t, \alpha_1=\alpha_2=\cdots=\alpha_t=1\\ 0, 否则\end{cases}$$

其中，$t\geqslant 1$，$p_1,p_2,\cdots,p_t$ 为不同的素数.

若记 $A=\{x_1,x_2,\cdots,x_k\}$ 为12的

全部不同正因数的集合，则 $\sum_{i=1}^{k}\mu(x_i)=$ ________.

解 由 $12=2^2\times 3$，知 $A=\{1,2,3,2^2,2\times 3,2^2\times 3\}$，则

$$\sum_{i=1}^{k}\mu(x_i)=\mu(1)+(\mu(2)+\mu(3))+\mu(2\times 3)+(\mu(2^2)+\mu(2^2\times 3))=1+[(-1)^1+(-1)^1]+(-1)^2+(0+0)=0$$

稍有些数学素养的人一看便知它就是近代数学中的重要函数——麦比乌斯(Möbius)函数.

§1 一道美国数学奥林匹克试题

试题 多项式 $(1-z)^{b_1}(1-z^2)^{b_2}\cdots(1-z^{32})^{b_{32}}$，其中 b_i 为正整数，具有以下性质：将它乘开后，如果忽略 z 的高于 32 次的那些项，那么留下的就是 $1-2z$. 试求 b_{32}.

这是第 17 届美国数学奥林匹克第 5 题，它的解答是比较容易想到的

$$(1-z)^{b_1}(1-z^2)^{b_2}\cdots(1-z^{32})^{b_{32}}\equiv 1-2z \pmod{z^{33}}$$

所以比较 z 的系数得 $b_1=2$. 将上式左边的多项式 $f(z)$ 乘以 $f(-z)$ 产生

$$(1-z^2)^{b_1+2b_2}(1-z^4)^{2b_4}(1-z^6)^{b_3+2b_6}\cdots(1-z^{32})^{2b_{32}}\equiv 1-4z^2 \pmod{z^{34}}$$

即

$$g(w)=(1-w)^{b_1+2b_2}(1-w^2)^{2b_4}\cdot$$

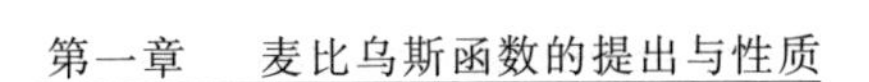

$$(1-w^3)^{b_3+2b_6}(1-w^4)^{2b_8}\cdot\cdots\cdot$$
$$(1-w^{16})^{2b_{32}}\equiv$$
$$1-4w(\bmod w^{17})$$

比较 w 的系数得 $b_1+2b_2=4$，从而 $b_2=1$，有

$$g(w)g(-w)\equiv(1-w^2)^{b_1+2b_2+4b_4}(1-w^4)^{4b_8}\cdot\cdots\cdot$$
$$(1-w^{16})^{4b_{32}}\equiv$$
$$1-16w^2(\bmod w^{18})$$

可推得

$$b_1+2b_2+4b_4=16$$

从而

$$b_4=\frac{16-4}{4}=3$$

如此继续下去，依次得出

$$b_8=30,b_{16}=2^{12}-2^4=4\ 080$$

最后由方程

$$b_1+2b_2+4b_4+8b_8+16b_{16}+32b_{32}=2^{32}$$

得

$$b_{32}=\frac{2^{32}-2^{16}}{32}=2^{27}-2^{11}$$

现在的问题是如何能得到 b_n 的一般表达式. 我们说，如果利用数论中著名的麦比乌斯函数 $\mu(d)$，可将一般表达式表示为 $b_n=\frac{1}{n}\sum\limits_{d\mid n}\mu(d)2^{\frac{n}{d}}(1\leqslant n\leqslant 32)$，其中“$\sum\limits_{d\mid n}$”表示对 n 的所有正因数 d 求和.

例 设 m 是大于 1 的整数，证明：满足 $p\equiv 1(\bmod m)$ 的素数有无穷多个.

证明 本题的证明分两步，首先证明存在使 $p\equiv 1(\bmod m)$ 的素数 p，这里 m 是任意正整数，其次证明这样的素数有无穷多个.

作多项式

$$F_m(x)=\prod_{d\mid m}(x^{\frac{m}{d}}-1)^{\mu(d)}$$

其中,d 是 m 的因数,$\mu(d)$ 是麦比乌斯函数,$F_m(x)$ 的根均为 m 阶单位根. 显然 $F_m(x)$ 是主系数为 1 的整系数多项式,如设

$$x^m-1=F_m(x)G(x)$$

则 $G(x)$ 也是整系数多项式. 取 x 的值为 a,且为 m 的倍数,则由于 a^m-1 与 m 互素,故 $F_m(a)$ 也与 m 互素. 又由于使 $F_m(x)=\pm 1$ 的 x 的值只有有限个,故可取这样的 a,使 $F_m(a)\neq\pm 1$.

现设 $F_m(a)$ 的任意一个素因数为 p,可以证明 $p\equiv 1(\mathrm{mod}\ m)$. 由于$(F_m(a),m)=1$,故$(p,m)=1$,且

$$a^m\equiv 1(\mathrm{mod}\ p)$$

因此 a 关于模 p 的阶数 l 是 m 的因数. 可以证明 $l=m$. 事实上,如果 $l<m$,则 $F_m(x)$ 与 x^l-1 没有公共根(因为 $F_m(x)$ 的根均为 m 阶单位根,而 $l<m$),而 x^m-1 可被 x^l-1 整除,这就表明 $G(x)$ 可被 x^l-1 整除. 如设 $G(x)=(x^l-1)H(x)$,则

$$F_m(x)H(x)=\frac{x^m-1}{x^l-1}=1+x^l+(x^l)^2+\cdots+(x^l)^{\frac{m}{l}}$$

由于 $a^l\equiv 1(\mathrm{mod}\ p)$,$F_m(a)\equiv 0(\mathrm{mod}\ p)$,故

$$0\equiv F_m(a)H(a)=1+a^l+(a^l)^2+\cdots+(a^l)^{\frac{m}{l}}\equiv \frac{m}{l}(\mathrm{mod}\ p)$$

这表示 $p\mid m$,但这与 $p\nmid m$ 矛盾,故 $m=l$. 这样再由费马(Fermat) 定理便知 m 是 $p-1$ 的因数,即 $p\equiv 1(\mathrm{mod}\ m)$. 于是就证明了的确存在这样的素数 p,使

$p \equiv 1 (\bmod m)$.

其次证明这样的素数有无穷多个. 由上面的证明可知,存在满足如下条件的素数 $p_1, p_2, \cdots, p_i, \cdots$,即

$$p_1 \equiv 1 (\bmod m)$$
$$p_2 \equiv 1 (\bmod mp_1)$$
$$\vdots$$
$$p_i \equiv 1 (\bmod mp_1 p_2 \cdots p_{i-1})$$
$$\vdots$$

显然有 $p_i \equiv 1 (\bmod m)(i=1,2,\cdots)$,这表示满足 $p \equiv 1 (\bmod m)$ 的素数有无穷多个.

§2　麦比乌斯其人

奥古斯特·费迪南德·麦比乌斯(August Ferdinand Möbius,1790—1868)出生于德国瑙姆堡(Naumberg)附近的休普福特. 他的父亲是舞蹈教师,他的母亲是马丁·路德(Martin Luther)的后裔. 麦比乌斯在13岁前一直接受家庭教育,很小的时候就显露出他在数学上的天赋. 1809年进入莱比锡大学,在那里他接受了正规的数学教育. 他原本学法律,但后来决定投身于他喜欢的领域——数学、物理学和天文学. 他在哥廷根大学深造的时候,跟随高斯(Gauss)学习天文学. 在哈雷(Halle),他跟随普法夫(Pfaff)学习数学,后来他成为莱比锡大学的天文与高等力学教授. 麦比乌斯在很多领域都做出了贡献,如天文学、力学、射影几何、光学、静力学和数论. 麦比乌斯最著名的成就

是发现了单侧曲面，称之为麦比乌斯带(Möbius strip)，即把一个纸带旋转半圈，再把两端粘上.

麦比乌斯虽然是一位著名的数学家，但其后代精通数学的却不多.他的孙子也叫麦比乌斯，却是一位神经病学专家，严重缺乏数学知识，并受此拖累得到了一些不正确的结果.

据法国著名数学家雅克·阿达玛(Jacques Hadamard，1865—1963)在其《数学领域中的发明心理学》中曾介绍说：

客观方法已被广泛地用来研究各种类型的发明，但却还没有用来研究数学的发明.不过尚有一个例外，那就是由著名的加尔(Gall)所创立的一种很古怪的理论，即所谓的“骨相说”.加尔的确有许多了不起的见解，而且他是大脑皮层分区理论的创立者，但这个“骨相说”原则，正如近代一些神经病学专家所认为的，却是一个很荒谬的假说.此原则认为，人的数学能力是由头盖骨上的一个隆起部分，即一个局部的骨相所决定的.

加尔的思想在1900年被麦比乌斯的孙子所继承.

麦比乌斯的孙子写了一本书，按一位神经病学专家的观点，对数学能力做了相当广泛而深入的研究.书中包括诸如数学家的家谱、经历和数学之外的才能等各方面的丰富资料，从而使这本书饶有趣味.虽然这本书中的一些重要资料是颇有价值的，但就全书而论，实际上并没有提出什么新颖的观点，至多只有一个关于数学家的艺术爱好的观点可算作例外；麦比乌斯的孙子证实了一个实际上早就流传的观点，即数学家都很喜欢音乐，因而他断定，数学家对其他艺术也是很有兴

趣的.麦比乌斯的孙子基本上同意加尔的结论,虽然他们在使用数学符号是否描述得更为明白或更加灵活等问题上还有些不同的意见.

尽管如此,加尔－麦比乌斯(此处指麦比乌斯的孙子)的"骨相"假说并没有得到普遍承认.解剖学家和神经病学专家都很激烈地反对加尔,因为加尔所认定的那个"大脑形状与脑壳形状相一致"的骨相学原则是不准确的……

当然,若把加尔的原则作如下的广义解释,即认为数学能力是依赖于大脑的结构和生理活动的,那么上述种种矛盾问题就不复存在了.然而,加尔和麦比乌斯的孙子的解释却并非如此.

§3　麦比乌斯函数的提出

设 f 为算术函数[①],f 的和函数 F 为 $F(n)=\sum_{d|n}f(d)$,它是根据 f 的值所决定的.这种关系可以反过来吗?也就是说,是否存在一种用 F 来求出 f 的值的简便方法?本节我们将给出这样的公式.首先通过一些研究来看看什么样的公式是可行的.

若 f 是算术函数,则 F 是它的和函数 $F(n)=\sum_{d|n}f(d)$.按照定义分别展开 $F(n)$,$n=1,2,\cdots,8$,我们有

① 所谓算术函数是指定义在正整数集上的有确定值的函数.

$$
\begin{aligned}
F(1) &= f(1) \\
F(2) &= f(1) + f(2) \\
F(3) &= f(1) + f(3) \\
F(4) &= f(1) + f(2) + f(4) \\
F(5) &= f(1) + f(5) \\
F(6) &= f(1) + f(2) + f(3) + f(6) \\
F(7) &= f(1) + f(7) \\
F(8) &= f(1) + f(2) + f(4) + f(8)
\end{aligned}
$$

从上面的方程中解出 $f(n)$ 在 $n=1,2,\cdots,8$ 处的值，我们得到

$$
\begin{aligned}
f(1) &= F(1) \\
f(2) &= F(2) - F(1) \\
f(3) &= F(3) - F(1) \\
f(4) &= F(4) - F(2) \\
f(5) &= F(5) - F(1) \\
f(6) &= F(6) - F(3) - F(2) + F(1) \\
f(7) &= F(7) - F(1) \\
f(8) &= F(8) - F(4)
\end{aligned}
$$

注意到 $f(n)$ 等于形式为 $\pm F\left(\frac{n}{d}\right)$ 的一些项之和，其中 $d \mid n$. 从这个现象，可能有这样的一个等式，形式为

$$f(n) = \sum_{d \mid n} \mu(d) F\left(\frac{n}{d}\right)$$

其中 μ 是算术函数. 如果等式成立，我们计算得到 $\mu(1)=1, \mu(2)=-1, \mu(3)=-1, \mu(4)=0, \mu(5)=-1, \mu(6)=1, \mu(7)=-1$ 和 $\mu(8)=0$. 又 $F(p)=f(1)+f(p)$ 给出 $f(p)=F(p)-F(1)$，其中 p 是素数，则 $\mu(p)=-1$. 又因为

$$F(p^2)=f(1)+f(p)+f(p^2)$$

我们有

$$f(p^2)=F(p^2)-(F(p)-F(1))-F(1)=$$
$$F(p^2)-F(p)$$

这要求对任意素数 p，有 $\mu(p^2)=0$. 类似的原因给出对任意素数 p 且 $k>1$，有 $\mu(p^k)=0$. 如果我们猜想 μ 是积性函数①，则 μ 的值就由所有素数幂处的值所决定. 这就给出下面的定义.

定义　麦比乌斯函数 $\mu(n)$ 定义为

$$\mu(n)=\begin{cases}1,\text{如果 } n=1\\(-1)^r,\text{如果 } n=p_1p_2\cdots p_r,\\\quad\text{其中 } p_i(i=1,\cdots,r)\text{ 为不同的素数}\\0,\text{其他情形}\end{cases}$$

麦比乌斯函数以奥古斯特·费迪南德·麦比乌斯的名字命名.

由该定义可知当 n 被一个素数平方整除时，则 $\mu(n)=0$. 在那些不含平方因子的 n 处，$\mu(n)\neq 0$.

例 1　从 $\mu(n)$ 的定义，得到 $\mu(1)=1$，$\mu(2)=-1$，$\mu(3)=-1$，$\mu(4)=\mu(2^2)=0$，$\mu(5)=-1$，$\mu(6)=\mu(2\times 3)=1$，$\mu(7)=-1$，$\mu(8)=\mu(2^3)=0$，$\mu(9)=\mu(3^2)=0$ 和 $\mu(10)=\mu(2\times 5)=1$.

例 2　我们有 $\mu(330)=\mu(2\times 3\times 5\times 11)=$

---

①　如果数论函数 $f(n)$ 同时满足以下两个条件：

$f(n)$ 不恒等于 0；

对于互素的正整数 n_1 和 n_2 满足

$$f(n_1n_2)=f(n_1)f(n_2)$$

则称 $f(n)$ 是积性函数.

$(-1)^4=1$,$\mu(660)=\mu(2^2\times 3\times 5\times 11)=0$ 和 $\mu(4\ 290)=\mu(2\times 3\times 5\times 11\times 13)=(-1)^5=-1$.

下面我们举一个例子说明其应用.

《美国数学月刊》第 51 卷第 8 ~ 9 期第 4072 号问题如下:

例 3　求证下式成立

$$e^x=\frac{(1-x^2)^{\frac{1}{2}}(1-x^3)^{\frac{1}{3}}(1-x^5)^{\frac{1}{5}}\cdots}{(1-x)(1-x^6)^{\frac{1}{6}}(1-x^{10})^{\frac{1}{10}}\cdots}$$

$|x|<1$,等式右端的分式中,分子中的 x 的指数是含奇数个不重复素数因子的整数,而在分母中的 x 的指数含偶数个不重复的素数因子.

证明　我们考虑函数

$$f(x)=-\sum_{n=1}^{\infty}\frac{\mu(n)\lg(1-x^2)}{n},\ |x|<1$$

其中 $\mu(n)$ 是麦比乌斯函数,那么

$$f(x)=\sum_{n=1}^{\infty}\frac{\mu(n)}{n}\sum_{\gamma=1}^{\infty}\frac{x^{n\gamma}}{\gamma}=$$

$$\sum_{n=1}^{\infty}\sum_{\gamma=1}^{\infty}\frac{\mu(n)}{n\gamma}x^{n\gamma},\ |x|<1$$

在这个展开式中,x^m 的系数是

$$\sum_{n|m}\frac{\mu(n)}{m}=\frac{1}{m}\sum_{n|m}\mu(n)=0,m\neq 1$$

因此,当 $f(x)=x$ 时,$e^x=\sum_{n=1}^{\infty}(1-x^n)^{-\frac{\mu(n)}{n}}$. 这将给出所求的结果.

§4　一道涉及麦比乌斯函数的国家集训队试题

试题　设正整数数列$\{a_n\}(n\geqslant 1)$满足$(a_m,a_n)=a_{(m,n)}$(对所有的$m,n\in\mathbf{N}^*$).求证:对任意的$n\in\mathbf{N}^*$,$\prod\limits_{d\mid n}a_d^{\mu\left(\frac{n}{d}\right)}$是一个整数,其中$\mu(n)$为麦比乌斯函数.

证法1　先证明一个引理.

引理:设$p_1,\cdots,p_k$是互不相同的素数,$M=p_1\cdots p_k$,正整数数列$\{b_n\}(n\mid M)$满足:对任意的$r\mid M$,$s\mid M$,有$(b_r,b_s)=b_{(r,s)}$,则$\prod\limits_{d\mid M}b_{\frac{M}{d}}^{\mu(d)}$是一个正整数.

引理的证明:首先注意到,当$n\mid\dfrac{M}{p_k}$时,有$p_k\mid M$,$n\mid M$,故$(b_{np_k},b_n)=b_n$.从而对任意的$n\mid\dfrac{M}{p_k}$,$f_n=\dfrac{b_{np_k}}{b_n}$是一个正整数.对任意的$r\mid\dfrac{M}{p_k}$,$s\mid\dfrac{M}{p_k}$,我们先证明

$$(f_r,f_s)=f_{(r,s)} \tag{1}$$

为了证明式(1),一方面,由条件易知$b_r\mid b_{rp_k}$及$b_{(r,s)p_k}\mid b_{rp_k}$,从而$[b_r,b_{(r,s)p_k}]\mid b_{rp_k}$.但$p_k\nmid r$,故

$$(b_r,b_{(r,s)p_k})=b_{(r,(r,s)p_k)}=b_{(r,s)}$$

于是利用$[u,v](u,v)=uv$(u,v为正整数),可得

$$b_{(r,s)p_k}b_r\mid b_{(r,s)}b_{rp_k}$$

故由f_n的上述定义,可得$f_{(r,s)}\mid f_r$.同理$f_{(r,s)}\mid f_s$,于是$f_{(r,s)}\mid(f_r,f_s)$.

另一方面,由$b_{(r,s)}\mid b_r$,知$\dfrac{b_{rp_k}}{b_r}\mid\dfrac{b_{rp_k}}{b_{(r,s)}}$,同理有$\dfrac{b_{sp_k}}{b_s}\mid$

$\frac{b_{sp_k}}{b_{(r,s)}}$,由此易知

$$\left(\frac{b_{rp_k}}{b_r},\frac{b_{sp_k}}{b_s}\right)\mid\left(\frac{b_{rp_k}}{b_{(r,s)}},\frac{b_{sp_k}}{b_{(r,s)}}\right)$$

而

$$\left(\frac{b_{rp_k}}{b_r},\frac{b_{sp_k}}{b_s}\right)=(f_r,f_s)$$

$$\left(\frac{b_{rp_k}}{b_{(r,s)}},\frac{b_{sp_k}}{b_{(r,s)}}\right)=\frac{(b_{rp_k},b_{sp_k})}{b_{(r,s)}}=\frac{b_{(r,s)p_k}}{b_{(r,s)}}=f_{(r,s)}$$

故$(f_r,f_s)\mid f_{(r,s)}$.

综上,即知式(1) 成立.

现在对 k 进行归纳证明命题. 当 $k=1$ 时,$M=p_1$,由已知条件知$(b_1,b_{p_1})=b_1$,故 $b_1\mid b_{p_1}$,因此

$$\prod_{d\mid M}b_{\frac{M}{d}}^{\mu(d)}=\frac{b_{p_1}}{b_1}$$

是一个正整数.

设命题在 $k-1$ 时成立($k\geqslant 2$). 下面证明,命题在 k 时也成立.

由式(1) 及归纳假设,可知 $\prod_{d\mid\frac{M}{p_k}}f_{\frac{M}{dp_k}}^{\mu(d)}$ 是一个正整数,而

$$\prod_{d\mid M}b_{\frac{M}{d}}^{\mu(d)}=\prod_{\substack{d\mid M\\ p_k\nmid d}}b_{\frac{M}{d}}^{\mu(d)}\cdot\prod_{\substack{d\mid M\\ p_k\mid d}}b_{\frac{M}{d}}^{\mu(d)}=$$

$$\prod_{d\mid\frac{M}{p_k}}b_{\frac{M}{d}}^{\mu(d)}\cdot b_{\frac{M}{dp_k}}^{\mu(dp_k)}=$$

$$\prod_{d\mid\frac{M}{p_k}}\left(\frac{b_{\frac{M}{d}}}{b_{\frac{M}{dp_k}}}\right)^{\mu(d)}=$$

$$\prod_{d\mid\frac{M}{p_k}} f_{\frac{M}{dp_k}}^{\mu(d)}$$

因此$\prod_{d\mid M} b_{\frac{M}{d}}^{\mu(d)}$ 是一个正整数,即命题在 k 时也成立.(这里用到一个事实:当$d\mid\frac{M}{p_k}$时,有$\mu(dp_k)=-\mu(d)$.这是因为若 d 是 l 个互不相同的素数之积,则 dp_k 是 $l+1$ 个互不相同的素数之积,故 $\mu(dp_k)=(-1)^{l+1}=(-1)\times(-1)^l=-\mu(d)$.)

最后,再来证原问题.对给定的 $n\in\mathbf{N}^*$,若 $n=1$,则

$$\prod_{d\mid n} a_d^{\mu\left(\frac{n}{d}\right)}=a_1$$

是一个正整数.

若 $n>1$,设 $n=p_1^{\alpha_1}\cdots p_k^{\alpha_k}$,令 $t=p_1^{\alpha_1-1}\cdots p_k^{\alpha_k-1}$,显然 t 是一个正整数.

对所有的 $r\mid p_1\cdots p_k$,考虑一个新数列$\{h_r\}$,其中 $h_r=a_{rt}$.

显然$\{h_r\}$为正整数数列,且对任意的 $r\mid p_1\cdots p_k$,$s\mid p_1\cdots p_k$,有

$$(h_r,h_s)=(a_{rt},a_{st})=$$
$$a_{(rt,st)}=a_{(r,s)t}=$$
$$h_{(r,s)}$$

由引理可知

$$\prod_{d\mid p_1\cdots p_k} h_{\frac{p_1\cdots p_k}{d}}^{\mu(d)}$$

是一个正整数.从而

$$\prod_{d\mid n} a_d^{\mu\left(\frac{n}{d}\right)}=\prod_{d\mid n} a_{\frac{n}{d}}^{\mu(d)}=\prod_{d\mid\frac{n}{t}} a_{\frac{n}{d}}^{\mu(d)}=$$

$$\prod_{d\mid\frac{n}{t}} h_{\frac{t}{d}}^{\mu(d)} = \prod_{d\mid p_1\cdots p_k} h_{\frac{p_1\cdots p_k}{d}}^{\mu(d)}$$

是一个正整数(证毕).

单墫教授针对此题给出了一个富有启发性的解答.

证法 2　我们从简单情况逐步做起.

我们记

$$(a_m, a_n) = a_{(m,n)} \tag{2}$$

(1) 当 $n=1$ 时,$\prod\limits_{d\mid n} a_d^{\mu\left(\frac{n}{d}\right)}$ 只有一项 $a_1^{\mu(1)}=a_1$ 是整数.

(2) 当 n 为质数 p 时

$$\prod_{d\mid n} a_d^{\mu\left(\frac{n}{d}\right)} = a_1^{\mu(p)} a_p^{\mu(1)} = a_1^{-1} a_p$$

而由式(2),有

$$(a_p, a_1) = a_1$$

所以 $a_1 \mid a_p$,$a_1^{-1}a_p$ 是整数.

(3) 当 $n=pq$,p 与 q 为不同的质数时,则

$$\prod_{d\mid n} a_d^{\mu\left(\frac{n}{d}\right)} = a_1 a_p^{\mu(q)} a_q^{\mu(p)} a_{pq} = a_1 a_p^{-1} a_q^{-1} a_{pq} \tag{3}$$

$$(a_p, a_q) = a_{(p,q)} = a_1$$

所以 $a_1a_p^{-1}a_q^{-1}=[a_p,a_q]^{-1}$,这里$[a_p,a_q]$是 a_p,a_q 的最小公倍数.而由式(2)知

$$(a_{pq}, a_p) = a_p, (a_{pq}, a_q) = a_q$$

所以 a_{pq} 是 a_p,a_q 的公倍数.故

$$a_1 a_p^{-1} a_q^{-1} a_{pq} = \frac{a_{pq}}{[a_p, a_q]}$$

是整数.

(4) 当 $n=p_1p_2\cdots p_k$,$p_1,p_2,\cdots,p_k$ 为不同的质数时,有

$$\prod_{d|n} a_d^{\mu\left(\frac{n}{d}\right)}=a_{p_1p_2\cdots p_k}(a_{p_1p_2\cdots p_{k-1}}\cdots a_{p_2p_3\cdots p_k})^{-1}\cdot$$
$$(a_{p_1p_2\cdots p_{k-2}}\cdots a_{p_3p_4\cdots p_k})\cdot\cdots\cdot$$
$$(a_{p_1p_2\cdots p_{k-1}p_k})^{(-1)^{k-2}}\cdot$$
$$(a_{p_1}a_{p_2}\cdots a_{p_k})^{(-1)^{k-1}}\cdot a_1^{(-1)^k}\tag{4}$$

其中第一个括号内的乘数,下标为 $k-1$ 个质数的积;第二个括号内的乘数,下标为 $k-2$ 个质数的积……

设任一质数 x 在 $a_{p_1p_2\cdots p_{k-1}},\cdots,a_{p_2p_3\cdots p_k}$ 中出现的次数依次为 $\alpha_k,\alpha_{k-1},\cdots,\alpha_1$,则由式(2),第二个括号内,每一个乘数是第一个括号内的某两个的最大公约数,x 的次数为

$$\min\{\alpha_i,\alpha_j\},1\leqslant i<j\leqslant k\tag{5}$$

第三个括号内的各乘数中,x 的次数为

$$\min\{\min\{\alpha_i,\alpha_j\},\min\{\alpha_i,\alpha_t\}\}=$$
$$\min\{\alpha_i,\alpha_j,\alpha_t\},1\leqslant i<j<t\leqslant k\tag{6}$$

$$\vdots$$

于是

$$(a_{p_1p_2\cdots p_{k-1}}\cdots a_{p_2p_3\cdots p_k})(a_{p_1p_2\cdots p_{k-2}}\cdots a_{p_3p_4\cdots p_k})^{-1}\cdot\cdots\cdot$$
$$(a_{p_1p_2\cdots p_k})^{(-1)^k}a_1^{(-1)^{k+1}}$$

中 x 的次数为

$$\alpha_1+\alpha_2+\cdots+\alpha_k-\sum\min\{\alpha_i,\alpha_j\}+$$
$$\sum\min\{\alpha_i,\alpha_j,\alpha_t\}-\cdots+$$
$$(-1)^{k+1}\min\{\alpha_1,\alpha_2,\cdots,\alpha_k\}\tag{7}$$

易知式(7)的值为

$$\max\{\alpha_1,\alpha_2,\cdots,\alpha_k\}\tag{8}$$

因此

$$(a_{p_1p_2\cdots p_{k-1}}\cdots a_{p_2p_3\cdots p_k})(a_{p_1p_2\cdots p_{k-2}}\cdots a_{p_3p_4\cdots p_k})^{-1}\cdot\cdots\cdot$$

$$(a_{p_1p_2\cdots p_k})^{(-1)^k}a_1^{(-1)^{k+1}}=$$
$$[a_{p_1p_2\cdots p_{k-1}},\cdots,a_{p_2p_3\cdots p_k}] \tag{9}$$

而由式(2),$a_{p_1p_2\cdots p_k}$ 是 $a_{p_1p_2\cdots p_{k-1}},\cdots,a_{p_2p_3\cdots p_k}$ 的公倍数,因而被最小公倍数 $[a_{p_1p_2\cdots p_{k-1}},\cdots,a_{p_2p_3\cdots p_k}]$ 整除,即 $\prod\limits_{d|n}a_d^{\mu(\frac{n}{d})}$ 是整数.

(5)一般情况,当 $n=p_1^{\beta_1}p_2^{\beta_2}\cdots p_k^{\beta_k}$,$p_1,p_2,\cdots,p_k$ 为不同的质数,$\beta_1,\beta_2,\cdots,\beta_k$ 为正整数时,记 $h=p_1^{\beta_1-1}p_2^{\beta_2-1}\cdots p_k^{\beta_k-1}$.

如果 $d\mid n$,而 $h\nmid d$,那么在 $\prod\limits_{d|n}a_d^{\mu(\frac{n}{d})}$ 中

$$\mu\left(\frac{n}{d}\right)=0 \tag{10}$$

因此

$$\prod_{d|n}a_d^{\mu(\frac{n}{d})}=\prod_{d|p_1p_2\cdots p_k}a_{hd}^{\mu(\frac{p_1p_2\cdots p_k}{d})}=\prod_{d|p_1p_2\cdots p_k}b_d^{\mu(\frac{p_1p_2\cdots p_k}{d})} \tag{11}$$

其中

$$b_d=a_{hd} \tag{12}$$

因为

$$(b_c,b_d)=(a_{hc},a_{hd})=a_{h(c,d)}=b_{(c,d)} \tag{13}$$

所以对于 $\{b_d\}$,相应于(2)的式子成立,从而由(4)知,式(11)是整数,即 $\prod\limits_{d|n}a_d^{\mu(\frac{n}{d})}$ 是整数.

评注 千里之行,始于足下,从简单的做起,是解题的一般方法,本题是一个极好的例证.

§5 曼戈尔特函数 $\Lambda(n)$

曼戈尔特(Hans Carl Friedrich von Mangoldt,

1854—1925）是一位德国数学家，生于魏玛，卒于波兰的但泽（Danzig）．1884 年他在汉诺威（Hannover）成为数学教授，先后执教于亚琛（1886）和但泽（1904）．曼戈尔特专门研究数论，特别对素数定理的发展有重要贡献，他提出了以其名字命名的曼戈尔特函数，它在素数分布论中有重要作用．

定义　对每一个整数 $n\geqslant 1$，我们定义

$$\Lambda(n)=\begin{cases}\lg p, n=p^m, p\text{ 为素数}, m\geqslant 1\\ 0,\text{其他}\end{cases}$$

为了便于理解，我们将 $\Lambda(n)$ 的值列于简表 1.1 中．

表 1.1

n	1	2	3	4	5	6	7	8	9	10
$\Lambda(n)$	0	lg 2	lg 3	lg 2	lg 5	0	lg 7	lg 2	lg 3	0

对此我们有如下定理．

定理 1　如果 $n\geqslant 1$，我们有

$$\lg n=\sum_{d\mid n}\Lambda(n) \tag{1}$$

证明可参见任何一本标准的初等数论教程．

$\Lambda(n)$ 与 $\mu(n)$ 有着非常密切的关系，存在如下定理．

定理 2　设 n 为整数，且 $n\geqslant 1$，则有

$$\Lambda(n)=\sum_{d\mid n}\mu(d)\lg\frac{n}{d}=-\sum_{d\mid n}\mu(d)\lg d$$

证明　对式（1）用麦比乌斯反演公式，因为对所有的正整数 n，$I(n)\lg n=0$，因此可得

$$\Lambda(n)=\sum_{d\mid n}\mu(d)\lg\frac{n}{d}=$$

$$\lg n\sum_{d|n}\mu(d)-\sum_{d|n}\mu(d)\lg d=$$
$$I(n)\lg n-\sum_{d|n}\mu(d)\lg d=$$
$$-\sum_{d|n}\mu(d)\lg d$$

§6 麦比乌斯函数的两个简单性质

定理 1 如果 $n\geqslant 1$,则有

$$\sum_{d|n}\mu(d)=\left[\frac{1}{n}\right]^{①} \tag{1}$$

证明 当 $n=1$ 时,式(1) 显然成立.

现设 $n>1$,n 的标准分解式为 $n=p_1^{l_1}\cdots p_s^{l_s}$,则

$$\sum_{d|n}\mu(d)=\mu(1)+\mu(p_1)+\cdots+$$
$$\mu(p_s)+\mu(p_1p_2)+\cdots+$$
$$\mu(p_{s-1}p_s)+\cdots+\mu(p_1\cdots p_s)=$$
$$1+C_s^1(-1)+C_s^2(-1)^2+\cdots+$$
$$C_s^s(-1)^s=$$
$$(1-1)^s=0$$

(证毕)

利用 $\mu(n)$ 我们可以将欧拉(Euler) 函数 $\varphi(n)$ 表示为

$$\varphi(n)=\sum_{d|n}\mu(d)\frac{n}{d}$$

由定理1我们还可以得到如下的E. Meissel公式.

---

① $\left[\frac{1}{n}\right]$ 表示不大于 $\frac{1}{n}$ 的最大整数.

定理 2　若 $\alpha \geqslant 1$ 是任何实数，则

$$\sum_{n=1}^{[\alpha]} \mu(n) \left[\frac{\alpha}{n}\right] = 1$$

证明　由定理 1 有

$$\sum_{a=1}^{[\alpha]} \sum_{d|a} \mu(d) = 1$$

但又得

$$\sum_{a=1}^{[\alpha]} \sum_{d|a} \mu(d) = \sum_{d=1}^{[\alpha]} \mu(d) \left[\frac{\alpha}{d}\right]$$

这是因为从 1 到 $[\alpha]$，这 $[\alpha]$ 个数都有作约数的机会，而且每个数 α 恰好是 $\left[\frac{\alpha}{d}\right]$ 个数的约数. 因为不大于 α 的 d 的倍数恰好有 $\left[\frac{\alpha}{d}\right]$ 个，所以

$$\sum_{d=1}^{[\alpha]} \mu(d) \left[\frac{\alpha}{d}\right] = 1$$

即

$$\sum_{n=1}^{[\alpha]} \mu(n) \left[\frac{\alpha}{n}\right] = 1$$

§7　麦比乌斯函数的积性

自变量 n 在某个整数集合中取值，因变量 y 取复数值的函数 $y = f(n)$ 称为数论函数. 数论函数是数论的一个重要研究课题，是研究各种数论问题不可缺少的工具.

定义　定义在集合 D 上的数论函数 $f(n)$ 称为积性函数，如果满足

$$f(mn) = f(m) f(n), (m, n) = 1, m, n \in D$$

称为完全积性函数，如果满足

$$f(mn)=f(m)f(n), m,n\in D$$

我们现在直接从定义来证明麦比乌斯函数是积性函数.

定理 1　麦比乌斯函数 $\mu(n)$ 是积性函数.

证明　假设 m 和 n 是互素的正整数. 为了证明 $\mu(n)$ 是积性函数，即证 $\mu(mn)=\mu(m)\mu(n)$，首先考虑 $m=1$ 或者 $n=1$ 的情形. 若 $m=1$，则 $\mu(mn)$ 和 $\mu(m)\mu(n)$ 都等于 $\mu(n)$. 当$n=1$ 时同样证明.

现在假设 m 和 n 中至少有一个是被素数平方整除，那么 mn 也是被素数平方整除，则 $\mu(mn)$ 和 $\mu(m)\mu(n)$ 均是 0. 最后考虑 m 和 n 都不含大于 1 的素数平方因子，不妨假设 $m=p_1p_2\cdots p_s$，其中 $p_1,p_2,\cdots,p_s$ 是不同的素数；$n=q_1q_2\cdots q_t$，其中 $q_1,q_2,\cdots,q_t$ 是不同的素数. 因为 m 和 n 互素，没有素数同时出现在 m 和 n 的素数分解中，则 mn 是 $s+t$ 个不同素数之积，故

$$\mu(mn)=(-1)^{s+t}=(-1)^s(-1)^t=\mu(m)\mu(n)$$

对于麦比乌斯变换来说有如下结论.

定理 2　设 $f(n)$ 是给定的数论函数，$F(n)$ 是它的麦比乌斯变换，那么：

(1) $F(1)=f(1)$，当 $n>1$ 时

$$F(n)=\sum_{e_1=0}^{a_1}\cdots\sum_{e_r=0}^{a_r}f(p_1^{e_1}\cdots p_r^{e_r})$$

(2) 当 $f(n)$ 是积性函数时，则 $F(n)$ 也是积性函数，且当 $n>1$ 时

$$F(n)=\prod_{j=1}^{r}(1+f(p_j)+\cdots+f(p_j^{a_j}))=$$
$$\prod_{p^a\parallel n}(1+f(p)+\cdots+f(p^a))$$

当 $f(n)$ 是完全积性函数时

$$F(n)=\prod_{j=1}^{r}(1+f(p_j)+\cdots+f^{\alpha_j}(p_j))=\prod_{p^{\alpha}\parallel n}(1+f(p)+\cdots+f^{\alpha}(p))$$

定理 2 的证明可参见由潘承洞、潘承彪所著的《初等数论》(北京大学出版社,1992),其中(2) 的两个有用的特殊情形如下.

设 $f(n)$ 是积性函数,我们有

$$\sum_{d\mid n}\mu(d)f(d)=\prod_{p\mid n}(1-f(p))$$

及

$$\sum_{d\mid n}\mu^2(d)f(d)=\prod_{p\mid n}(1+f(p))$$

定理 2 给出的结论是当 $f(n)$ 是积性函数时,它的麦比乌斯变换 $F(n)$ 也一定是积性的,那么,反过来是否也成立呢? 回答是肯定的,我们有如下定理.

定理 3　设 $f(n)$ 是 $F(n)$ 的麦比乌斯逆变换,那么,若 $F(n)$ 是积性函数,则 $f(n)$ 也是积性函数.

证明可参见由潘承洞、潘承彪所著的《初等数论》(北京大学出版社,1992).

由定理 3 可得 $f(p^{\alpha})=F(p^{\alpha})-F(p^{\alpha-1})$,这个式子在解题中非常有用.

例 1　求 $F(n)=n^t$ 的麦比乌斯逆变换 $f(n)$.

解　n^t 是积性的,则

$$f(p^{\alpha})=p^{\alpha t}-p^{(\alpha-1)t}=p^{\alpha t}(1-p^{-t})$$

因此有

$$f(n)=n^t\prod_{p\mid n}(1-p^{-t})$$

例 2　求 $F(n)=\Phi(n)$ 的麦比乌斯变换.

解　$\Phi(n)$ 是积性的,则

$$f(p^{\alpha})=\Phi(p^{\alpha})-\Phi(p^{\alpha-1})=\begin{cases}p(1-\dfrac{2}{p}),\alpha=1\\ p^{\alpha}(1-\dfrac{1}{p})^{2},\alpha\geqslant 2\end{cases}$$

因此有

$$f(n)=n\prod_{p\parallel n}(1-\frac{2}{p})\prod_{p^{2}\mid n}(1-\frac{1}{p})^{2}$$

例 3　设 $p(x)$ 是整系数多项式,以 $S(n;p(x))$ 表示满足以下条件的整数 d 的个数

$$(p(d),n)=1,1\leqslant d\leqslant n$$

证明:$S(n)=S(n;p(x))$ 是 n 的积性函数.

证明　可知

$$S(n)=\sum_{\substack{d=1\\(p(d),n)=1}}^{n}1=\sum_{d=1}^{n}\sum_{k\mid(p(d),n)}\mu(k)=\sum_{k\mid n}\mu(k)\sum_{\substack{d=1\\k\mid p(d)}}^{n}1$$

以 $T(k)=T(k;p(x))$ 表示同余方程 $p(x)\equiv 0\ (\bmod k)$ 的解数.

当 $k\mid n$ 时,有

$$\sum_{\substack{d=1\\k\mid p(d)}}^{n}1=\frac{n}{k}T(k)$$

$$S(n)=n\sum_{k\mid n}\frac{\mu(k)T(k)}{k}$$

由于 $T(k)$ 是 k 的积性函数,所以$\dfrac{\mu(k)T(k)}{k}$ 也是积性的,故由定理 2 知 $\dfrac{S(n)}{n}$ 即 $S(n)$ 也是积性的. 若取 $p(x)=x$,$S(n)$ 就是 $\Phi(n)$,证毕.

积性函数在数学竞赛中多有出现.

例 4(1985 年匈牙利数学竞赛试题)　证明:每一个正整数的所有形如 $4k+1$ 型的因子个数,不少于

$4k-1$ 型的因子个数.

证明　对每一个正整数 n,用 $f(n)$ 和 $g(n)$ 分别记 n 的形如$4k+1$ 型和$4k-1$ 型因子的个数,则 $f(n)$ 和 $g(n)$ 是定义在自然数集 $\mathbf{N}$ 上的函数,并令 $D(n)=f(n)-g(n)$. 题目要求证明 $D(n)\geqslant 0$.

若$(n_1,n_2)=1$,则结合 n_1 与 n_2 的奇因数,我们有

$$f(n_1n_2)=f(n_1)f(n_2)+g(n_1)g(n_2)$$

$$g(n_1n_2)=g(n_1)f(n_2)+f(n_1)g(n_2)$$

所以

$$\begin{aligned}D(n_1n_2)=f(n_1n_2)-g(n_1n_2)=&\\ f(n_2)[f(n_1)-g(n_1)]+&\\ g(n_2)[g(n_1)-f(n_1)]=&\\ f(n_2)D(n_1)-g(n_2)D(n_1)=&\\ D(n_1)D(n_2)&\end{aligned}$$

显然有 $D(2)=1$,可见 $D(x)$ 为积性函数.

而当 p 为一素数时

$$D(p)=\begin{cases}2,当\ p=4k+1\\ 0,当\ p=4k-1\end{cases}$$

故 $D(n_1)\geqslant 0$,从而 $D(n)\geqslant 0$.

§8　麦比乌斯反演定理

定理　设 $F(a)$ 是一个数论函数. 若用 $G(a)$ 表示下列的数论函数

$$G(a)=\sum_{d|a}F(d)$$

则

$$F(a)=\sum_{d|a}\mu(d)G(\frac{a}{d})$$

这个式子称为麦比乌斯的反演式,这个反演式的可能性是容易看出的.由

$$G(1)=F(1)$$
$$G(2)=F(2)+F(1)$$
$$G(3)=F(3)+F(1)$$
$$\vdots$$

可得

$$F(1)=G(1)$$
$$F(2)=G(2)-G(1)$$
$$F(3)=G(3)-G(1)$$
$$\vdots$$

证明　若 $d>0,d\mid a$,则

$$G(\frac{a}{d})=\sum_{b|\frac{a}{d}}F(b)$$

$$\mu(d)G(\frac{a}{d})=\sum_{b|\frac{a}{d}}\mu(d)F(b)$$

所以

$$\sum_{d|a}\mu(d)G(\frac{a}{d})=\sum_{d|a}\sum_{b|\frac{a}{d}}\mu(d)F(b)=$$
$$\sum_{b|a}\sum_{d|\frac{a}{b}}\mu(d)F(b)=$$

(这是因为,既然对于一个固定的 d,有一些固定的 b,就是 $\frac{a}{d}$ 的全体约数,那么对于一个固定的 b,也恰好只有那些固定的 d,就是 $\frac{a}{b}$ 的全体约数)

$$\sum_{b|a}F(b)\sum_{d|\frac{a}{b}}\mu(d)=F(a)$$

这是因为

$$\sum_{d|\frac{a}{b}}\mu(d)=\begin{cases}1,若\ b=a\\0,若\ b\mid a,b<a\end{cases}$$

1968 年 Berlekamp 在其著作中曾给出了一个类似前面提到的试题的解法，逐次解出 $g(n)$ 的过程，从中自然地引出了麦比乌斯函数. 这种富于启发式的推理，当然还有包含 $\mu(n)$ 的其他不同类型的反演公式存在.

中国人民大学附属中学高二(15) 班的学生于惠施在其发表于《中学生数学》上的一篇小论文中也举了一个很好的例子.

例　给定正整数 n，求最小的正整数 k，使得 $n^k\prod\limits_{d|n}\left(\frac{d!}{d^d}\right)^{\mu\left(\frac{n}{d}\right)}$ 是整数，其中 μ 是麦比乌斯函数，即当 d 含有大于 1 的平方因子时，$\mu(d)=0$，$\mu(1)=1$，$\mu(p_1p_2\cdots p_s)=(-1)^s$，其中 $p_1,p_2,\cdots,p_s$ 是不同的质数.

解析　此题可以对较小的 n 进行尝试猜出答案，再用归纳法证明. 但是整个过程计算烦琐、过程冗长. 事实上，利用“函数进行运算产生当前量”的想法来做此题，解答过程很短，但思维含量很高. 看到结果进行形式联想，想到如下麦比乌斯反演公式：

若 $G(n)=\prod\limits_{d|n}g(d)$，则

$$g(n)=\prod_{d|n}G(d)^{\mu\left(\frac{n}{d}\right)} \tag{1}$$

由此可见，只需构造函数 g，使得 $\frac{n!}{n^n}=G(n)=$

$\prod_{d|n} g(d)$，再利用式(1) 即可求出原式.

事实上，设 $G(n)=\frac{n!}{n^n}$. 先把 $G(n)=\frac{1}{n}\cdot\frac{2}{n}\cdot\cdots\cdot\frac{n}{n}$ 的各项乘积按照分母的最大公约数分类整理，有

$$G(n)=\prod_{d|n}\prod_{\substack{(i,n)=d\\1\leqslant i\leqslant n}}\frac{i}{n}=\prod_{d|n}\prod_{\substack{\left(\frac{i}{d},\frac{n}{d}\right)=1\\1\leqslant\frac{i}{d}\leqslant\frac{n}{d}}}\frac{\frac{i}{d}}{\frac{n}{d}} \tag{2}$$

取 $g(n)=\prod_{\substack{(i,n)=1\\1\leqslant i\leqslant n}}\frac{i}{n}$，那么，一方面，有

$$g(n)=\frac{\text{不超过 } n \text{ 且与 } n \text{ 互质的数的乘积}}{n^{\varphi(n)}}=\frac{\prod_{\substack{(i,n)=1\\1\leqslant i\leqslant n}} i}{n^{\varphi(n)}}$$

其中 φ 为欧拉函数.

另一方面，由式(2) 得

$$G(n)=\prod_{d|n}g\left(\frac{n}{d}\right)=\prod_{d|n}g(d)$$

再由麦比乌斯反演公式(1)，立得

$$\prod_{d|n}G(d)^{\mu\left(\frac{n}{d}\right)}=g(n)=\frac{\prod_{\substack{(i,n)=1\\1\leqslant i\leqslant n}} i}{n^{\varphi(n)}}$$

所以，最小的正整数 $k=\varphi(n)$.

§9　麦比乌斯反演公式的推广

麦比乌斯反演公式是一大类公式的总称，其实狭义的麦比乌斯反演公式也被称为戴德金－刘维尔

(Dedekind-Liouville) 公式,即下面的定理.

定理　设 $f(n)$ 对所有的 $n=1,2,3,\cdots$ 有定义,并设

$$g(n)=\sum_{d|n}f(d)$$

$$f(n)=\sum_{d|n}\mu(d)g\left(\frac{n}{d}\right)$$

且反之亦真.

特别地,有 $n=\sum_{d|n}\Phi(d)$,$\Phi(n)=\sum_{d|n}\frac{n}{d}\mu(d)$.

麦比乌斯反演公式可以看成下式的一个推论,即

$$\sum_{d|n}\mu(d)=\begin{cases}0,若\ n>1\\1,若\ n=1\end{cases}$$

这一式子也可写成如下形式

$$f(x)=\sum_{m=1}^{\infty}\mu(m)m^{-s}F(mx)$$

如

$$F(x)=\sum_{m=1}^{\infty}m^{-s}f(mx)$$

其中,$f(x)$ 对所有的 $x>0$ 有定义. 当 $x\to\infty$ 时,$|f(x)|=o(x^{s_0})$,且 $\mathrm{Re}\ s>s_0+2$.

另一个反演公式出现在哈代(Hardy)和莱特(Wright)的著作中,其中一个是另一个的推论

$$G(x)=\sum_{n=1}^{[x]}F\left(\frac{x}{n}\right)$$

$$F(x)=\sum_{n=1}^{[x]}\mu(n)G\left(\frac{x}{n}\right)$$

式中 x 是正的实变数,$[x]$ 表示不大于 x 的最大整数,若 $x<1$,则其值为 0. 若对所有的 x 有 $F(x)=1$,则得 E. Meissel 公式

$$\sum_{m=1}^{n}\mu(m)\left[\frac{n}{m}\right]=1$$

麦比乌斯反演公式曾被许多数学家推广，可见1887年塞萨罗(Cesáro)，1889年贝克(H. F. Baker)，格根鲍尔(Leopold Gegen bauer，1849—1903，维也纳科学院院士，维也纳大学教授)，贝尔(E. T. Bell，1883—1960，美国数学史专家)等人的相关著作. μ 与 Φ 之间的一个隐蔽的关系由拉德马切尔(Hans Adolph Rademacher，1892—1969)提出，他是德国人，后在美国宾夕法尼亚大学工作，著有《解析数论讲义》(1954)和《初等数论讲义》(1964). 他给出的关系是

$$\Phi(m)\sum_{\substack{d\mid m\\(d,n)=1}}\frac{d}{\varphi(d)}\mu\left(\frac{m}{d}\right)=\mu(m)\sum_{d\mid(m,n)}d\mu\left(\frac{m}{d}\right)$$

这一结论后被 R. Brauer 在1926年所证明.

§10 麦比乌斯变换的多种形式

麦比乌斯变换有多种表现形式，下面列出若干种，它们可以直接验证，也可以利用 $\sum_{d\mid n}\mu(d)=\left[\frac{1}{n}\right]$ 来导出.

(1) 设 $x\geqslant 1$，k 是给定的正整数，再设 $1\leqslant n\leqslant x$，$n\mid k$. 证明：$F(n)=\sum_{\substack{d\mid k\\n\mid d\leqslant x}}f(d)$ 成立的充要条件是

$$f(n)=\sum_{\substack{d\mid k\\n\mid d\leqslant x}}\mu\left(\frac{d}{n}\right)F(d)$$

(2) 设实数 $0<x_0\leqslant x_1$，$\alpha(x)$，$\beta(x)$ 是定义在区

间$[x_0,x_1]$上的实变数x的函数. 证明:$\beta(x)=\sum\limits_{1\leqslant d\leqslant\frac{x_1}{x}}\alpha(dx)$成立的充要条件是

$$\alpha(x)=\sum_{1\leqslant d\leqslant\frac{x_1}{x}}\mu(d)\beta(dx)$$

其中d是整变数.

(3) 在(2)中假定$x_1\to+\infty$, 那么,$\beta(x)=\sum\limits_{d=1}^{\infty}\alpha(dx)$成立的充要条件是$\alpha(x)=\sum\limits_{d=1}^{\infty}\mu(d)\beta(dx)$. 这里假定对给定的$x\geqslant x_0$, 二重级数$\sum\limits_{d=1}^{\infty}\sum\limits_{k=1}^{\infty}|\alpha(dkx)|$及$\sum\limits_{d=1}^{\infty}\sum\limits_{k=1}^{\infty}|\beta(dkx)|$都收敛.

(4) 设$\alpha(x)$,$\beta(x)$是定义在$x\geqslant 1$上的函数. 证明:$\beta(x)=\sum\limits_{1\leqslant d\leqslant x}\alpha\left(\frac{x}{d}\right)$成立的充要条件是$\alpha(x)=\sum\limits_{1\leqslant d\leqslant x}\mu(d)\beta\left(\frac{x}{d}\right)$,其中$d$是整变数.

(5) 设$\alpha(x)$,$\beta(x)$是定义在$x>0$上的函数. 证明:$\beta(x)=\sum\limits_{d=1}^{\infty}\alpha\left(\frac{x}{d}\right)$成立的充要条件是$\alpha(x)=\sum\limits_{d=1}^{\infty}\mu(d)\beta\left(\frac{x}{d}\right)$. 这里假定对给定的$x>0$,二重级数

$$\sum_{d=1}^{\infty}\sum_{k=1}^{\infty}\left|\alpha\left(\frac{x}{dk}\right)\right| \text{及} \sum_{d=1}^{\infty}\sum_{k=1}^{\infty}\left|\beta\left(\frac{x}{dk}\right)\right|$$

都收敛.

(6) 设$\alpha(x,y)$,$\beta(x,y)$是定义在矩形区域$0<x_0\leqslant x\leqslant x_1$,$0<y_0\leqslant y\leqslant y_1$上的实变数$x$,$y$的二元函数. 证明

$$\beta(x,y)=\sum_{1\leqslant d\leqslant\frac{x_1}{x}}\sum_{1\leqslant l\leqslant\frac{y_1}{y}}\alpha(dx,ly)$$

成立的充要条件是

$$\alpha(x,y)=\sum_{1\leqslant d\leqslant\frac{x_1}{x}}\sum_{1\leqslant l\leqslant\frac{y_1}{y}}\mu(d)\mu(l)\beta(dx,ly)$$

§11 关于麦比乌斯反转公式的又一个推广[①]

西北大学数学系的刘华宁教授在 2004 年研究了著名的麦比乌斯变换，并将其反转公式进行了推广和延伸.

定理 设 s 为任一实数，$f(n)$ 和 $g(n)$ 为两个数论函数，则对任一整数 $n\geqslant 1$，有

$$f(n)=\sum_{d\mid n}\prod_{p^{\alpha}\parallel d}\binom{s-1+\alpha}{\alpha}g\left(\frac{n}{d}\right)\tag{1}$$

当且仅当

$$g(n)=\sum_{d\mid n}\lambda(d)\prod_{p^{\beta}\parallel d}\binom{s}{\beta}f\left(\frac{n}{d}\right)\tag{2}$$

其中 $\lambda(n)=\prod\limits_{p^{\alpha}\parallel n}(-1)^{\alpha}$ 为刘维尔(Liouville)函数，$p^{\alpha}\parallel n$ 表示 p^{α} 整除 n，而 $p^{\alpha+1}$ 不整除 n，p 为素数，$\binom{s}{\beta}=\frac{s(s-1)(s-2)\cdots(s-\beta+1)}{\beta!}$ 为组合数.

注意到当 $s=1$ 时，有 $\prod\limits_{p^{\alpha}\parallel d}\binom{s-1+\alpha}{\alpha}=1$ 及

① 摘编自《系统科学与数学》，2004 年，第 24 卷第 1 期.

$\lambda(d)\prod_{p^{\beta}\parallel d}\binom{s}{\beta}=\mu(d)$. 所以由定理立即可以推出麦比乌斯反转公式,从而可以看出本节的定理实际上是麦比乌斯反转公式的一个重要的推广和延伸,也可称为刘维尔函数的反转公式. 由定理也可以得到下面的推论.

推论　设 $A(x)$ 及 $B(x)$ 为两个有界函数,则

$$A(x)=\sum_{n=1}^{+\infty}\prod_{p^{\alpha}\parallel n}\binom{s-1+\alpha}{\alpha}B\left(\frac{x}{n}\right)$$

当且仅当

$$B(x)=\sum_{n=1}^{+\infty}\lambda(n)\prod_{p^{\beta}\parallel n}\binom{s}{\beta}A\left(\frac{x}{n}\right)$$

为了完成定理的证明,我们需要下面几个简单的引理.

引理1　设 s 为任一实数,则对任一给定的正整数 t,我们有恒等式

$$\sum_{r=0}^{k}(-1)^{r}\binom{s}{r}\binom{s-t+k-r}{k-r}=\begin{cases}0, k\geqslant t\\(-1)^{k}\binom{t-1}{k}, k<t\end{cases}$$

证明　由熟知的泰勒(Taylor)公式知,当 $|x|<1$ 时,有

$$(1-x)^{s}=\sum_{r=0}^{\infty}(-1)^{r}\binom{s}{r}x^{r}$$

及

$$\frac{1}{(1-x)^{s-t+1}}=\sum_{r=0}^{\infty}\binom{s-t+r}{r}x^{r}$$

以上两式相乘可得

$$(1-x)^{t-1}=\sum_{k=0}^{t-1}(-1)^k\binom{t-1}{k}x^k=$$

$$(1-x)^s\frac{1}{(1-x)^{s-t+1}}=$$

$$\sum_{k=0}^{\infty}\left(\sum_{r=0}^{k}(-1)^r\binom{s}{r}\binom{s-t+k-r}{k-r}\right)x^k$$

比较上式两端 x^k 的系数可得

$$\sum_{r=0}^{k}(-1)^r\binom{s}{r}\binom{s-t+k-r}{k-r}=$$

$$\begin{cases}0,k\geqslant t\\(-1)^k\dbinom{t-1}{k},k<t\end{cases}$$

于是完成了引理 1 的证明.

在引理 1 中取 $t=1$,则可推出恒等式

$$\sum_{r=0}^{k}(-1)^r\binom{s}{r}\binom{s-1+k-r}{k-r}=\begin{cases}0,k\geqslant 1\\1,k=0\end{cases}\tag{3}$$

引理 2　设 u 为正整数,s 为任一实数,则

$$V(u)=\sum_{d\mid u}\lambda(d)\prod_{p^\beta\parallel d}\binom{s}{\beta}\prod_{p^\alpha\parallel\frac{u}{d}}\binom{s-1+\alpha}{\alpha}$$

为 u 的积性函数,且有恒等式

$$V(u)=\begin{cases}0,u>1\\1,u=1\end{cases}$$

证明　显然$\lambda(d)$是d的完全积性函数,现考虑函数 $L(d)=\prod\limits_{p^\beta\parallel d}\dbinom{s}{\beta}$ 以及 $K(d)=\prod\limits_{p^\alpha\parallel d}\dbinom{s-1+\alpha}{\alpha}$,不难验证 $L(d)$ 及 $K(d)$ 都是 d 的积性函数,于是由积性函数的性质知,$V(u)=\sum\limits_{d\mid u}\lambda(d)L(d)K\left(\dfrac{u}{d}\right)$ 也是 u 的积

性函数，由式(3)知当 p 为素数时，我们有

$$V(p^k)=\sum_{r=0}^{k}(-1)^r\binom{s}{r}\binom{s-1+k-r}{k-r}=\begin{cases}0,k\geqslant 1\\1,k=0\end{cases}\tag{4}$$

于是，由式(4)及 $V(u)$ 的可积性立刻推出

$$V(u)=\begin{cases}0,u>1\\1,u=1\end{cases}$$

这就证明了引理 2.

下面我们来完成定理的证明，首先证明定理的必要性. 把式(1)代入式(2)并应用引理 2，可得

$$\sum_{d\mid n}\lambda(d)\prod_{p^\beta\parallel d}\binom{s}{\beta}f\left(\frac{n}{d}\right)=$$

$$\sum_{d\mid n}\lambda(d)\prod_{p^\beta\parallel d}\binom{s}{\beta}\sum_{l\mid\frac{n}{d}}\prod_{p^\alpha\parallel l}\binom{s-1+\alpha}{\alpha}g\left(\frac{n}{ld}\right)=$$

$$\sum_{ld\mid n}\lambda(d)\prod_{p^\beta\parallel d}\binom{s}{\beta}\prod_{p^\alpha\parallel l}\binom{s-1+\alpha}{\alpha}g\left(\frac{n}{ld}\right)=$$

$$\sum_{u\mid n}\left[\sum_{ld=u}\lambda(d)\prod_{p^\beta\parallel d}\binom{s}{\beta}\prod_{p^\alpha\parallel l}\binom{s-1+\alpha}{\alpha}\right]g\left(\frac{n}{u}\right)=$$

$$\sum_{u\mid n}\left[\sum_{d\mid u}\lambda(d)\prod_{p^\beta\parallel d}\binom{s}{\beta}\prod_{p^\alpha\parallel\frac{u}{d}}\binom{s-1+\alpha}{\alpha}\right]g\left(\frac{n}{u}\right)=$$

$$\sum_{u\mid n}V(u)g\left(\frac{n}{u}\right)=$$

$$g(n)$$

再证明定理的充分性. 同理把式(2)代入式(1)，并应用引理 2 可推出

$$
\begin{aligned}
&\sum_{d\mid n}\prod_{p^{\alpha}\parallel d}\binom{s-1+\alpha}{\alpha}g\left(\frac{n}{d}\right)=\\
&\sum_{d\mid n}\prod_{p^{\alpha}\parallel d}\binom{s-1+\alpha}{\alpha}\sum_{l\mid \frac{n}{d}}\lambda(l)\prod_{p^{\beta}\parallel l}\binom{s}{\beta}f\left(\frac{n}{ld}\right)=\\
&\sum_{ld\mid n}\lambda(l)\prod_{p^{\alpha}\parallel d}\binom{s-1+\alpha}{\alpha}\prod_{p^{\beta}\parallel l}\binom{s}{\beta}f\left(\frac{n}{ld}\right)=\\
&\sum_{u\mid n}\left[\sum_{ld=u}\lambda(l)\prod_{p^{\beta}\parallel l}\binom{s}{\beta}\prod_{p^{\alpha}\parallel d}\binom{s-1+\alpha}{\alpha}\right]f\left(\frac{n}{u}\right)=\\
&\sum_{u\mid n}\left[\sum_{d\mid u}\lambda(d)\prod_{p^{\beta}\parallel d}\binom{s}{\beta}\prod_{p^{\alpha}\parallel \frac{u}{d}}\binom{s-1+\alpha}{\alpha}\right]f\left(\frac{n}{u}\right)=\\
&\sum_{u\mid n}V(u)f\left(\frac{n}{u}\right)=\\
&f(n)
\end{aligned}
$$

于是完成了定理的证明.

练习与征解问题

第二章

§1 几个简单练习

下面我们给出麦比乌斯变换的几个简单练习，以帮助我们熟悉这一变换，练习题选自任承俊编著，柯召审定的《数论导引提要及习题解答》(四川科学技术出版社，1986).

练习1 若 $g(n)$ 及 $g_1(n)$ 各为 $f(n)$ 及 $f_1(n)$ 的麦比乌斯变换，试证明

$$\sum_{d\mid n} g(d) f_1\left(\frac{n}{d}\right)=\sum_{d\mid n} f(d) g_1\left(\frac{n}{d}\right)$$

证明 可知

$$\sum_{d\mid n} g(d) f_1\left(\frac{n}{d}\right)=\sum_{d\mid n} f_1(d) g\left(\frac{n}{d}\right)=$$

$$\sum_{d\mid n} f_1(d) \sum_{d_1\mid\frac{n}{d}} f(d_1)=$$

$$\sum_{d|n}\sum_{d_1|\frac{n}{d}}f_1(d)f(d_1)=$$

$$\sum_{d_1|n}\sum_{d|\frac{n}{d_1}}f_1(d)f(d_1)=$$

$$\sum_{d_1|n}f(d_1)\sum_{d|\frac{n}{d_1}}f_1(d)=$$

$$\sum_{d_1|n}f(d_1)g_1\left(\frac{n}{d_1}\right)=$$

$$\sum_{d|n}f(d)g_1\left(\frac{n}{d}\right)$$

练习 2　求出 $g(n)g_1(n)$ 的麦比乌斯逆变换.

解　设 $F(n)=g(n)g_1(n)$ 的麦比乌斯逆变换为 $\varphi(n)$,则由定义得

$$\varphi(n)=\sum_{d|n}\mu(d)F\left(\frac{n}{d}\right)=$$

$$\sum_{d|n}\mu(d)g\left(\frac{n}{d}\right)g_1\left(\frac{n}{d}\right)=$$

$$\sum_{d|n}\mu\left(\frac{n}{d}\right)g(d)g_1(d)$$

练习 3　试证 $f(n)$ 的麦比乌斯变换的麦比乌斯变换等于

$$\sum_{d_1|n}f(d_1)d\left(\frac{n}{d_1}\right)$$

证明　设 $f(n)$ 的麦比乌斯变换为 $g(n)$,$g(n)$ 的麦比乌斯变换为 $G(n)$,那么

$$G(n)=\sum_{d|n}g(d)=\sum_{d|n}g\left(\frac{n}{d}\right)=$$

$$\sum_{d|n}\sum_{d_1|\frac{n}{d}}f(d_1)=$$

$$\sum_{d_1 \mid n} \sum_{d \mid \frac{n}{d_1}} f(d_1) =$$

$$\sum_{d_1 \mid n} f(d_1) \sum_{d \mid \frac{n}{d_1}} 1 =$$

$$\sum_{d_1 \mid n} f(d_1) d\left(\frac{n}{d_1}\right)$$

§2　一 组 例 题

例 1　设 $\mu(n)$ 是麦比乌斯函数，证明：

(1) $\sum\limits_{d^2 \mid n} \mu(d) = \mu^2(n)$；

(2) 设 $n = p_1^{l_1} p_2^{l_2} \cdots p_r^{l_r}$，则 $\sum\limits_{d \mid n} \mid \mu(d) \mid = 2^r$.

证明　(1) 由 $\mu(n)$ 的定义可知

$$\mu^2(n) = \begin{cases} 1, \text{当 } n \text{ 等于 } 1 \text{ 及不含有大于 } 1 \text{ 的平方因数时} \\ 0, \text{当 } n \text{ 含有平方因数时} \end{cases}$$

因此，当 n 等于 1 及不含有大于 1 的平方因数时，有

$$\sum_{d^2 \mid n} \mu(d) = \mu(1) = 1$$

当 n 含有平方因数时，设 $n = n_0^2 m, n_0 > 1, m$ 不含有平方因数，这时当 $d^2 \mid n$ 时，必有 $d \mid n_0$，有

$$\sum_{d^2 \mid n} \mu(d) = \sum_{d \mid n_0} \mu(d) = 0$$

(2) 由 $\mu(n)$ 的定义，易知有

$$\sum_{d \mid n} \mid \mu(d) \mid = \sum_{d \mid p_1 p_2 \cdots p_r} \mid \mu(d) \mid \tag{1}$$

为此，只需证明，当 $r \geqslant 1$ 时，有

$$\sum_{d \mid p_1 p_2 \cdots p_r} |\mu(d)| = 2^r \tag{2}$$

成立即可. 当 $r=1$ 时,由于

$$\sum_{d \mid p} |\mu(d)| = |\mu(1)| + |\mu(p)| = 1 + |-1| = 2$$

故式(2)成立. 设 $k \geqslant 2$,且当 $r=1,2,\cdots,k-1$ 时,式(1)成立,要证 $r=k$ 时式(2)也成立. 由于 $p_1, p_2, \cdots, p_k$ 是 k 个相异素数,所以 $(p_1 \cdots p_{k-1}, p_k)=1$,且 $p_1 p_2 \cdots p_{k-1} p_k$ 的正因数 d 是 $p_1 p_2 \cdots p_{k-1}$ 的正因数 d_1 和 p_k 的正因数 d_2 的乘积,则

$$\begin{aligned}\sum_{d \mid p_1 \cdots p_{k-1} p_k} |\mu(d)| &= \sum_{d_1 \mid p_1 \cdots p_{k-1}} \sum_{d_2 \mid p_k} |\mu(d_1 d_2)| = \\ &\sum_{d_1 \mid p_1 \cdots p_{k-1}} |\mu(d_1)| \cdot \sum_{d_2 \mid p_k} |\mu(d_2)| = \\ &2 \sum_{d_1 \mid p_1 \cdots p_{k-1}} |\mu(d_1)| = \\ &2 \cdot 2^{k-1} = 2^k\end{aligned}$$

因此由数学归纳法,式(2)成立,所以由式(1)和式(2),就证明了结论.

例 2 设函数 $\lambda(n)$ 定义如下

$$\lambda(n) = \begin{cases} 1, n=1 \\ 1, n>1 \text{ 且 } n \text{ 为偶数个素数之积} \\ -1, n>1 \text{ 且 } n \text{ 为奇数个素数之积} \end{cases}$$

$\lambda(n)$ 称为刘维尔函数. 如果函数 $f(n)$ 定义如下

$$f(n) = \begin{cases} 1, n \text{ 是平方数} \\ 0, n \text{ 不是平方数} \end{cases}$$

证明:$\lambda(n) = \sum_{d \mid n} \mu(d) f\left(\frac{n}{d}\right)$.

证法 1 根据 $f(n)$ 的定义可知:

当 l 是偶数时

$$f(p^l)=1=\lambda(1)+\lambda(p)+\lambda(p^2)+\cdots+\lambda(p^l)$$

当 l 是奇数时

$$f(p^l)=0=\lambda(1)+\lambda(p)+\lambda(p^2)+\cdots+\lambda(p^l)$$

因此,若设

$$F(n)=\sum_{d\mid n}\lambda(d)$$

则有 $F(1)=f(1),F(p^l)=f(p^l)$.

由 $\lambda(n)$ 的定义可知,$\lambda(n)$ 是积性函数.事实上,设 m,n 满足 $(m,n)=1$,如果 m,n 均为偶数个(或均为奇数个)素数之乘积,那么

$$\lambda(mn)=1=\lambda(m)\lambda(n)$$

如果 m,n 中有且只有一个是奇数个素数之乘积,那么 mn 也是奇数个素数之乘积,于是

$$\lambda(mn)=-1=\lambda(m)\lambda(n)$$

这表示 $\lambda(n)$ 是积性函数,易证 $F(n)$ 也是积性函数,再由 $f(n)$ 的定义容易证明 $f(n)$ 也是积性函数.因此,若设 $n=p_1^{l_1}p_2^{l_2}\cdots p_r^{l_r}$,就有

$$\begin{aligned}F(n)=F(p_1^{l_1}p_2^{l_2}\cdots p_r^{l_r})=&\\F(p_1^{l_1})F(p_2^{l_2})\cdots F(p_r^{l_r})=&\\f(p_1^{l_1})f(p_2^{l_2})\cdots f(p_r^{l_r})=&f(n)\end{aligned}$$

因此便证明了

$$f(n)=\sum_{d\mid n}\lambda(d)$$

则

$$\lambda(n)=\sum_{d\mid n}\mu(d)f\left(\frac{n}{d}\right)$$

证法 2　当 $n=1$ 时,等式显然成立.由 $\mu(d)$ 的定义,当 d 可被素数的平方整除时,$\mu(d)=0$.因此,当 $n>1$ 时,在 $\sum_{d\mid n}\mu(d)f\left(\frac{n}{d}\right)$ 中只要考虑 d 是 n 的相异

素因数的乘积就可以了.

易知，任何正整数均可表示为一个平方数与1或相异素数的乘积,故可设

$$n=a^2p_1p_2\cdots p_r$$

其中 $p_1,p_2,\cdots,p_r$ 是相异素数,a 是正整数. 当 n 的正因数d 是相异素数的乘积时,仅当 $d=p_1p_2\cdots p_r$ 时,$\frac{n}{d}$ 才是平方数,故当 $r\geqslant 1$ 时,有

$$\sum_{d|n}\mu(d)f\left(\frac{n}{d}\right)=\mu(1)f(n)+\mu(p_1p_2\cdots p_r)f(a^2)$$

这时由于 $r\geqslant 1$,n 不是平方数,故 $f(n)=0$,于是有

$$\sum_{d|n}\mu(d)f\left(\frac{n}{d}\right)=\mu(p_1p_2\cdots p_r)f(a^2)=(-1)^r$$

当 $r=0$,即 $n=a^2$ 时,这时 $f(n)=1$,故

$$\sum_{d|n}\mu(d)f\left(\frac{n}{d}\right)=\mu(1)f(n)=1$$

另一方面,由 $\lambda(n)$ 的定义,当 $r\geqslant 1$ 时,有 $\lambda(n)=(-1)^r$;当 $r=0$ 时,有$\lambda(n)=\lambda(a^2)=1$. 因此,有

$$\sum_{d|n}\mu(d)f\left(\frac{n}{d}\right)=\lambda(n)$$

§3 三个《美国数学月刊》征解问题

先来看一个《美国数学月刊》的征解问题(编号为E1767).

问题1 设$\mu(n)$是麦比乌斯函数,$\varphi(n)$是欧拉函数. 证明:当且仅当 n 是偶数时

$$\sum_{d|n}\mu(d)\varphi(d)=0$$

证法 1　设 $F(n)=\sum_{d\mid n}\mu(d)\varphi(d)$，由于 $\mu(n)$ 和 $\varphi(n)$ 都是积性函数，因此 $F(n)$ 也是积性函数. 现在设 p^m 是一个素数的幂，那么

$$F(p^m)=1-(p-1)=2-p$$

因此在一般情况下，$F(n)=\prod_{p\mid n}(2-p)$，这就证明了结论.

证法 2　也可以不使用 $\mu(n)$ 和 $\varphi(n)$ 都是积性函数的结果.

除了 $d=1$ 和 $d=2$ 之外，对所有其他的 d，$\varphi(d)$ 都是偶数，这蕴涵当 $d>2$ 时，$\mu(d)\varphi(d)$ 都是偶数，而 $\mu(1)\varphi(1)=1$，$\mu(2)\varphi(2)=-1$. 因此 $\sum\mu(d)\varphi(d)$ 总是奇数，除了当 $d=1$ 和 $d=2$ 都包括时，也就是，除了当 n 是偶数时.

反过来，如果 d 是一个偶数 n 的奇因数，那么

$$\varphi(2d)=\varphi(d),\mu(2d)=-\mu(d),\mu(4d)=0$$

因而

$$\mu(2d)\varphi(2d)+\mu(d)\varphi(d)=0$$

那样，忽略 n 的是 4 的倍数的因数后（因为这些因数对合数没有任何贡献），和数中所有其他的项都可以被消去，因而总的和数为零.

引理　设 f 是定义在集合 Ω 上的函数，其中 $\Omega=\{x_1,\cdots,x_n\}$. 规定 $(\Omega,\leqslant)$ 是 $\wedge$ 半格. 记 $\boldsymbol{F}=(f_{ij})$，其中 $f_{ij}=f(x_i\wedge x_j)$，$1\leqslant i,j\leqslant n$，则 $\det\boldsymbol{F}=\prod_{m=1}^{n}g(x_m)$，其中 $g(x_m)=\sum_{x_k\leqslant x_m}f(x_k)\mu(x_k,x_m)$，$1\leqslant m\leqslant n$.

证明　由麦比乌斯反演公式，Ω 上的函数 f 和 g

满足下列互反关系

$$g(x_m)=\sum_{x_k\leqslant x_m}f(x_k)\mu(x_k,x_m),1\leqslant m\leqslant n\Leftrightarrow$$

$$f(x_m)=\sum_{x_k\leqslant x_m}g(x_k),1\leqslant m\leqslant n$$

令 $\boldsymbol{G}=\mathrm{diag}\{g(x_1),g(x_2),\cdots,g(x_n)\}$,$\boldsymbol{Z}=(\xi_{ij})$,其中$\xi_{ij}=\xi(x_i,x_j)$,$1\leqslant i,j\leqslant n$. 下面我们先证矩阵等式 $\boldsymbol{Z}'\boldsymbol{G}\boldsymbol{Z}=\boldsymbol{F}$ 成立.

事实上,$\boldsymbol{Z}'\boldsymbol{G}\boldsymbol{Z}$ 的(i,j)元可以这样确定

$$\begin{aligned}(\boldsymbol{Z}'\boldsymbol{G}\boldsymbol{Z})_{ij}&=\sum_{k=1}^{n}\sum_{l=1}^{n}\xi_{ki}g_{kl}\xi_{lj}=\\&\sum_{k=1}^{n}\xi_{ki}g_{kk}\xi_{kj}=\\&\sum_{x_k\leqslant x_i,x_j}g(x_k)=\\&\sum_{x_k\leqslant x_i\wedge x_j}g(x_k)=\\&f(x_i\wedge x_j)=f_{ij}\end{aligned}$$

因为 $\det\boldsymbol{Z}=1$,由此即得

$$\det\boldsymbol{F}=(\det\boldsymbol{Z})^2\det\boldsymbol{G}=\prod_{m=1}^{n}g(x_m)$$

问题2 记(i,j)为自然数i和j的最大公约数,试证明

$$\det\begin{pmatrix}(1,1)&(1,2)&\cdots&(1,n)\\(2,1)&(2,2)&\cdots&(2,n)\\\vdots&\vdots&&\vdots\\(n,1)&(n,2)&\cdots&(n,n)\end{pmatrix}=\varphi(1)\varphi(2)\varphi(3)\cdots\varphi(n)$$

证明 由上述引理,取定义在格$(I_n,1)$上的函数f为$f(i)=i,i\in I_n$,则$f_{ij}=f(i\wedge j)=(i,j)$,从而所求的行列式

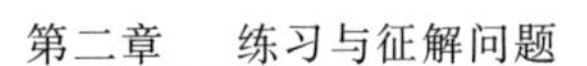

$$\det((i,j))_{(i,j)=1}^{n}=\det(f_{ij})_{(i,j)=1}^{n}=\prod_{m=1}^{n}g(m)$$

其中

$$g(m)=\sum_{d\mid m}f(d)\mu(d,m)=\sum_{d\mid m}\mu\left(\frac{m}{d}\right)d$$

又知

$$\varphi(m)=\sum_{d\mid m}\mu\left(\frac{m}{d}\right)d$$

从而

$$g(m)=\varphi(m)$$

需要指出的是问题 2 早在 1875 年就由英国数学家史密斯(Henry John Stephen Smith,1826—1883,牛津大学教授,伦敦皇家学会会员)给出,可参见 On the Value of a Certain Arithmetical Determinant, Proc. London M. S. ,1875,7:208-212. 并于 1878 年被比利时数学家卡塔兰(Eugene Charles Catalan, 1814—1894,列日大学分析学教授,布鲁塞尔科学院院士)再次发现,可参见 Théorème de MM. Smith et Mansion Nouvelle Correspondence Mathématique, 1878,4:103-112.

我们可将其推广至:$\det((i,j)^{r})_{1}^{n}=\prod\limits_{k=1}^{n}J_{r}(k)$,其中,$J_{r}(k)=k^{r}\prod\limits_{p\mid k}\left(1-\dfrac{1}{p^{r}}\right)$称为约当函数,$p$ 为 r 的素因子. 显然,$J_{1}(k)=\varphi(k)$,故 $J_{r}(k)$ 是欧拉 φ 函数的推广.

证明如下:以下按矩阵的行初等变换进行,对于 $1\leqslant k\leqslant n-1$,定义:

步骤 k:第 k 行乘以 -1 后分别加到第 $2k,3k,\cdots,\left[\dfrac{n}{k}\right]k$ 行上,则经过 $n-1$ 步后,行列式将化为一个上

三角形，其主对角线元依次为 $\varphi(1),\cdots,\varphi(n)$. 为此，只需证明步骤 k 之后，第 k 列的元（自第 k 行以下）变为 $\varphi(k),0,\cdots,0$.

首先，步骤 1 使第 1 行以下的元 (i,j) 均变为 $(i,j)-1$. 特别地，第 1 列其余元变为 $(i,1)-1=0$. 进而易知，当 $i\geqslant k$ 时，第 i 行、第 k 列的元 (i,k) 变为如下的形式

$$g(i,k)=(i,k)-1-\sum_{\substack{d\mid i\\ 1<d<i}}g(d,k)=$$

$$(i,k)-1-\sum_{\substack{d\mid (i,k)\\ 1<d<i}}g(d,k)$$

后一个等号是因为和式递归到最后当因子为素数 $p\nmid k$ 时，该项成为 $(p,k)-1=0$，可从和式中去掉此因子.

(1) 当 $i=k$ 时，记 $g(d,k)=f(d)$（注意，当 $d\mid k$ 时，恒有 $(d,k)=d$），有

$$f(k)=k-1-\sum_{\substack{d\mid k\\ 1<d<k}}f(d)$$

设 $k=\prod p_i^{t_i}$ 为 k 的素因子分解，对指数和 $s(k)=\sum t_i$ 进行归纳以证明 $g(k,k)=f(k)=\varphi(k)$. 当 $s(k)=1$，即 k 为素数时，显然 $f(k)=k-1=\varphi(k)$. 设 $s(k)<m$ 时，有 $f(k)=\varphi(k)$，则当 $s(k)=m$ 时，因 $d\mid k$ 且 $d\neq k$，有 $s(d)<m$. 由归纳假设 $f(d)=\varphi(d)$，于是，由 $k=\sum\limits_{d\mid k}\varphi(d)$ 可得

$$f(k)=k-1-\sum_{\substack{d\mid k\\ 1<d<k}}f(d)=$$

$$k-\varphi(1)-\sum_{\substack{d\mid k\\ 1<d<k}}\varphi(d)=\varphi(k)$$

(2) 当 $i > k$ 时,有

$$g(i,k)=(i,k)-1-\sum_{\substack{d|k\\1\leqslant d\leqslant k}} g(d,k)=$$

$$(i,k)-1-\sum_{\substack{d|k\\1\leqslant d<k}} f(d)-f((i,k))=$$

$$\varphi((i,k))-\varphi((i,k))=0$$

问题2是《美国数学月刊》第52卷第3月号的问题4101号,原解答如下:

我们能够通过考虑

$$D_n=|f((i,j))| \tag{1}$$

把这个问题一般化,其中 $f(x)$ 对 x 的所有正整数值有定义.为了计算 $D(n)$,我们用方程

$$f(l)=\sum_{k|l}\psi(k) \tag{2}$$

来定义 $\psi(k)$.又若 l 能除尽 k,则定义 $a_{kl}=1$,否则 $a_{kl}=0$.那么我们有

$$\sum_{l}a_{rl}a_{sl}\psi(l)=\sum_{l|(r,s)}\psi(l)=f((r,s))$$

且可记 $D(n)=|a_{rl}||a_{sl}\psi(l)|$,式中右边的行列式是 n 阶的.由于 $a_{rl}=0(r<l)$ 和 $a_{ll}=1$,故有 $|a_{rl}|=1$ 和

$|a_{sl}\psi(l)|=\prod_{l=1}^{n}\psi(l)$,因此

$$D(n)=\prod_{l=1}^{n}\psi(l)$$

现在,由麦比乌斯反演公式来对式(2)进行反演就得到

$$\psi(l)=\sum_{k|l}\mu(k)f\left(\frac{l}{k}\right)$$

因此,有公式

$$D(n)=\prod_{l=1}^{n}\left\{\sum_{k\mid l}\mu(k)f\left(\frac{l}{k}\right)\right\} \tag{3}$$

对 $f(x)=x^{\lambda}$，有

$$\psi(l)=\sum_{k\mid l}\mu(k)\left(\frac{l}{k}\right)^{\lambda}=$$

$$l^{\lambda}\sum_{k\mid l}\frac{\mu(k)}{k^{\lambda}}=l^{\lambda}\prod_{p\mid l}\left(1-\frac{1}{p^{\lambda}}\right)$$

因此有

$$D(n)=\prod_{l=1}^{n}l^{\lambda}\prod_{p\mid l}\left(1-\frac{1}{p^{\lambda}}\right)=$$

$$(n!)^{\lambda}\prod_{p\leqslant n}\prod_{\substack{1\leqslant l\leqslant n\\ p\mid l}}\left(1-\frac{1}{p^{\lambda}}\right)=$$

$$(n!)^{\lambda}\prod_{p}\left(1-\frac{1}{p^{\lambda}}\right)^{\left[\frac{n}{p}\right]}$$

这就是所要求的结果.

评注　在其他情况下，公式(3)能够用来求得式(1)的一些有趣的计算值.例如，如果 $f(x)=\delta(x)$ 是 x 的除数的和，那么容易看到有

$$\sum_{k\mid l}\mu(k)\delta\left(\frac{l}{k}\right)=l$$

因此有 $D(n)=n!$.

也可由反演过程来确定 $f(x)$，从而获得所要的 $D(n)$ 的值，从式(3)有

$$\sum_{k\mid l}\mu(k)f\left(\frac{l}{k}\right)=\frac{D(n)}{D(n-1)}$$

由麦比乌斯公式，反演上式得

$$f(n)=\sum_{k\mid n}\frac{D(k)}{D(k-1)}$$

作为一个例子，如果我们希望获得 $D(n)=a^{n}$，那么只

要取 $f(n)=\sum\limits_{k\mid n}a=ar(n)$，其中 $r(n)$ 是 n 的因数的个数.

下面这个问题是《美国数学月刊》第52卷第3月号中的一个征解问题(编号为4104).

问题3　假设关于非负整数 $x_1,x_2,\cdots,x_n$ 的两个 n 元对称函数 $M(x_1,x_2,\cdots,x_n)$ 和 $S(x_1,x_2,\cdots,x_n)$ 定义为:$M(x_1,x_2,\cdots,x_n)\equiv M'(x_1)M'(x_2)\cdots M'(x_n)$. 在这个恒等式中,$M'(x)=1,-1,0$,对应于 $x=0,x=1,x>1$. 若 $S_j(x_1,x_2,\cdots,x_n)$ 是关于 $x_1,x_2,\cdots,x_n$ 的 j 次初等对称函数,则

$$S(x_1,x_2,\cdots,x_n)\equiv 1+\sum_{j=1}^{n}jS_j(x_1,x_2,\cdots,x_n)$$

试证明 $\sum M(x_1-b_1,\cdots,x_n-b_n)S(b_1,\cdots,b_n)$ 等于集合 $\{x_1,x_2,\cdots,x_n\}$ 中正整数的个数，如果 $x_1=x_2=\cdots=x_n=0$,则和等于1,和式中的 b_i 取所有使得 $0\leqslant b_i\leqslant x_i(i=1,2,\cdots,n)$ 的整数.

证明　设 $\{p_1,\cdots,p_n\}$ 是不同素数的集合,$N=p_1^{x_1}\cdots p_n^{x_n}$,由定义,$M(x_1,\cdots,x_n)=\mu(N)$. 对于 N 的任何除数 m,定义 $f(m)$ 为 m 的不同素数因子的个数 $(m\neq 1)$,$f(1)=1$. 另外,如果 d 是 N 的一个因数,$d=p_1^{\alpha_1}\cdots p_n^{\alpha_n}$,定义 $g(d)=\sum\limits_{\frac{m}{d}}f(m)$,在这个和式中,集合所有这些恰好具有 j 个不同因子的 m,这样的 m 的个数显然是 $S_j(b_1,\cdots,b_n)$,再加1($m=1$ 时),故有

$$g(d)=1+\sum_{j=1}^{n}jS_j(b_1,\cdots,b_n)=S(b_1,\cdots,b_n)$$

现在,由麦比乌斯反演公式

$$f(n)=\sum_{d\mid n}\mu\left(\frac{n}{d}\right)g(d)=$$
$$\sum M(x_1-b_1,\cdots,x_n-b_n)S(b_1,\cdots,b_n)$$

因此，所求的和等于集合$\{x_1,\cdots,x_n\}$中正整数的个数，或者当$x_1=x_2=\cdots=x_n=0$时，则和等于1.

§4 两个稍难问题

问题1 设α是实数，定义$\varphi_\alpha(n)=\sum\limits_{\substack{1\leqslant k\leqslant n\\(k,n)=1}}k^\alpha$.

(1) 试证：$\sum\limits_{d\mid n}\frac{\varphi_\alpha(d)}{d^\alpha}=\frac{1}{n^\alpha}\sum\limits_{k=1}^{n}k^\alpha$；

(2) 当$n\geqslant 2$且$n=p_1^{\alpha_1}\cdots p_m^{\alpha_m}$是$n$的标准分解时，试证

$$\varphi_1(n)=\frac{1}{2}n\varphi(n)$$

$$\varphi_2(n)=\frac{1}{3}n^2\varphi(n)+\frac{n}{6}\prod_{p\mid n}(1-p)$$

其中p是n的素因子.

证明 (1) 取$f(x)=x^\alpha$，则

$$F(n)=\sum_{k=1}^{n}f\left(\frac{k}{n}\right)=\sum_{k=1}^{n}\frac{k^\alpha}{n^\alpha}=\frac{1}{n^\alpha}\sum_{k=1}^{n}k^\alpha$$

$$F^*(d)=\sum_{\substack{1\leqslant k\leqslant d\\(k,d)=1}}\frac{k^\alpha}{d^\alpha}=\frac{1}{d^\alpha}\sum_{\substack{1\leqslant k\leqslant d\\(k,d)=1}}k^\alpha=\frac{\varphi_\alpha(d)}{d^\alpha}$$

所以(1)的欲证等式相当于$F(n)=\sum\limits_{d\mid n}F^*(d)$.

(2) 由$F^*(n)=\sum\limits_{d\mid n}\mu(d)F\left(\frac{n}{d}\right)$，得

$$\varphi_1(n)=\sum_{\substack{1\leqslant k\leqslant n\\(k,n)=1}}k=n\sum_{\substack{1\leqslant k\leqslant n\\(k,n)=1}}\frac{k}{n}=nF^*(n)=$$

$$n\sum_{d|n}\mu(d)\left(\frac{n}{2d}+\frac{1}{2}\right)=$$

$$\frac{n}{2}\sum_{d|n}\left(\frac{n}{d}+1\right)\mu(d)=$$

$$\frac{n}{2}\sum_{d|n}\frac{n}{d}\cdot\mu(d)=$$

$$\frac{n^2}{2}\sum_{d|n}\frac{\mu(d)}{d}=$$

$$\frac{n^2}{2}\cdot\frac{\varphi(n)}{n}=\frac{1}{2}n\varphi(n)$$

$$\varphi_2(n)=\sum_{\substack{1\leqslant k\leqslant n\\(k,n)=1}}k^2=n^2\sum_{\substack{1\leqslant k\leqslant n\\(k,n)=1}}\frac{k^2}{n^2}=n^2F^*(n)=$$

$$n^2\sum_{d|n}\mu(d)\left(\frac{n}{3d}+\frac{1}{2}+\frac{d}{6n}\right)=$$

$$\frac{n^3}{3}\sum_{d|n}\frac{\mu(d)}{d}+\frac{n}{6}\sum_{d|n}\mu(d)d=$$

$$\frac{n^3}{3}\frac{\varphi(n)}{n}+\frac{n}{6}(1-\sum_{1\leqslant i\leqslant m}p_i+$$

$$\sum_{1\leqslant i_1<i_2<m}p_{i_1}p_{i_2}-\cdots+(-1)^mp_1p_2\cdots p_m)=$$

$$\frac{n^2}{3}\varphi(n)+\frac{n}{6}\prod_{1\leqslant i\leqslant n}(1-p_i)$$

问题2　设 $p(n)$ 表示不超过 n 且和 n 互素的正整数之积，试证

$$p(n)=n^{\varphi(n)}\prod_{d|n}\left(\frac{d!}{d^d}\right)^{\mu\left(\frac{n}{d}\right)}$$

证明　先证明一个引理.

引理：设 $f(x)$ 是定义在闭区间 $[0,1]$ 中的函数，如果对每个正整数 n，令

$$F(n)=\sum_{k=1}^{n}f\left(\frac{k}{n}\right)$$

$$F^{*}(n)=\sum_{\substack{k=1\\(k,n)=1}}^{n}f\left(\frac{k}{n}\right)$$

则

$$F^{*}(n)=\sum_{d\mid n}\mu(d)F\left(\frac{n}{d}\right)$$

引理的证明：由麦比乌斯反演公式知，这里只需证明

$$F(n)=\sum_{d\mid n}F^{*}(d)$$

设 a 是 $1,2,\cdots,n$ 中的任一个数，令 $d=(a,n)$，则 d 是 n 的因子，并且 $a=de$. 而

$$(a,n)=d\Leftrightarrow\left(\frac{a}{d},\frac{n}{d}\right)=1\Leftrightarrow\left(e,\frac{n}{d}\right)=1$$

其中 $1\leqslant e=\frac{a}{d}\leqslant\frac{n}{d}$，从而在 $1,2,\cdots,n$ 中满足 $(a,n)=d$ 的 a 的个数等于 $1,\cdots,\frac{n}{d}$ 中满足 $\left(e,\frac{n}{d}\right)=1$ 的 e 的个数，即为 $\varphi\left(\frac{n}{d}\right)$，从而

$$F(n)=\sum_{k=1}^{n}f\left(\frac{k}{n}\right)=\sum_{d\mid n}\left(\sum_{\substack{k=1\\(k,n)=d}}^{n}f\left(\frac{k}{n}\right)\right)\xlongequal{\text{令 } k=de}\sum_{d\mid n}\left(\sum_{\substack{1\leqslant e\leqslant\frac{n}{d}\\(e,\frac{n}{d})=1}}f\left(\frac{e}{\frac{n}{d}}\right)\right)=\sum_{d\mid n}F^{*}\left(\frac{n}{d}\right)=\sum_{d\mid n}F^{*}(d)$$

故引理正确.

现在来证明原问题.

在引理中取 $f(x)=\ln x$,则

$$F^*(n)=\sum_{\substack{m=1\\(m,n)=1}}^{n}\ln\left(\frac{m}{n}\right)=$$

$$\sum_{\substack{m=1\\(m,n)=1}}^{n}(\ln m-\ln n)=$$

$$\ln\left(\prod_{\substack{1\leqslant m\leqslant n\\(m,n)=1}}m\right)-\varphi(n)\ln n=$$

$$\ln p(n)-\ln n^{\varphi(n)}$$

$$F(d)=\sum_{k=1}^{d}\ln\left(\frac{k}{d}\right)=\ln\frac{d!}{d^d}$$

再由 $F^*(n)=\sum\limits_{d\mid n}\mu\left(\frac{n}{d}\right)F(d)$ 得到

$$\ln p(n)-\ln n^{\varphi(n)}=\sum_{d\mid n}\mu\left(\frac{n}{d}\right)\ln\frac{d!}{d^d}=$$

$$\sum_{d\mid n}\ln\left(\frac{d!}{d^d}\right)^{\mu\left(\frac{n}{d}\right)}=$$

$$\ln\left(\prod_{d\mid n}\left(\frac{d!}{d^d}\right)^{\mu\left(\frac{n}{d}\right)}\right)$$

所以

$$\ln p(n)=\ln\left(n^{\varphi(n)}\prod_{d\mid n}\left(\frac{d!}{d^d}\right)^{\mu\left(\frac{n}{d}\right)}\right)$$

故得

$$p(n)=n^{\varphi(n)}\prod_{d\mid n}\left(\frac{d!}{d^d}\right)^{\mu\left(\frac{n}{d}\right)}$$

定理 1　令 $0<\eta_0\leqslant\eta_1$,设 $h(k)$ 是一非恒等于零的完全积性函数,若对所有适合于 $\eta_0\leqslant\eta\leqslant\eta_1$ 的 η 总有

$$g(\eta)=\sum_{1\leqslant k\leqslant\frac{\eta_1}{\eta}}f(k\eta)h(k) \tag{1}$$

则对这样的 η 亦总有

$$f(\eta)=\sum_{1\leqslant k\leqslant\frac{\eta_1}{\eta}}\mu(k)g(k\eta)h(k) \tag{2}$$

且其逆命题也成立.

证明 由式(1)可知

$$\sum_{1\leqslant k\leqslant\frac{\eta_1}{\eta}}\mu(k)g(k\eta)h(k)=$$
$$\sum_{1\leqslant k\leqslant\frac{\eta_1}{\eta}}\mu(k)h(k)\sum_{1\leqslant m\leqslant\frac{\eta_1}{k\eta}}f(mk\eta)h(m)$$

令 $mk=r$,由

$$\sum_{d|n}\mu(d)=\begin{cases}1,若\ n=1\\0,若\ n\neq 1\end{cases}$$

可知

$$\sum_{1\leqslant k\leqslant\frac{\eta_1}{\eta}}\mu(k)g(k\eta)h(k)=$$
$$\sum_{1\leqslant k\leqslant\frac{\eta_1}{\eta}}\mu(k)\sum_{1\leqslant r\leqslant\frac{\eta_1}{\eta}}f(r\eta)h(k)h\left(\frac{r}{k}\right)=$$
$$\sum_{1\leqslant r\leqslant\frac{\eta_1}{\eta}}f(r\eta)h(r)\sum_{\substack{1\leqslant k\leqslant\frac{\eta_1}{\eta}\\k|r}}\mu(k)=$$
$$\sum_{1\leqslant r\leqslant\frac{\eta_1}{\eta}}f(r\eta)h(r)\sum_{k|r}\mu(k)=$$
$$f(\eta)h(1)=f(\eta)$$

此即式(2).

又设式(2)成立,则

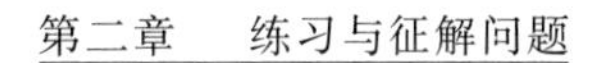

$$\sum_{1\leqslant k\leqslant \frac{\eta_1}{\eta}} f(k\eta)h(k)=$$

$$\sum_{1\leqslant k\leqslant \frac{\eta_1}{\eta}} f(k)\sum_{1\leqslant m\leqslant \frac{\eta_1}{\eta}}\mu(m)g(mk\eta)h(m)=$$

$$\sum_{1\leqslant k\leqslant \frac{\eta_1}{\eta}}\sum_{\substack{1\leqslant r\leqslant \frac{\eta_1}{\eta}\\ k\mid r}}\mu\left(\frac{r}{k}\right)g(r\eta)h(k)h\left(\frac{r}{k}\right)=$$

$$\sum_{1\leqslant r\leqslant \frac{\eta_1}{\eta}} g(r\eta)h(r)\sum_{\substack{1\leqslant k\leqslant \frac{\eta_1}{\eta}\\ k\mid r}}\mu\left(\frac{r}{k}\right)=$$

$$\sum_{1\leqslant r\leqslant \frac{\eta_1}{\eta}} g(r\eta)h(r)\delta(r)=g(\eta)$$

即式(1) 成立.

此定理有一个推论.

推论　令 $\xi_0\geqslant 1$,设 $H(k)$ 是一非恒等于零的完全积性函数,若对所有适合 $1\leqslant\xi\leqslant\xi_0$ 的 ξ 总有

$$G(\xi)=\sum_{1\leqslant k\leqslant\xi}F\left(\frac{\xi}{k}\right)H(k)\tag{3}$$

则对此 ξ 也有

$$F(\xi)=\sum_{1\leqslant k\leqslant\xi}\mu(k)G\left(\frac{\xi}{k}\right)H(k)\tag{4}$$

其逆命题也成立.

证明　只需在定理 1 中令 $f(\eta)=F\left(\frac{1}{\eta}\right)$ 及 $g(\eta)=G\left(\frac{1}{\eta}\right)$ 即可.

下面给出一个应用.

定理 2　当 $\xi\geqslant 1$ 时,有

$$\left|\sum_{1\leqslant k\leqslant\xi}\frac{\mu(k)}{k}\right|\leqslant 1\tag{5}$$

证明　在式(3)中取 $F(\xi)=H(k)=1$，如此则 $G(\xi)=[\xi]$，由式(4)可知

$$1=\sum_{1\leqslant k\leqslant\xi}\mu(k)\left[\frac{\xi}{k}\right] \tag{6}$$

若 $1\leqslant\xi<2$，则式(5)显然成立. 今设 $\xi\geqslant 2$，并取 $x=[\xi]$，则

$$\left|x\sum_{k=1}^{x}\frac{\mu(k)}{k}-1\right|=\left|\sum_{k=1}^{x}\left(\frac{x}{k}-\left[\frac{x}{k}\right]\right)\right|=$$

$$\left|\sum_{k=2}^{x}\mu(k)\left(\frac{x}{k}-\left[\frac{x}{k}\right]\right)\right|\leqslant$$

$$\sum_{k=2}^{x}1=x-1$$

故

$$x\left|\sum_{k=1}^{x}\frac{\mu(k)}{k}\right|\leqslant 1+(x-1)=x$$

§5　一组练习题

下面给出一些关于 $\mu(n)$ 的简单习题供读者练习.

1. 设 n 为任给的正整数，求 $\mu(n)\mu(n+1)\mu(n+2)\mu(n+3)$ 的值.

2. 求 $\sum\limits_{j=1}^{\infty}\mu(j!)$ 的值.

3. 分别求正整数 k，使

$$\mu(k)+\mu(k+1)+\mu(k+2)=0,\pm 1,\pm 2,\pm 3$$

4. 证明：$\sum\limits_{d^2\mid n}\mu(d)=\mu^2(n)=|\mu(n)|$，这里求和号表示对所有满足 $d^2\mid n$ 的正整数 d 求和.

5. 证明：(1) $\sum\limits_{d\mid n}\mu^2(d)=2^{\omega(n)}$，$\omega(n)$ 是 n 的不同素因数的个数，$\omega(1)=0$；

(2) $\sum\limits_{d\mid n}\mu(d)\tau(d)=(-1)^{\omega(n)}$.

6. 设 k 是给定的正整数，证明

$$\sum_{d^k\mid n}\mu(d)=\begin{cases}0,\text{若存在 } m>1 \text{ 使 } m^k\mid n\\1,\text{其他}\end{cases}$$

这里求和号表示对所有满足 $d^k\mid n$ 的正整数 d 求和.

7. 设 $2\mid n$，证明：$\sum\limits_{d\mid n}\mu(d)\varphi(d)=0$.

8. 求 $\sum\limits_{d\mid n}\mu(d)\sigma(d)$ 的值.

9. (1) 设 $k\mid n$，证明：$\sum\limits_{\substack{d=1\\(d,n)=k}}1=\varphi\left(\dfrac{n}{k}\right)$；

(2) 设 $f(n)$ 是一数论函数，证明

$$\sum_{d=1}^{n}f((d,n))=\sum_{d\mid n}f(d)\varphi\left(\frac{n}{d}\right)$$

(3) 证明：$\sum\limits_{d=1}^{n}(d,n)\mu((d,n))=\mu(n)$.

10. 证明：$\mu(n)=\sum\limits_{\substack{d=1\\(d,n)=1}}^{n}\mathrm{e}^{\frac{2\pi\mathrm{i}d}{n}}$.

11. 证明：$\sum\limits_{d\leqslant x}\mu(d)\left[\dfrac{x}{d}\right]=1$.

12. 证明：$\theta(x)=\sum\limits_{n=1}^{\infty}\mu(n)\psi(x^{\frac{1}{n}})$.

13. 设 $T(x)=\ln([x]!)$，证明：当 $x\geqslant 1$ 时

$$\psi(x)=\sum_{n\leqslant x}\mu(n)T\left(\frac{x}{n}\right)$$

14. 证明：(1) $\Lambda(n)=\sum\limits_{d\mid n}\Lambda(d)\left\{\sum\limits_{l\mid\frac{n}{d}}\mu(l)\right\}$；

$(2)\Lambda(n)=\sum_{l|n}\mu(l)\ln\left(\frac{n}{l}\right)=-\sum_{l|n}\mu(l)\ln l.$

15. 设 $\Omega(n)$ 表示 n 的不同素因数的个数，$\Omega(1)=0$ 及 $\lambda(n)=(-1)^{\Omega(n)}$，证明

$$\sum_{mn=l}\mu^2(m)\lambda(n)=\begin{cases}1,l=1\\0,l>1\end{cases}$$

16. 设 p 是给定的素数，求 $\sum_{d|n}\mu(d)\mu((d,p))$ 的表达式.

17. 设 m 是给定的正整数，求 $\sum_{d|n}\mu(d)\ln^m d$，并证明：当 n 有多于 m 个不同的素因数时，和式等于零.

18. 证明：$f(n)$ 的麦比乌斯变换的麦比乌斯变换为 $\sum_{d|n}f(d)\tau\left(\frac{n}{d}\right)$.

19. 设 k 是给定的正整数，定义正整数集合上的函数

$$Q_k(n)=\begin{cases}1,n\text{ 无大于 }1\text{ 的 }k\text{ 次方因数}\\0,\text{其他}\end{cases}$$

证明：$Q_k(n)=\sum_{d^k|n}\mu(d)$.

20. 求 $|\mu(n)|$ 的麦比乌斯变换及麦比乌斯逆变换.

21. 设 k 是给定的正整数，定义正整数集合上的函数

$$P_k(n)=\begin{cases}1,n\text{ 是 }k\text{ 次方程}\\0,\text{其他}\end{cases}$$

求 $P_k(n)$ 的麦比乌斯变换及麦比乌斯逆变换，并证明：$P_2(n)$ 的麦比乌斯逆变换是 $\lambda(n)$.

22. 求 $Q_k(n)$ 的麦比乌斯变换及麦比乌斯逆变换.

23.设 k 是给定的正整数,以 $\varphi_k(n)$ 表示满足以下条件的数组$\{d_1,d_2,\cdots,d_k\}$ 的个数

$1\leqslant d_j\leqslant n,1\leqslant j\leqslant k$ 及$(d_1,\cdots,d_k,n)=1$

求证:$\varphi_k(n)$ 的麦比乌斯变换是 n^k.

24.设 $S_k(n)=n^{-k}\sum\limits_{j=1}^{n}j^k,S_k^*(n)=n^{-k}\sum\limits_{\substack{j=1\\(j,n)=1}}^{n}j^k$,求证:$S_k^*(n)$ 的麦比乌斯变换是 $S_k(n)$.

25.设 f 是集合 S 到自身的映射,它的 n 次迭代记为

$$f^{[n]}=f(f(\cdots(f(x))\cdots))$$

假设对每个正整数 $n,f^{[n]}$ 有有限个不动点,即有有限个 $x\in S$,满足 $f^{[n]}(x)=x$,以 $T(x)$ 记所有这样的不动点组成的集合,且亦表示这个集合中的点的个数,证明:

(1)$n\mid\sum\limits_{d\mid n}\mu(d)T\left(\dfrac{n}{d}\right)$;

(2)取 S 为全体复数组成的集合,n 和 k 为正整数,以及 $f(z)=z^k$.由(1)推出 $n\mid\sum\limits_{d\mid n}\mu\left(\dfrac{n}{d}\right)k^d$,当 n 等于素数时,这就是费马小定理,所以,这是费马小定理的推广.

26.设 $x\geqslant 1$,证明:$\sum\limits_{n\leqslant x}\mu^2(n)=\dfrac{6}{\pi^2}x+r(n)$.这里 $|r(x)|<Ax^{\frac{1}{2}}$,A 为一正常数.

27.设 $x\geqslant 1,D(x)=x\ln x+r_1(x)$,其中 $|r_1(x)|\leqslant x$,证明

$$\sum_{n\leqslant x}2^{\omega(n)}=\sum_{n\leqslant\sqrt{x}}\mu(n)D\left(\frac{x}{n^2}\right)$$

28.设 $x\geqslant 1$,证明:

(1) $\sum_{n\leqslant x}\varphi(n)=\frac{1}{2}\sum_{n\leqslant x}\mu(n)\left[\frac{x}{n}\right]^2+\frac{1}{2}$；

(2) $\sum_{n\leqslant x}\frac{\varphi(n)}{n}=\sum_{n\leqslant x}\frac{\mu(n)}{n}\left[\frac{x}{n}\right]$.

29. 考虑由 26 个字母构成的 n 个字符的所有可能"单词". 如果一个词不是由相同小词的连接所形成的，我们就说它是"素"的. 例如，booboo 不是素的，而 booby 是素的. 令 $p(n)$ 代表长度为 n 的素词个数，证明

$$p(n)=\sum_{d\mid n}\mu(d)26^{\frac{n}{d}}$$

例如，这个公式表明 $p(1)=\mu(1)\cdot 26^1=26$，这是合理的，因为每个单字符词都是素的. 类似地有 $p(2)=\mu(1)\cdot 26^2+\mu(2)\cdot 26^1=26^2-26$，这也合理，因为有 26^2 个两字符单词，并且除了 26 个词 aa，bb，…，zz 以外都是素的.

30. 设 $n\in\mathbf{N}$，求使得 $\mu(n)+\mu(n+1)+\mu(n+2)=3$ 的 n 的值.

31. 令 $w(n)$ 为整除 n 的不同素数的个数，证明

$$\sum_{d\mid n}\mid\mu(d)\mid=2^{w(n)}$$

32. 存在使

$$\mu(x)=\mu(x+1)=\mu(x+2)=\cdots=\mu(x+1\ 996)$$

成立的 x 吗？

33. 回忆函数原象的定义，证明：对于每个 $n\in\mathbf{N}$，有

$$\sum_{k\in\varphi^{-1}(n)}\mu(k)=0$$

例如，如果 $n=4$，则 $\varphi^{-1}(n)=\{5,8,10,12\}$（当然，需要证明为什么没有其他数能使 $\varphi(k)=4$），并且

$\mu(5)+\mu(8)+\mu(10)+\mu(12)=-1+0+1+0=0$

34. 证明：$\Phi_n(x)=\prod_{d\mid n}(x^d-1)^{\mu\left(\frac{n}{d}\right)}$.

35. 证明：对于每个 $n\in\mathbf{N}$，本原 n 次单位根的和等于 $\mu(n)$. 换言之，如果

$$\zeta:=\mathrm{Cis}\,\frac{2\pi}{p}$$

则

$$\sum_{a\nmid n,1\leqslant a<n}\zeta^a=\mu(n)$$

应用举例

第三章

§1 麦比乌斯函数与分圆多项式

满足 $z^n=1$ 的复数 z 称为 n 次单位根. 我们知道,共有 n 个不同的 n 次单位根:$1,\theta,\theta^2,\cdots,\theta^{n-1}$,其中 $\theta=\mathrm{e}^{\frac{2\pi\mathrm{i}}{n}}$. 这 n 个复数把平面上的单位圆周均分成了 n 份,我们用 μ_n 来记 n 次单位根的集合,将满足 $\theta^d=1$ 的最小正整数 d 称为 θ 的阶. 如果 $\xi\in\mu_n$ 且 ξ 的阶恰为 n,则称 ξ 是 n 次本原单位根. 由初等数论我们可知,共有 $\varphi(n)$ 个 n 次本原单位根,它们是 θ^i,$1\leqslant i\leqslant n$,$(i,n)=1$. 以所有 n 次本原单位根为根的多项式

$$\Phi_n(z)=\prod_{\substack{1\leqslant i\leqslant n\\(i,n)=1}}(z-\theta^i)$$

称为 n 级分圆多项式,它的次数是

$\varphi(n)$. 我们有下列定理.

定理　$z^n-1=\prod_{d|n}\Phi_d(z)$.

证明　设某个 n 次本原单位根 θ^t 满足 $(t,n)=d$，令 $n=dn'$，$t=dt'$，则

$$\theta^t=e^{\frac{2\pi ti}{n}}=e^{\frac{2\pi t'i}{n'}}$$

其中 $(n',t')=1$，从而 θ^t 是 n'（$n'=\frac{n}{d}$）次本原单位根，因此

$$\begin{aligned}z^n-1=&\prod_{t=0}^{n-1}(z-\theta^t)=\\&\prod_{d|n}\prod_{\substack{t=0\\(t,n)=d}}^{n-1}(z-\theta^t)=\\&\prod_{d|n}\Phi_{\frac{n}{d}}(z)=\\&\prod_{d|n}\Phi_d(z)\end{aligned}\tag{1}$$

下面我们利用麦比乌斯反演公式从式(1)中反演出分圆多项式 $\Phi(z)$ 来.

对式(1)两边取对数，得

$$\ln(z^n-1)=\sum_{d|n}\ln\Phi_d(z)$$

对上式使用麦比乌斯反演公式，得

$$\begin{aligned}\ln\Phi_n(z)=&\sum_{d|n}\mu\left(\frac{n}{d}\right)\ln(z^d-1)=\\&\sum_{d|n}\ln(z^d-1)^{\mu\left(\frac{n}{d}\right)}\end{aligned}$$

对上式两边取指数，得

$$\Phi_n(z)=\prod_{d|n}(z^d-1)^{\mu\left(\frac{n}{d}\right)}\tag{2}$$

下面举两个具体的例子计算一下.

例 1 利用式(2)计算 $\Phi_6(z)$.

解 由式(2)可知

$$\Phi_6(z)=\prod_{d|6}(z^d-1)^{\mu\left(\frac{6}{d}\right)}=$$
$$(z-1)^{\mu(6)}(z^2-1)^{\mu(3)}(z^3-1)^{\mu(2)}(z^6-1)^{\mu(1)}=$$
$$(z-1)^{(-1)^2}(z^2-1)^{(-1)^1}(z^3-1)^{(-1)^1}(z^6-1)^1=$$
$$\frac{(z^6-1)(z-1)}{(z^2-1)(z^3-1)}=$$
$$\frac{z^3+1}{z+1}=z^2-z+1$$

例 2 利用式(2)计算 $\Phi_{12}(z)$.

解 由式(2)可知

$$\Phi_{12}(z)=\prod_{d|12}(z^d-1)^{\mu\left(\frac{12}{d}\right)}=$$
$$(z-1)^{\mu(12)}(z^2-1)^{\mu(6)}(z^3-1)^{\mu(4)}\cdot$$
$$(z^4-1)^{\mu(3)}(z^6-1)^{\mu(2)}(z^{12}-1)^{\mu(1)}=$$
$$(z-1)^0(z^2-1)^{(-1)^2}(z^3-1)^0\cdot$$
$$(z^4-1)^{(-1)^1}(z^6-1)^{(-1)^1}(z^{12}-1)^1=$$
$$\frac{(z^{12}-1)(z^2-1)}{(z^6-1)(z^4-1)}=$$
$$z^4-z^2+1$$

通过定理我们还可以得到一个 $\mu(d)$ 和 $\varphi(n)$ 间的关系式

$$\varphi(n)=\sum_{d|n}d\mu\left(\frac{n}{d}\right)=\sum_{d|n}\mu(d)\frac{n}{d}$$

即

$$\sum_{d|n}\frac{\mu(d)}{d}=\frac{\varphi(n)}{n} \tag{3}$$

关于分圆多项式的一个重要的事实是方程 $\Phi_n(x)=0$ 总能用根式解出，即这个解总能用有限个根

式和有理运算得到.

对于一般的多项式方程肯定不总是这样,作为这个性质的一个例子,我们注意这个事实

$$\cos\frac{2\pi}{17}=\frac{1}{16}\left[-1+\sqrt{17}+\sqrt{2(17-\sqrt{17})}+2\sqrt{17+3\sqrt{17}-\sqrt{2(17-\sqrt{17})}-2\sqrt{2(17+\sqrt{17})}}\right]$$

这个证明是相当困难的.

§2　麦比乌斯变换与概率

由匈牙利数学家厄多斯(Erdös)开创的数论中的概率方法在许多数论问题上大显身手.本节结合麦比乌斯变换做一点介绍.

定义 1　若有一正整数组,其中不大于 x 的个数 $N(x)$ 适合于 $\lim\limits_{x\to\infty}\frac{N(x)}{x}=\alpha$,则此组之数出现的概率称之为 α.

例如,奇数出现的概率是 $\frac{1}{2}$,平方数出现的概率是 0.

定义 2　一个正整数如不能被素数的平方所整除,则称为无平方因子数.

定理 1　无平方因子数出现的概率为 $\frac{6}{\pi^2}$.

为此,我们只需证 $Q(x)=\frac{6}{\pi^2}x+O(\sqrt{x})$,其中 $Q(x)$ 是不超过 x 的无平方因子数的个数.

证明　将不大于 x 的正整数依其最大平方因子

q^2 分类，不大于 x 而有 q^2 为最大平方因子的正整数之个数为

$$Q\left(\frac{x}{q^2}\right)$$

故可知

$$[x]=\sum_{q=1}^{[x]}Q\left(\frac{x}{q^2}\right)$$

令 $x=y^2$，则

$$\begin{aligned}[y^2]=&\sum_{1\leqslant k\leqslant y}\mu(k)\left[\frac{y^2}{k^2}\right]=\\&y^2\sum_{1\leqslant k\leqslant y}\frac{\mu(k)}{k^2}+\sum_{1\leqslant k\leqslant y}o(y)=\\&\frac{6}{\pi^2}y^2+y^2O\left(\sum_{k>y}\frac{1}{k^2}\right)+o(y)=\\&\frac{6}{\pi^2}y^2+o(y)\end{aligned}$$

此即所欲证.

定理 1 也可以改述为如下定理.

定理 2　若 $x\geqslant 1$，则

$$\sum_{n\leqslant x}|\mu(n)|=\frac{6}{\pi^2}x+o(\sqrt{x})$$

定理 3　互素整数对出现的概率是 $\frac{6}{\pi^2}$.

我们将其转化一下：

适合于 $1\leqslant x\leqslant y\leqslant n$ 的整数对 x,y 的对数等于 $\frac{1}{2}n(n+1)$，其中 $(x,y)=1$ 的整数对的数目记之为 $\Phi(n)$，我们证 $\lim\limits_{n\to\infty}\dfrac{\Phi(n)}{\frac{1}{2}n(n+1)}=\dfrac{6}{\pi^2}$ 即可.

实际上我们可以证明更加精密的定理.

定理 4　$\Phi(n)=\frac{3n^2}{\pi^2}+O(n\lg n)$.

证明　可知

$$
\begin{aligned}
\Phi(n)= & \sum_{m=1}^{n} m \sum_{d\mid m} \frac{\mu(d)}{d}= \\
& \sum_{dd'\leqslant n} d'\mu(d)= \\
& \sum_{d=1}^{n}\mu(d)\sum_{d'=1}^{\left[\frac{n}{d}\right]} d'= \\
& \frac{1}{2}\sum_{d=1}^{n}\mu(d)\left(\left[\frac{n}{d}\right]^2+\left[\frac{n}{d}\right]\right)= \\
& \frac{1}{2}\sum_{d=1}^{n}\mu(d)\left(\frac{n^2}{d^2}+O\left(\frac{n}{d}\right)\right)= \\
& \frac{1}{2}n^2\sum_{d=1}^{n}\frac{\mu(d)}{d^2}+O(n\sum_{d=1}^{n}\frac{1}{d})= \\
& \frac{1}{2}n^2\sum_{d=1}^{\infty}\frac{\mu(d)}{d^2}+O(n^2\sum_{d=1}^{\infty}\frac{1}{d^2})+O(n\lg n)= \\
& \frac{3n^2}{\pi^2}+O(n)+O(n\lg n)= \\
& \frac{3n^2}{\pi^2}+O(n\lg n)
\end{aligned}
$$

Good 与 Churchhouse 注意到一个“巧合”，先列出两列数值对比一下，第一列是麦比乌斯函数的定义：

$\mu(n)=1$，若 n 有偶数个不同的素因子；

$\mu(n)=-1$，若 n 有奇数个不同的素因子；

$\mu(n)=0$，若 n 有一个重复的素因子.

“视觉”的证据表明 $\mu(n)$ 的行为极无规律，人们可以不太困难地证明(第二列数据)：

$\mu(n)=1$ 的概率等于 $\frac{3}{\pi^2}$；

$\mu(n)=-1$ 的概率等于$\frac{3}{\pi^2}$；

$\mu(n)=0$ 的概率等于$-\frac{6}{\pi^2}$.

概率中的强大数定律告诉我们，若 μ_n 是一个随机变量，以上所列出的概率被选 N 次，则

$$\sum_{n=1}^{N}\mu_n < CN^{\frac{1}{2}+\varepsilon}$$

以概率为 1 地成立. 但人们一直认为黎曼(Riemann)假设与不等式

$$\sum_{n=1}^{N}\mu_n \leqslant CN^{\frac{1}{2}+\varepsilon}$$

是等价的. 因此，如果我们能以某种方式将从上述的分布中对 μ 作 N 次随机选择与最初的 N 个值 $\mu(1),\cdots,\mu(N)$ 等同起来，那么就可以证明黎曼猜想. 为了从数值上检验这种等同是否有效，Good 与 Churchhouse 对于$n\leqslant 33\ 000\ 000$ 计算了 $\mu(n)$，使得 $\mu(n)=0$ 的 n 的数目是12 938 407，可是 $33\ 000\ 000(1-\frac{6}{\pi^2})=12\ 938\ 405.6$. 这里，我们有 8 位数字的精确性，简直不可思议！

1971 年，Gandhi 给出 p_n 的一个公式. 为了解释这个公式，我们需要麦比乌斯函数，它定义为

$$\begin{cases}\mu(1)=1\\ \mu(n)=(-1)^r\text{，若 } n \text{ 是 } r \text{ 个不同素数的乘积}\\ \mu(n)=0\text{，若某个素数的平方除尽 } n\end{cases}$$

令 $P_{n-1}=p_1p_2\cdots p_{n-1}$，Gandhi 证明了

$$p_n=\left[1-\frac{1}{\lg 2}\lg\left(-\frac{1}{2}+\sum_{d\mid P_{n-1}}\frac{\mu(d)}{2^d-1}\right)\right]$$

或者等价地说，p_n 是满足

$$1 < 2^{p_n}\left(-\frac{1}{2}+\sum_{d \mid P_{n-1}} \frac{\mu(d)}{2^d-1}\right) < 2$$

的唯一整数.

下面的证明是Vanden Eynden于1972年给出的.

证明如下：为简化记号，令 $Q=P_{n-1}$，$p_n=p$，而

$$S=\sum_{d \mid Q} \frac{\mu(d)}{2^d-1}$$

于是

$$(2^Q-1)S=\sum_{d \mid Q}\mu(d)\frac{2^Q-1}{2^d-1}=$$

$$\sum_{d \mid Q}\mu(d)(1+2^d+2^{2d}+\cdots+2^{Q-d})$$

如果 $0 \leqslant t < Q$，则 $\mu(d)2^t$ 这项出现在求和之中当且仅当 d 除尽 $\gcd(t,Q)$. 从而在后一个和号中 2^t 的系数为 $\sum\limits_{d \mid \gcd(t,Q)} \mu(d)$. 当 $t=0$ 时，它为 $\sum\limits_{d \mid Q}\mu(d)$.

但是对每个整数 $m \geqslant 1$，熟知（也容易证明）

$$\sum_{d \mid m}\mu(d)=\begin{cases}1, m=1\\0, m>1\end{cases}$$

以"$\sum\limits_{0<t<Q}{}'$"表示对满足条件 $0<t<Q$ 和 $\gcd(t,Q)=1$ 的 t 求和，则 $(2^Q-1)S=\sum\limits_{0<t<Q}{}'2^t$. 求和式中最大的 t 的值为 $t=Q-1$. 因此

$$2(2^Q-1)\left(-\frac{1}{2}+S\right)=-(2^Q-1)+\sum_{0<t<Q}{}'2^{t+1}=$$

$$1+\sum_{0<t<Q-1}{}'2^{t+1}$$

如果 $2 \leqslant j < p_n=p$，存在某个素数 q，使得 $q<p_n=p$（从而 $q \mid Q$），并且 $q \mid Q-j$. 于是上面和式中每个 t

都满足 $0<t\leqslant Q-p$. 所以容易给出下面一些不等式

$$\frac{2^{Q-p+1}}{2\times 2^{Q}}<-\frac{1}{2}+S=\frac{1+\sum\limits_{0<t\leqslant Q-p}{}'2^{t+1}}{2(2^{Q}-1)}<\frac{2^{Q-p+2}}{2\times 2^{Q}}$$

乘以 2^{p} 之后,给出

$$1<2^{p}\left(-\frac{1}{2}+S\right)<2$$

Golomb 于 1974 年给出了另一个证明,这个证明是富有启发性的. 他的证明是在 1 的二进制展开上作埃拉托塞尼(Eratosthenes) 筛法.

将每个正整数 n 赋予一个概率(或叫作权) $W(n)=2^{-n}$. 显然 $\sum\limits_{n=1}^{\infty}W(n)=1$. 对于这个分布,是某个固定整数 $d(d\geqslant 1)$ 的倍数的随机整数,有概率

$$M(d)=\sum_{n=1}^{\infty}W(nd)=\sum_{n=1}^{\infty}2^{-nd}=\frac{1}{2^{d}-1}$$

而与一个固定整数 $m\geqslant 1$ 互素的随机整数,其概率容易计算为

$$R(m)=1-\sum_{p\mid m}M(p)+\sum_{pp'\mid m}M(pp')-\sum_{pp'p''\mid m}M(pp'p'')+\cdots=\sum_{d\mid m}\mu(d)M(p)=\sum_{d\mid m}\frac{\mu(d)}{2^{d}-1}$$

令 $Q=p_1p_2\cdots p_{n-1}$,则

$$R(Q)=\sum_{d\mid Q}\frac{\mu(d)}{2^{d}-1}$$

但是另一方面,对于这个分布,可直接给出

$$R(Q)=\sum_{\gcd(m,Q)=1}W(m)=\frac{1}{2}+\frac{1}{2^{p_n}}+\frac{1}{2^{p_{n+1}}}+\alpha$$

α 是 2 的某些更高方幂的倒数和. 因此

$$R(Q)-\frac{1}{2}=\sum_{d\mid Q}\frac{\mu(d)}{2^d-1}-\frac{1}{2}=\frac{1}{2^{p_n}}+\frac{1}{2^{p_{n+1}}}+\alpha$$

所以

$$2^{p_n}\left(\sum_{d\mid Q}\frac{\mu(d)}{2^d-1}-\frac{1}{2}\right)=1+\theta_n$$

其中 $0<\theta_n<1$. 从而 p_n 是满足

$$1<2^m\left(\sum_{d\mid Q}\frac{\mu(d)}{2^d-1}-\frac{1}{2}\right)<2$$

的唯一整数 m. 这就给出 Gandhi 公式的又一个证明. 由 $p_{n+1}\geqslant p_n+2$,可知 $0<\theta_n<\frac{1}{2}$.

用二进制记号，这些会变得更加透彻. 由于 $W(n)=0.000\cdots1$(在小数点后第 n 位为数字 1),所以 $\sum_{n=1}^{\infty}W(n)=0.111\cdots=1$.

对于偶整数情形

$$\sum_{n=1}^{\infty}W(2n)=0.010\ 101\cdots=\frac{1}{2^2-1}=\frac{1}{3}$$

相减则给出 $P_1=p_1=2$ 的公式

$$R(P_1)=\sum_{2\nmid n}W(n)=0.101\ 010\cdots=1-\frac{1}{3}$$

再减去 3 的倍数,然后把减了两次的 6 的倍数加回来一次,得到

$$Q(3)=0.001\ 001\ 001\cdots=\frac{1}{2^3-1}=\frac{1}{7}$$

$$Q(6)=0.000\ 001\ 000\ 001\cdots=\frac{1}{2^6-1}=\frac{1}{63}$$

从而对于 $P_2=p_1p_2=6$,有

$$R(P_2)=R(P_1)-Q(3)+Q(6)=$$
$$0.100\ 010\ 100\ 010\ 100\ 0\cdots=$$

$$1-\frac{1}{3}-\frac{1}{7}+\frac{1}{63}$$

继续下去,便得出

$$R(P_{n-1})=0.100\cdots0100\cdots0100\cdots=$$

$$\frac{1}{2}+\frac{1}{2^{p_n}}+\frac{1}{2^{p_{n+1}}}+\alpha$$

$$R(P_{n-1})-\frac{1}{2}=0.000\cdots010\cdots$$

其中小数点后第一个 1 出现在位置 p_n 处.

§3　麦比乌斯函数与序列密码学

密码学是数学的一门应用学科. 人们运用密码技术的历史可以追溯到几千年前,而密码学真正成为一门科学则是在 1949 年香农(Shannon) 发表了《保密通信的信息理论》一文之后,但在 1949 ~ 1975 年间,密码学的理论研究进展不大. 1976 年 Diffie 和 Hellman 发表了《密码学的新方向》一文,提出了一种崭新的密码体制,冲破了长期以来一直沿用的单钥体制,掀起了密码学发展史上的一场革命,产生了新的双钥(公钥)体制,使得收发双方无须事先交换密钥就可建立保密通信. 而 1977 年美国国家标准局(NBS) 正式公布实施美国数据加密标准(DES),公开 DES 算法,并广泛用于商用数据加密,从而揭开了密码学的神秘面纱,大大激发了人们对密码学的研究兴趣.

密码按加密形式分为流密码和分组密码. 流密码又称序列密码,它是将明文消息字符串逐位地加密成密文字符. 下面以二元加法流密码为例,设

$$m_0, m_1, \cdots, m_k, \cdots \text{ 是明文字符}$$

$$z_0, z_1, \cdots, z_k, \cdots \text{ 是密钥流}$$

则

$$c_k = m_k \oplus z_k \text{ 是加密变换}$$

$$c_0, c_1, \cdots, c_k, \cdots \text{ 是密文字符序列}$$

序列密码体制的安全强度取决于密钥流(或滚动密钥),因此,产生好的密钥流序列便是序列密码的一个关键问题.密钥流序列由密钥流生成器产生,常见的密钥流生成器有前馈序列产生器,非线性组合序列产生器,非线性反馈移位寄存器,钟控序列生成器等,其中在非线性移位寄存器中麦比乌斯函数有着重要的应用.由于反馈移位寄存器所产生的一些二元序列有许多重要的应用,所以它的研究很受重视.例如,在连续波雷达中可用作测距信号,在遥控系统中可用作遥控信号,在多址通信中可用作地址信号,在数字通信中可用作群同步信号.此外,还可用作噪声源,以及在保密通信中起加密作用.

§4　麦比乌斯函数与数的几何

数的几何起源于数论,是一门有着百余年历史的数学学科.闵可夫斯基(Minkowski)在1896年富有成效的研究表明,数论中的丢番图逼近及其他数论分支中许多重要结果都可以通过简单的几何论证得到.闵可夫斯基的一个颇具创见的命题是数的几何理论的起点,它可以视为抽屉原理在可测集上的一个显而易见的推广.

先给出数的几何的几个基本概念.

定义 1 给定 d 维欧氏空间 $\mathbf{R}^d$ 中的 d 个线性无关的向量(点)$\boldsymbol{u}_1,\boldsymbol{u}_2,\cdots,\boldsymbol{u}_d$,这些向量生成的格 $\boldsymbol{\Lambda}$ 定义为
$\boldsymbol{\Lambda}(\boldsymbol{u}_1,\cdots,\boldsymbol{u}_d)=\{m_1\boldsymbol{u}_1+\cdots+m_d\boldsymbol{u}_d \mid m_1,\cdots,m_d\in\mathbf{Z}\}$
其中 $\mathbf{Z}$ 是整数集.

称集$\{\boldsymbol{u}_1,\cdots,\boldsymbol{u}_d\}$为 $\boldsymbol{\Lambda}$ 的基,由形如 $m_1\boldsymbol{u}_1+\cdots+m_d\boldsymbol{u}_d$(对每个 $i,m_i\in\{0,1\}$)的 2^d 个顶点导出的平行体 p 称为 $\boldsymbol{\Lambda}$ 的基本平行体或胞腔,显然

$$\mathrm{Vol}\ p=|\det(\boldsymbol{u}_1,\cdots,\boldsymbol{u}_d)|$$

当然,同一个格可以有许多不同的生成方式,即 $\boldsymbol{\Lambda}$ 有许多不同的基,因而 $\boldsymbol{\Lambda}$ 有许多不同的基本平行体,但所有这些基本平行体的体积相等.

定义 2 设 $\det\boldsymbol{\Lambda}$ 为 $\boldsymbol{\Lambda}$ 的任一基本平行体的体积.若 $\det\boldsymbol{\Lambda}=1$,则称 $\boldsymbol{\Lambda}$ 为单位格.

1896 年闵可夫斯基给出了一个重要结果.

定理 1 设 $C\subseteq\mathbf{R}^d$ 是关于原点对称的凸体,$\boldsymbol{\Lambda}$ 是单位格,如果 $\mathrm{Vol}\ C>2^d$,那么 C 至少含一个不同于 0 的格点.

事实上,Blichfeldt 于 1921 年,Van der Corput 于 1936 年证明了更一般的结论.

定理 2 设 k 是自然数,$S\subseteq\mathbf{R}^d$ 是满足 $\mathrm{Vol}\ S>k$ 的约当(Jordan)可测集,且 $\boldsymbol{\Lambda}$ 是一单位格,则存在 s_0,$s_1,\cdots,s_k\in S$,使得对所有的 $0\leqslant i\leqslant j\leqslant k$,有 $s_i-s_j\in\boldsymbol{\Lambda}$.

我们再来介绍下面的定义.

定义 3 设 C 为 $\mathbf{R}^d$ 中的紧集,如果 C 的内部含有原点 O,且当 $x\in C$ 时,对任意的 $0\leqslant\lambda\leqslant 1$,均有 $\lambda x\in C$,则称 C 为一星形体.

如果格

$$\boldsymbol{\Lambda}=\boldsymbol{\Lambda}(\boldsymbol{u}_1,\cdots,\boldsymbol{u}_d)=$$
$$\{m_1\boldsymbol{u}_1+\cdots+m_d\boldsymbol{u}_d \mid m_1,\cdots,m_d\in\mathbf{Z}\}$$

除 0 外不含 C 的内点,则称格 $\boldsymbol{\Lambda}$ 对于 C 是容许的.

C 的临界行列式 $\Delta(C)$ 定义为

$$\Delta(C)=\inf\{\det\boldsymbol{\Lambda}\mid\boldsymbol{\Lambda}\text{ 对于 }C\text{ 是容许的}\}$$

有了以上记号,闵可夫斯基基本定理要重新表达为:

对于任意中心对称的凸体 $C\subseteq\mathbf{R}^d$,有

$$\frac{\Delta(C)}{\mathrm{Vol}\ C}\geqslant\frac{1}{2^d}$$

令人感到意外的是,事实表明,逆问题解决起来要困难得多:给定凸体(或星形体)C,试问$\dfrac{\Delta(C)}{\mathrm{Vol}\ C}$到底能有多大?换言之,即给定凸体(或星形体)$C$,欲表示对于 C 容许且其行列式尽可能小的格. 对于 $C=B^d$ 这一情形,闵可夫斯基在 1905 年确立了下述不等式

$$\frac{\Delta(C)}{\mathrm{Vol}\ C}\leqslant\frac{1}{2\zeta(d)}=\frac{1}{2\left(1+\frac{1}{2^d}+\frac{1}{3^d}+\cdots\right)}$$

其中 ζ 表示黎曼(泽塔)函数.

达文波特(Harold Davenport,1907—1969)是英国著名数论专家,剑桥大学教授,罗杰斯(Leonard James Rogers)是英国皇家学会会员. 他们在 1947 年得到下面的定理.

定理 3　设 $f:\mathbf{R}^d\to\mathbf{R}$ 为在某有界区域外取值为 0 的连续函数,对任意的 $\gamma\in\mathbf{R}$,令

$$V(\gamma)=\int_{-\infty}^{+\infty}\cdots\int_{-\infty}^{+\infty}f(x_1,\cdots,x_{d-1},\gamma)\mathrm{d}x_1\cdots\mathrm{d}x_{d-1}$$

另外,设 $\boldsymbol{\Lambda}'$ 为超平面 $x_d=0$ 中的整数格,$\delta>0$ 为一固定的数,给定任一形如 $\boldsymbol{y}=(y_1,\cdots,y_{d-1},\delta)$ 的向量 $\boldsymbol{y}\in\mathbf{R}^d$,设 $\boldsymbol{\Lambda}_y$ 表示 $\mathbf{R}^d$ 中由 $\boldsymbol{\Lambda}'$ 与 $\boldsymbol{y}$ 生成的格,则

$$\int_0^1\cdots\int_0^1\Big(\sum_{\substack{x\in\boldsymbol{\Lambda}_{\mathbf{y}}\\ x_d\neq 0}} f(x)\Big)\mathrm{d}y_1\cdots\mathrm{d}y_{d-1}=\sum_{i\in\mathbf{Z}-\{0\}}V(i^{\delta})$$

利用定理 3 用随机的方法可以证明一个在 1944 年由 Hlawka 提出的定理.

定理 4　设 $g:\mathbf{R}^d\to\mathbf{R}$ 为在某有界区域外取值为 0 的黎曼可积函数,$\varepsilon>0$,则存在 $\mathbf{R}^d$ 中的单位格 $\boldsymbol{\Lambda}$(即 $\det\boldsymbol{\Lambda}=1$) 使得

$$\sum_{0\neq x\in\boldsymbol{\Lambda}} g(x)<\int_{\mathbf{R}^d} g(x)\mathrm{d}x+\varepsilon$$

由这两个定理就可利用麦比乌斯反演公式推得 d 维体临界行列式的非平凡上界,被称为Minkowski-Hlawka 定理.

Minkowski-Hlawka 定理　设 $C\subseteq\mathbf{R}^d$ 为星形体,则有:

(1) $\dfrac{\Delta(C)}{\mathrm{Vol}\ C}\leqslant 1$;

(2) 如果 C 是中心对称的,则 $\dfrac{\Delta(C)}{\mathrm{Vol}\ C}\leqslant\dfrac{1}{2\zeta(d)}$,其中 $\zeta(d)=1+\dfrac{1}{2^d}+\dfrac{1}{3^d}+\cdots$ 为黎曼(泽塔) 函数.

证明　欲证(1) 成立,只需证明由 $\mathrm{Vol}\ C>1$ 可推得$\Delta(C)\leqslant 1$.

设 $g(x)$ 为 C 的指示函数,即

$$g(x)=\begin{cases}1,x\in C\\ 0,x\notin C\end{cases}$$

现选取充分小的 $\varepsilon>0$,使得

$$\int_{\mathbf{R}^d} g(x)\mathrm{d}x + \varepsilon = \mathrm{Vol}\ C + \varepsilon < 1$$

则由定理4知，存在单位格$\boldsymbol{\Lambda}$满足$\sum\limits_{0\neq x\in\boldsymbol{\Lambda}} g(x) < 1$，即C不含0以外的其他格点，从而$\Delta(C)\leqslant 1$，(1)得证.

欲证(2)，只需证明由$\mathrm{Vol}\ C < 2\zeta(d)$可推得$\Delta(C)\leqslant 1$. 如前，设$g(x)$为$C$的指示函数，令

$$f(x) = \sum_{i=1}^{\infty}\mu(i)g(ix)$$

其中，μ表示麦比乌斯函数. 称格$\boldsymbol{\Lambda}$中的点$x\neq 0$为原始的，若联结0与x的开线段不含$\boldsymbol{\Lambda}$的其他格点，此时

$$\begin{aligned}\sum_{0\neq x\in\boldsymbol{\Lambda}} f(x) = &\sum_{\substack{0\neq x\in\boldsymbol{\Lambda}\\ x\text{是原始的}}}\sum_{j=1}^{\infty} f(jx) = \\ &\sum_{\substack{0\neq x\in\boldsymbol{\Lambda}\\ x\text{是原始的}}}\sum_{j=1}^{\infty}\sum_{i=1}^{\infty}\mu(i)g(ijx) = \\ &\sum_{\substack{0\neq x\in\boldsymbol{\Lambda}\\ x\text{是原始的}}}\sum_{k=1}^{\infty} g(kx)\sum_{i\mid k}\mu(i) = \\ &\sum_{\substack{0\neq x\in\boldsymbol{\Lambda}\\ x\text{是原始的}}} g(x)\end{aligned}$$

另一方面，有

$$\begin{aligned}\int_{\mathbf{R}^d} f(x)\mathrm{d}x = &\sum_{i=1}^{\infty}\mu(i)\int_{\mathbf{R}^d} g(ix)\mathrm{d}x = \\ &\sum_{i=1}^{\infty}\mu(i)\ \frac{\mathrm{Vol}\ C}{i^d} = \\ &\frac{\mathrm{Vol}\ C}{\zeta(d)} < 2\end{aligned}$$

此时，对函数$f(x)$应用定理4，即知存在单位格$\boldsymbol{\Lambda}$满足$\sum\limits_{0\neq x\in\boldsymbol{\Lambda}} f(x) < 2$，从而可得

$$\sum_{0\neq x\in \boldsymbol{\Lambda}} f(x)=\sum_{\substack{0\neq x\in \boldsymbol{\Lambda}\\ x\text{是原始的}}} g(x)=0$$

又因为 C 关于 0 是星形的，所以 $C\cap(\boldsymbol{\Lambda}-\{0\})=\varnothing$，$\Delta(C)\leqslant 1$，(2) 得证. 不难推广到无界星形体：

($1'$) 对任意约当可测集 $C\subseteq \mathbf{R}^d$，有 $\Delta(C)\leqslant \mathrm{Vol}\, C$；

($2'$) 对任意体积有限的无界星形体 C，有

$$\Delta(C)\leqslant \frac{\mathrm{Vol}\, C}{2\zeta(d)}$$

§5 麦比乌斯函数与数论函数的计算和估计[①]

数论函数的计算和估计是数论中的核心问题之一.

同麦比乌斯函数 $\mu(n)$ 和 $\left\{\frac{N}{n}\right\}$（$\frac{N}{n}$ 的小数部分）有关的数论函数的估计和计算是在筛函数的主项与余项的估计中遇到的重要而又困难的问题. 贾荣庆曾在 1985 年第 2 期《科学通报》中对 $\sum\limits_{n<x}\frac{\mu(n)}{n}$ 给出了一个估计结果，内蒙古大学的包那又进一步讨论了与 $\mu(n)$ 和 $\left\{\frac{N}{n}\right\}$ 有关的一类数论函数的估计和计算问题.

设 $P_1,P_2,\cdots,P_s$ 为前 s 个素数，N 为正整数，$D_s=\prod\limits_{i=1}^{s} P_i$，$E_{D_s}=\{1=\alpha_1,\alpha_2,\cdots,\alpha_{\varphi(D_s)}=D_s-1\}$ 为 D_s 的

① 本节摘编自包那著的《点筛法》，内蒙古大学出版社，1995：79-90.

一缩系. 又

$$E_s=\{n=P_1^{\alpha_1}P_2^{\alpha_2}\cdots P_s^{\alpha_s}\mid \alpha_i=0\text{ 或 }1,\ i=1,2,\cdots,s;\omega(n)\geqslant 1\}$$

令

$$f(N,P_1,\cdots,P_s)=\sum_{n\in E_s}\mu(n)\left\{\frac{N}{n}\right\} \tag{1}$$

包那用不同于一般的方法研究了 $f(N,P_1,\cdots,P_n)$ 的计算和估计问题,得到下列定理.

定理 1　我们有

$$f(N,P_1,\cdots,P_s)=N\prod_{k=1}^{s}\left(1-\frac{1}{P_k}\right)-\sum_{m=1}^{N-1}\sum_{\substack{n\in E_s\\ n\mid(m+1)}}\mu(n)-N \tag{2}$$

定理 2　(1) 当 $D_s\mid N$ 时

$$\sum_{m=1}^{N-1}\sum_{\substack{n\in E_s\\ n\mid(m+1)}}\mu(n)=N\prod_{k=1}^{s}\left(1-\frac{1}{P_k}\right)-N$$

(2) 当 $D_s<N,D_s\mid N$ 时

$$f(N,P_1,\cdots,P_s)=\left\{\frac{N}{D_s}\right\}\varphi(D_s)-1-N\left(\left\{2,3,\cdots,N-\left[\frac{N}{D_s}\right]D_s\right\}\cap E_{D_s}\right)$$

这里 φ 为欧拉函数,$N(E)$ 表示集合 E 中的数的个数.

(3) 当 $D_s>N$ 时

$$f(N,P_1,\cdots,P_s)=N\prod_{k=1}^{s}\left(1-\frac{1}{P_k}\right)-N(\{2,3,\cdots,N\}\cap E_{D_s})-1$$

从定理 1,2 可以推出下列推论.

推论 1　每一使 $D_s>N$ 而又不大于 $\pi(N^{\frac{1}{2}})$ 的 s,

有

$$f(N,P_1,\cdots,P_s)\leqslant N\prod_{k=1}^{s}\left(1-\frac{1}{P_k}\right)-\pi(N)+s-1$$

推论 2　当 $\pi(N^{\frac{1}{2}})\leqslant s\leqslant\pi(N)$ 时，有

$$f(N,P_1,\cdots,P_s)=N\prod_{k=1}^{s}\left(1-\frac{1}{P_k}\right)-\pi(N)+s-1$$

推论 3　(1) 当 $\pi(N^{\frac{1}{2}})\leqslant s\leqslant\pi\left(\frac{N}{e^c\lg N}\right)$ 时，$f(N,P_1,\cdots,P_s)$ 对 s 单调下降，并且

$$f(N,P_1,\cdots,P_{\pi(N^{\frac{1}{2}})})=\left(\frac{2}{e^c}-1\right)\frac{N}{\lg N}+O\left(\frac{N}{\lg^2 N}\right)$$

$$f(N,P_1,\cdots,P_{\pi(\frac{N}{e^c\lg N})})=\left(\frac{1}{e^c}-1\right)\frac{N}{\lg N}+\frac{e^{-c}N(c+\lg\lg N)}{\lg^2 N}+O\left(\frac{N}{\lg^2 N}\right)$$

(2) 当 $\pi\left(\frac{N}{\lg N}\right)\leqslant s\leqslant\pi(N)$ 时，$f(N,P_1,\cdots,P_s)$ 对 s 单调上升，并且

$$f(N,P_1,\cdots,P_{\pi(\frac{N}{\lg N})})=\left(\frac{1}{e^c}-1\right)\frac{N}{\lg N}+\frac{e^{-c}N\lg\lg N}{\lg^2 N}+O\left(\frac{N}{\lg^2 N}\right)$$

$$f(N,P_1,\cdots,P_{\pi(N)})=\frac{e^{-c}N}{\lg N}+O\left(\frac{N}{\lg^2 N}\right)$$

(3) 当 $s>\pi(N)$ 时，$f(N,P_1,\cdots,P_s)$ 对 s 单调下降，并且

$$f(N,P_1,\cdots,P_s)=N\prod_{k=1}^{s}\left(1-\frac{1}{P_k}\right)-1$$

上面各式子中的 c 均为欧拉常数，N 为充分大的正整数.

定理 1 的证明　对每一正整数 m 及任意的 $n \in E_s$，有

$$\left\{\frac{m+1}{n}\right\}=\begin{cases}\left\{\frac{m}{n}\right\}+\frac{1}{n}, \text{当 } n \nmid (m+1) \text{ 时} \\ \left\{\frac{m}{n}\right\}+\frac{1}{n}-1, \text{当 } n \mid (m+1) \text{ 时}\end{cases}$$

因此

$$f(m+1,P_1,\cdots,P_s)=\sum_{n\in E_s}\mu(n)\left\{\frac{m+1}{n}\right\}=$$

$$\sum_{\substack{n\in E_s\\ n\nmid(m+1)}}\mu(n)\left\{\frac{m+1}{n}\right\}+\sum_{\substack{n\in E_s\\ n\mid(m+1)}}\mu(n)\left\{\frac{m+1}{n}\right\}=$$

$$\sum_{\substack{n\in E_s\\ n\nmid(m+1)}}\mu(n)\left(\left\{\frac{m}{n}\right\}+\frac{1}{n}\right)+\sum_{\substack{n\in E_s\\ n\mid(m+1)}}\mu(n)\left(\left\{\frac{m}{n}\right\}+\frac{1}{n}-1\right)=$$

$$\sum_{n\in E_s}\mu(n)\left(\left\{\frac{m}{n}\right\}+\frac{1}{n}\right)-\sum_{\substack{n\in E_s\\ n\mid(m+1)}}\mu(n)=$$

$$f(m,P_1,\cdots,P_s)+\sum_{n\in E_s}\frac{\mu(n)}{n}-\sum_{\substack{n\in E_s\\ n\mid(m+1)}}\mu(n)=$$

$$f(m,P_1,\cdots,P_s)+f(1,P_1,\cdots,P_s)-\sum_{\substack{n\in E_s\\ n\mid(m+1)}}\mu(n) \quad (3)$$

对式(3)，m 从 1 到 $N-1$ 相加得

$$\sum_{m=1}^{N-1}f(m+1,P_1,\cdots,P_s)=\sum_{m=1}^{N-1}f(m,P_1,\cdots,P_s)+(N-1)f(1,P_1,\cdots,P_s)-\sum_{m=1}^{N-1}\sum_{\substack{n\in E_s\\ n\mid(m+1)}}\mu(n)$$

注意到

$$f(1,P_1,\cdots,P_s)=\sum_{n\in E_s}\mu(n)\frac{1}{n}=\bigcap_{k=1}^{s}\left(1-\frac{1}{P_k}\right)-1$$

整理得

$$f(N,P_1,\cdots,P_s)=N\bigcap_{k=1}^{s}\left(1-\frac{1}{P_k}\right)-N-\sum_{m=1}^{N-1}\sum_{\substack{n\in E_s\\ n\mid(m+1)}}\mu(n)$$

故定理 1 得证.

定理 2 的证明 先证(1). 当 $D_s=P_1,\cdots,P_s\mid N$ 时,对任意的 $n\in E_s$,都有 $\left\{\frac{N}{n}\right\}=0$,故 $f(N,P_1,\cdots,P_s)=0$. 由定理 1,有

$$\sum_{m=1}^{N-1}\sum_{\substack{n\in E_s\\ n\mid(m+1)}}\mu(n)=N\bigcap_{k=1}^{s}\left(1-\frac{1}{P_k}\right)-N \qquad (4)$$

再证(2). 当 $D_s<N,D_s\nmid N$ 时,对任意的 $n\in E_s$,由于 $n\mid D_s$,因此

$$\left\{\frac{N}{n}\right\}=\left\{\frac{\left[\frac{N}{D_s}\right]D_s}{n}+\frac{N-\left[\frac{N}{D_s}\right]D_s}{n}\right\}=\left\{\frac{N-\left[\frac{N}{D_s}\right]D_s}{n}\right\}$$

由定理 1,有

$$f(N,P_1,\cdots,P_s)=\sum_{n\in E_s}\mu(n)\left\{\frac{N}{n}\right\}=\sum_{n\in E_s}\mu(n)\left\{\frac{N-\left[\frac{N}{D_s}\right]D_s}{n}\right\}=f\left(N-\left[\frac{N}{D_s}\right]D_s,P_1,\cdots,P_s\right)=\left(N-\left[\frac{N}{D_s}\right]D_s\right)\bigcap_{h=1}^{s}\left(1-\frac{1}{P_h}\right)-$$

$$\left(N-\left[\frac{N}{D_s}\right]D_s\right)-\sum_{m=1}^{N-\left[\frac{N}{D_s}\right]D_s-1}\sum_{\substack{n\in E_s\\ n\mid(m+1)}}\mu(n)=\left\{\frac{N}{D_s}\right\}(\varphi(D_s)-D_s)-\sum_{m=1}^{N-\left[\frac{N}{D_s}\right]D_s-1}\sum_{\substack{n\in E_s\\ n\mid(m+1)}}\mu(n) \tag{5}$$

现在来考虑上式的最后一项. 当 m 取 1 到 $N-\left[\frac{N}{D_s}\right]D_s-1$ 时, $m+1$ 取 2 到 $N-\left[\frac{N}{D_s}\right]D_s$.

① 若 $m+1$ 和 D_s 的最大公因子 $(m+1,D_s)=q_1\cdots q_l>1$（这里 $\{q_1,\cdots,q_l\}\subseteq\{P_1,P_2,\cdots,P_s\}$）时, 那么 $m+1$ 的 $q_1,q_2,\cdots,q_l,q_1q_2,\cdots,q_{l-1}q_l,\cdots,q_1\cdots q_l$ 等 2^l-1 个因子都属于 E_s, 而且能整除 $m+1$ 的集合 E_s 中的数 n 也就是这些数, 共有 2^l-1 个, 因此

$$\sum_{\substack{n\in E_s\\ n\mid(m+1)}}\mu(n)=\mu(q_1)+\cdots+\mu(q_l)+\mu(q_1q_2)+\cdots+\mu(q_{l-1}q_l)+\cdots+\mu(q_1\cdots q_l)=(1-1)^l-1=-1 \tag{6}$$

② 若 $(m+1,D_s)=1$ 时, $m+1$ 不被 E_s 中的任何 n 所整除, 而这种 $m+1$ 在式(5)中不出现. 这种 $m+1$ 既与 D_s 互素, 又在从 2 到 $N-\left[\frac{N}{D_s}\right]D_s$ 之间, 因此这些数是交集 $\left\{2,3,\cdots,N-\left[\frac{N}{D_s}\right]D_s\right\}\cap E_{D_s}$ 中的数, 其个数是 $N\left(\left\{2,3,\cdots,N-\left[\frac{N}{D_s}\right]D_s\right\}\cap E_{D_s}\right)$. 因此, 属于第一类的数 $m+1$ 在 $\{2,3,\cdots,N-\left[\frac{N}{D_s}\right]D_s\}$ 中共有

$$N-\left[\frac{N}{D_s}\right]D_s-1-N\left(\left\{2,3,\cdots,N-\left[\frac{N}{D_s}\right]D_s\right\}\cap E_{D_s}\right) \tag{7}$$

由式(6)(7),得

$$\begin{aligned}
\sum_{m=1}^{N-\left[\frac{N}{D_s}\right]-1}\sum_{\substack{n\in E_s\\ n\mid(m+1)}}\mu(n)=\\
&-\left(N-\left[\frac{N}{D_s}\right]D_s-1\right)+\\
&N\left(\left\{2,3,\cdots,N-\left[\frac{N}{D_s}\right]D_s\right\}\cap E_{D_s}\right)=\\
&-\left\{\frac{N}{D_s}\right\}D_s+1+\\
&N\left(\left\{2,3,\cdots,N-\left[\frac{N}{D_s}\right]D_s\right\}\cap E_{D_s}\right)
\end{aligned} \tag{8}$$

把式(8) 代入式(5) 中并整理得

$$\begin{aligned}
f(N,P_1,\cdots,P_s)=&\left\{\frac{N}{D_s}\right\}(\varphi(D_s)-D_s)+\left\{\frac{N}{D_s}\right\}D_s-1-\\
&N\left(\left\{2,3,\cdots,N-\left[\frac{N}{D_s}\right]D_s\right\}\cap E_{D_s}\right)=\\
&\left\{\frac{N}{D_s}\right\}\varphi(D_s)-1-\\
&N\left(\left\{2,3,\cdots,N-\left[\frac{N}{D_s}\right]D_s\right\}\cap E_{D_s}\right)
\end{aligned} \tag{9}$$

最后证明(3).当 $D_s>N$ 时,同式(8) 的证明一样可证得

$$\sum_{m=1}^{N-1}\sum_{\substack{n\in E_s\\ n\mid(m+1)}}\mu(n)=-(N-1)+N(\{2,3,\cdots,N\}\cap E_{D_s}) \tag{10}$$

把式(10)代入式(2)中得

$$f(N,P_1,\cdots,P_s)=N\bigcap_{k=1}^{s}\left(1-\frac{1}{P_k}\right)-N(\{2,3,\cdots,N\}\cap E_{D_s})-1 \quad (11)$$

故定理2得证.

推论1的证明　对于使 $D_s>N$ 而又不大于 $\pi(\sqrt{N})$ 的 s 来讲,$\{P_{s+1},P_{s+2},\cdots,P_{\pi(N)}\}\subseteq\{2,3,\cdots,N\}\cap E_{D_s}$,因此

$$N(\{2,3,\cdots,N\}\cap E_{D_s})\geqslant\pi(N)-s \quad (12)$$

把式(12)代入式(11)中,得

$$f(N,P_1,\cdots,P_s)\leqslant N\bigcap_{k=1}^{s}\left(1-\frac{1}{P_k}\right)-\pi(N)+s-1 \quad (13)$$

故推论1得证.

推论2的证明　当 $\pi(N^{\frac{1}{2}})\leqslant s\leqslant\pi(N)$ 时,有

$$N(\{2,3,\cdots,N\}\cap E_{D_s})=\pi(N)-s \quad (14)$$

把式(14)代入式(11)中,得

$$f(N,P_1,\cdots,P_s)=N\bigcap_{k=1}^{s}\left(1-\frac{1}{P_k}\right)-\pi(N)+s-1 \quad (15)$$

故推论2得证.

推论3的证明　先证(1). 当 $\pi(N^{\frac{1}{2}})<s<\pi\left(\frac{N}{e^c\lg N}\right)$ 时,由式(15)得

$$f(N,P_1,\cdots,P_s)-f(N,P_1,\cdots,P_{s+1})=\frac{N}{P_{s+1}}\bigcap_{k=1}^{s}\left(1-\frac{1}{P_k}\right)-1 \quad (16)$$

又由

$$\bigcap_{k=1}^{s}\left(1-\frac{1}{P_k}\right)=\frac{e^{-c}}{\lg P_s}+O\left(\frac{1}{\lg^2 P_s}\right)$$，c 为欧拉常数

(17)

并注意到 $P_s < P_{s+1} \leqslant \frac{e^{-c}N}{\lg N}$，有

$$\frac{N}{P_{s+1}}\bigcap_{k=1}^{s}\left(1-\frac{1}{P_k}\right)=$$

$$\frac{e^{-c}N}{P_{s+1}\lg P_s}+O\left(\frac{N}{P_{s+1}\lg^2 P_s}\right)\geqslant$$

$$\frac{e^{-c}N}{\frac{N}{e^c\lg N}\cdot\lg^2\left(\frac{N}{e^c\lg N}\right)}+O\left(\frac{e^{-c}N}{\frac{N}{e^c\lg N}\cdot\lg^2\left(\frac{N}{e^c\lg N}\right)}\right)=$$

$$\frac{1}{1-\frac{c+\lg\lg N}{\lg N}}+O\left(\frac{1}{\lg N\cdot\left(1-\frac{c+\lg\lg N}{\lg N}\right)^2}\right)=$$

$$1+\frac{c+\lg\lg N}{\lg N}+O\left(\frac{(c+\lg\lg N)^2}{\lg^2 N}\right)+O\left(\frac{1}{\lg N}\right)>$$

1(对充分大的 N)　　(18)

于是由式(16)(18)，得

$$f(N,P_1,\cdots,P_s)>f(N,P_1,\cdots,P_{s+1})$$

当 $s=\pi(N^{\frac{1}{2}})$ 时，由式(15)(17)，得

$$f(N,P_1,\cdots,P_{\pi(N^{\frac{1}{2}})})=$$

$$N\bigcap_{k=1}^{\pi(N^{\frac{1}{2}})}\left(1-\frac{1}{P_k}\right)-\pi(N)+\pi(N^{\frac{1}{2}})-1=$$

$$\left(\frac{2}{e^c}-1\right)\frac{N}{\lg N}+O\left(\frac{N}{\lg^2 N}\right)\qquad(19)$$

同理，当 $s=\pi\left(\frac{N}{e^c\lg N}\right)$ 时，有

$$f(N,P_1,\cdots,P_{\pi(\frac{N}{e^c\lg N})})=$$

$$N\bigcap_{k=1}^{\pi(\frac{N}{e^c\lg N})}\left(1-\frac{1}{P_k}\right)-\pi(N)+\pi\left(\frac{N}{e^c\lg N}\right)-1=$$

$$\frac{e^{-c}N}{\lg\left(\frac{N}{e^c\lg N}\right)}+O\left[\frac{N}{\lg^2\left(\frac{N}{e^c\lg N}\right)}-\frac{N}{\lg N}-O\left(\frac{N}{\lg^2 N}\right)\right]+$$

$$\frac{\frac{N}{e^c\lg N}}{\lg\left(\frac{N}{e^c\lg N}\right)}+O\left[\frac{\frac{N}{e^c\lg N}}{\lg^2\left(\frac{N}{e^c\lg N}\right)}\right]-1=$$

$$\frac{e^{-c}N}{\lg N\cdot\left(1-\frac{c+\lg\lg N}{\lg N}\right)}-\frac{N}{\lg N}+O\left(\frac{N}{\lg^2 N}\right)=$$

$$\left(\frac{1}{e^c}-1\right)\frac{N}{\lg N}+\frac{e^{-c}N(c+\lg\lg N)}{\lg^2 N}+O\left(\frac{N}{\lg^2 N}\right)\quad(20)$$

现在来证(2). 当 $\pi\left(\frac{N}{\lg N}\right)<s<\pi(N)$ 时,由式(15)(17),并注意到 $s+1\leqslant\pi(N)$ 和 $\frac{N}{\lg N}<P_s$,有

$$f(N,P_1,\cdots,P_s)-f(N,P_1,\cdots,P_{s+1})=$$

$$\frac{N}{P_{s+1}}\bigcap_{k=1}^{s}\left(1-\frac{1}{P_k}\right)-1=$$

$$\frac{N}{P_{s+1}}\ \frac{e^{-c}}{\lg P_s}+O\left(\frac{N}{P_{s+1}\lg^2 P_s}\right)-1\leqslant$$

$$\frac{N}{P_s}\ \frac{e^{-c}}{\lg P_s}+O\left(\frac{N}{P_s\lg^2 P_s}\right)-1\leqslant$$

$$\frac{e^{-c}N}{\frac{N}{\lg N}\cdot\lg\left(\frac{N}{\lg N}\right)}+O\left[\frac{N}{\frac{N}{\lg N}\cdot\lg^2\left(\frac{N}{\lg N}\right)}\right]-1=$$

$$\frac{e^{-c}}{\left(1-\frac{\lg\lg N}{\lg N}\right)}-1+O\left(\frac{1}{\lg N}\right)=$$

$$e^{-c}-1+O\left(\frac{\lg\lg N}{\lg N}\right)<0\text{(对充分大的 }N\text{)}$$

故有 $f(N,P_1,\cdots,P_s)<f(N,P_1,\cdots,P_{s+1})$.

当 $s=\pi\left(\frac{N}{\lg N}\right)$，$\pi(N)$ 时，同式(19)(20)一样计算得

$$f(N,P_1,\cdots,P_{\pi(\frac{N}{\lg N})})=\left(\frac{1}{e^c}-1\right)\frac{N}{\lg N}+\frac{e^{-c}N\lg\lg N}{\lg^2 N}+O\left(\frac{N}{\lg^2 N}\right) \tag{21}$$

$$f(N,P_1,\cdots,P_{\pi(N)})=\frac{e^{-c}N}{\lg N}+O\left(\frac{N}{\lg^2 N}\right) \tag{22}$$

再来证(3). 当 $s>\pi(N)$ 时，由定理 1 知

$$f(N,P_1,\cdots,P_s)=N\bigcap_{k=1}^{s}\left(1-\frac{1}{P_k}\right)-\sum_{m=1}^{N-1}\sum_{\substack{n\in E_s\\ n\mid(m+1)}}\mu(n)-N$$

而这时，对任意的 $m+1$，有 $2\leqslant m+1\leqslant N$，同式(6)一样证得

$$\sum_{\substack{n\in E_s\\ n\mid(m+1)}}\mu(n)=-1$$

因而

$$\sum_{\substack{n\in E_s\\ n\mid(m+1)}}\mu(n)=-(N-1) \tag{23}$$

把式(23)代入定理 1 中得

$$f(N,P_1,\cdots,P_s)=N\bigcap_{k=1}^{s}\left(1-\frac{1}{P_k}\right)-1 \tag{24}$$

当 $s>\pi(N)$ 时，从上式显然可看出，$f(N,P_1,\cdots,P_s)$ 是对 s 单调下降的. 故推论 3 得证.

§6　麦比乌斯函数与算术级数中的缩集[1]

包那进一步利用麦比乌斯函数研究了算术级数中的缩集问题.

设 r,q,N 为非负整数,$0\leqslant r\leqslant q,q_1,q_2,\cdots,q_k$ 为素数,记 $P=\bigcap_{i=1}^{k} q_i,(q,P)=1$. 在算术级数

$$E(r,q,N)=\{r+nq\mid n=0,1,2,\cdots,N\} \quad (1)$$

中与 $P=\bigcap_{i=1}^{k} q_i$ 互素的正整数组成的集合

$$E(r,q,N,P)=\{r+mq\mid (r+mq)\in E(r,q,N),(r+mq,P)=1\} \quad (2)$$

称为 $P=\bigcap_{i=1}^{k} q_i$ 在算术级数 $E(r,q,N)$ 中的缩集. $E(r,q,N,P)$ 中的数的个数记为 $\varphi(r,q,N,P)$. 包那研究了 $\varphi(r,q,N,P)$ 的性质.

定理　我们有

$$\varphi(r,q,N,P)=N\bigcap_{i=1}^{k}\left(1-\frac{1}{q_i}\right)+R(r,q,N,P) \quad (3)$$

这里

$$R(r,q,N,P)=-\sum_{\substack{d\mid P\\ d>1}}\mu(d)\left(\left\{\frac{N-x(r,d)}{d}\right\}+\frac{x(r,d)}{d}\right) \quad (4)$$

$x(r,d)$ 为一次同余式 $qx+r\equiv 0(\mathrm{mod}\ d)$ 的一个解,

[1] 本节摘编自包那著的《点筛法》,内蒙古大学出版社,1995:73-78.

$0 \leqslant x(r,d) < d$, $\mu(n)$ 为麦比乌斯函数.

证明 因为一次同余式

$$qx + r \equiv 0 \pmod{m} \tag{5}$$

有解的充要条件是 $(q,m) \mid (-r)$. 若式(5)有解,则式(5)的解 $(\bmod\ m)$ 的个数是 (q,m). 而且式(5)的一切解可表示为

$$x = x_0 + \frac{m}{(q,m)}t, t = 0, \pm 1, \pm 2, \cdots \tag{6}$$

其中 $0 \leqslant x_0 < m$, $qx_0 + r \equiv 0 \pmod{m}$.

对任一 $d \mid \bigcap_{i=1}^{k} q_i$, $d > 1$, 令式(5)中的 $m = d$. 由于 $(q, \bigcap_{i=1}^{k} q_i) = 1$, 故 $(q,d) = 1$. 因此,一次同余式

$$qx + r \equiv 0 \pmod{d} \tag{7}$$

有一解 $(\bmod\ d)$ $x = x(r,d)$, $0 \leqslant x(r,d) < d$. 式(7)的一切解为

$$x = x(r,d) + dt, t = 0, \pm 1, \pm 2, \cdots \tag{8}$$

现在把式(8)代入式(7)中得

$$q(x(r,d) + dt) + r \equiv 0 \pmod{d}, t = 0, \pm 1, \pm 2, \cdots \tag{9}$$

也就是说数列 $q(x(r,d) + dt) + r$, $t = 0, \pm 1, \pm 2, \cdots$ 中的一切数都被 d 整除. 因此,一次同余式(7)在算术级数(1)中的解的个数等于集合 $\{r + nq \mid n = 0, 1, 2, \cdots, N\}$ 与集合 $\{q(x(r,d) + dt) + r \mid t = 0, \pm 1, \pm 2, \cdots\}$ 的交集中的数的个数,即 t 必须满足

$$0 \leqslant dt + x(r,d) \leqslant N \tag{10}$$

显然,满足式(10)的非负整数 t 的个数为 $1 + \left[\frac{N - x(r,d)}{d}\right]$. 又因为

$$\sum_{d\mid\bigcap_{i=1}^{k}q_i}\mu(d)=\mu(1)+\sum_{\substack{d\mid\bigcap_{i=1}^{k}q_i\\ d>1}}\mu(d)=(1-1)^k=0$$

因此

$$\sum_{\substack{d\mid\bigcap_{i=1}^{k}q_i\\ d>1}}\mu(d)=-1 \tag{11}$$

由逐步淘汰原则和式(11),在算术级数(1)中与 $P=\bigcap_{i=1}^{k}q_i$ 互素的整数的个数为

$$\begin{aligned}\varphi(r,q,N,P)=&\ N+1+\sum_{\substack{d\mid P\\ d>1}}\mu(d)\left(1+\left[\frac{N-x(r,d)}{d}\right]\right)=\\ &N+1+\sum_{\substack{d\mid P\\ d>1}}\mu(d)+\\ &\sum_{\substack{d\mid P\\ d>1}}\mu(d)\left(\frac{N-x(r,d)}{d}-\left\{\frac{N-x(r,d)}{d}\right\}\right)=\\ &N+\sum_{\substack{d\mid P\\ d>1}}\mu(d)\ \frac{N}{d}-\\ &\sum_{\substack{d\mid P\\ d>1}}\mu(d)\left(\left\{\frac{N-x(r,d)}{d}\right\}+\frac{x(r,d)}{d}\right)=\\ &N\bigcap_{i=1}^{k}\left(1-\frac{1}{q_i}\right)+R(r,q,N,P)\end{aligned} \tag{12}$$

故定理证毕.

推论 1　我们有

$$\varphi(0,1,N=\bigcap_{i=1}^{k}q_i^{\alpha_i},P=\bigcap_{i=1}^{k}q_i)=\varphi(N)$$

这里,$\varphi(N)$ 为欧拉函数,$\alpha_i\geqslant 1,i=1,2,\cdots,k$.

证明　当 $r=0$ 时,对任意的 $d\mid\bigcap_{i=1}^{k}q_i$,有

$$x(r,d)=0$$

因而,在上述定理中,由于 $P\mid N$,有

$$\frac{x(0,d)}{d}=0,\left\{\frac{N-x(0,d)}{d}\right\}=\left\{\frac{N}{d}\right\}=0$$

因此,$R(0,1,N=\bigcap_{i=1}^{k}q_i^{\alpha_i},P=\bigcap_{i=1}^{k}q_i)=0$,于是

$$\varphi(0,1,\bigcap_{i=1}^{k}q_i^{\alpha_i},\bigcap_{i=1}^{k}q_i)N\bigcap_{i=1}^{k}\left(1-\frac{1}{q_i}\right)=\varphi(N)$$

故推论 1 证毕.

从推论 1 可看出,算术级数中的缩集的概念是缩系这一概念的一种推广,而欧拉函数 $\varphi(N)$ 是数论函数 $\varphi(r,q,N,P)$ 的一个特例.

推论 2 对 $1\leqslant r\leqslant q-1$,有

$$\varphi(r,q,N,P)-\varphi(0,q,N,P)=$$
$$R(r,q,N,P)-R(0,q,N,P)=$$
$$-\sum_{\substack{d\mid P\\ d>1\\ \left\{\frac{N}{d}\right\}<\frac{x(r,d)}{d}}}\mu(d)$$

证明 对任意的 $d\mid\bigcap_{i=1}^{k}q_i,d>1$,由于 $0\leqslant x(r,d)<d$,有

$$\frac{N}{d}-\frac{x(r,d)}{d}=\left[\frac{N}{d}\right]+\left\{\frac{N}{d}\right\}-\frac{x(r,d)}{d}\tag{13}$$

(1) 当 $\left\{\frac{N}{d}\right\}\geqslant\frac{x(r,d)}{d}$ 时,由式(13),有

$$\left\{\frac{N-x(r,d)}{d}\right\}=\left\{\frac{N}{d}\right\}-\frac{x(r,d)}{d}$$

即

$$\left\{\frac{N-x(r,d)}{d}\right\}+\frac{x(r,d)}{d}=\left\{\frac{N}{d}\right\}\tag{14}$$

(2) 当 $\left\{\frac{N}{d}\right\}<\frac{x(r,d)}{d}$ 时,由式(13),有

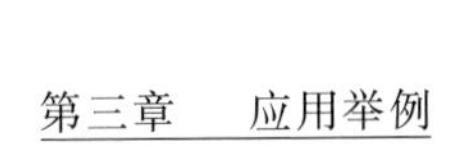

$$\left\{\frac{N-x(r,d)}{d}\right\}=\left\{\left[\frac{N}{d}\right]+\left\{\frac{N}{d}\right\}-\frac{x(r,d)}{d}\right\}=$$

$$\left\{\left(\left[\frac{N}{d}\right]-1\right)+1+\left\{\frac{N}{d}\right\}-\frac{x(r,d)}{d}\right\}=$$

$$1+\left\{\frac{N}{d}\right\}-\frac{x(r,d)}{d}$$

即

$$\left\{\frac{N-x(r,d)}{d}\right\}+\frac{x(r,d)}{d}=1+\left\{\frac{N}{d}\right\} \tag{15}$$

另外，当 $r=0$ 时，任意的 $d\mid\bigcap\limits_{i=1}^{k}q_i$，$x(0,d)=0$，有

$$\left\{\frac{N-x(0,d)}{d}\right\}+\frac{x(0,d)}{d}=\left\{\frac{N}{d}\right\} \tag{16}$$

因此，由定理和式(13)(14)(15)(16)，有

$$\varphi(r,q,N,P)-\varphi(0,q,N,P)=$$

$$\left(N\bigcap_{i=1}^{k}\left(1-\frac{1}{q_i}\right)+R(r,q,N,P)\right)-$$

$$\left(N\bigcap_{i=1}^{k}\left(1-\frac{1}{q_i}\right)+R(0,q,N,P)\right)=$$

$$R(r,q,N,P)-R(0,q,N,P)=$$

$$-\sum_{\substack{d\mid P\\ d>1}}\mu(d)\left(\left\{\frac{N-x(r,d)}{d}\right\}+\frac{x(r,d)}{d}\right)+$$

$$\sum_{\substack{d\mid P\\ d>1}}\mu(d)\left(\left\{\frac{N-x(0,d)}{d}\right\}+\frac{x(0,d)}{d}\right)=$$

$$-\Bigg[\sum_{\substack{d\mid P\\ d>1\\ \left\{\frac{N}{d}\right\}\geqslant\frac{x(r,d)}{d}}}\mu(d)\left(\left\{\frac{N-x(r,d)}{d}\right\}+\frac{x(r,d)}{d}\right)+$$

$$\sum_{\substack{d\mid P\\ d>1\\ \left\{\frac{N}{d}\right\}<\frac{x(r,d)}{d}}}\mu(d)\left(\left\{\frac{N-x(r,d)}{d}\right\}+\frac{x(r,d)}{d}\right)\Bigg]+$$

$$\sum_{\substack{d \mid P \\ d>1}} \mu(d)\left\{\frac{N}{d}\right\}=$$

$$-\left[\sum_{\substack{d \mid P \\ d>1 \\ \left\{\frac{N}{d}\right\} \geqslant \frac{x(r,d)}{d}}} \mu(d)\left\{\frac{N}{d}\right\}+\sum_{\substack{d \mid P \\ d>1 \\ \left\{\frac{N}{d}\right\} < \frac{x(r,d)}{d}}} \mu(d)\left(1+\left\{\frac{N}{d}\right\}\right)\right]+$$

$$\sum_{\substack{d \mid P \\ d>1}} \mu(d)\left\{\frac{N}{d}\right\}=$$

$$-\sum_{\substack{d \mid P \\ d>1}} \mu(d)\left\{\frac{N}{d}\right\}-\sum_{\substack{d \mid P \\ d>1 \\ \left\{\frac{N}{d}\right\} < \frac{x(r,d)}{d}}} \mu(d)+\sum_{\substack{d \mid P \\ d>1}} \mu(d)\left\{\frac{N}{d}\right\}=$$

$$-\sum_{\substack{d \mid P \\ d>1 \\ \left\{\frac{N}{d}\right\} < \frac{x(r,d)}{d}}} \mu(d)$$

故推论 2 证毕.

麦比乌斯函数在解析数论中的应用

第四章

§1 解析数论是数论吗?

为了纪念已故的黎特教授(Joseph Fels Ritt,1893—1951,美国著名数学家,1917年在哥伦比亚大学获博士学位,1938~1940年担任美国数学会副主席),其遗孀捐献了一笔基金开创黎特讲座,在哥伦比亚大学数学系的倡导下,此讲座在哥伦比亚大学举行.1972年3月André Weil做了题为“数论今昔两讲”的两个演讲.他指出:“也许我应讲几句什么是数论的话,英国诗人Housman有一次收到一个文学杂志发出的那批愚蠢调查信,信中要求他为诗歌下个定义,他的回答是‘如果你叫一只猫去定义什么是老鼠,它也许不会.但它一旦嗅到鼠味儿，它能知道这是否是老鼠.’当我‘闻到’数论时，我想我是知道的，而当我‘闻到’别的东西时，我想我也能辨别.例如，数学中有一个学科（这是一个十分好的、完全正当的学科，也是十分好的一门数学）被不恰当地称作解析数论.从某种意义上说，它是黎曼开创的，而黎曼根本不是数论学家.后来阿达玛等人，再后来是哈代把它发扬光大，这些人也都不是数论学家（我与阿达玛很熟）.在我看来，解析数论不是数论，而是分析，说它是分析（即处理经常出现像‘素数’这种数论名词的特殊问题的分析）的理由是它主要跟不等式及渐近估计打交道.这正好把它与数论区别开来，我把它归到分析的目下，正像概率论只是积分论的一个分支，只不过自己有一套术语罢了.”

§2　埃拉托塞尼筛法

公元前3世纪古希腊亚历山大大帝时代的数学家、哲学家、地理学家埃拉托塞尼是亚历山大图书馆馆长，他以学识渊博而闻名于后世.埃拉托塞尼在数学上的重要贡献之一是运用“筛子”从正整数中筛出一些素数，从而编制了素数表.他所用的这一方法被称为埃拉托塞尼筛法.

要写出不超过 N 的全部素数，我们可以这样做：先把3以后的不超过 N 的所有奇数写出来，然后从中划掉3的倍数（不包括3），这样，剩下的数中小于 3^2 的就都是素数了.然后，我们再去掉所有5的倍数（不包括5），再去掉7的倍数（不包括7），如此下去，直至遇

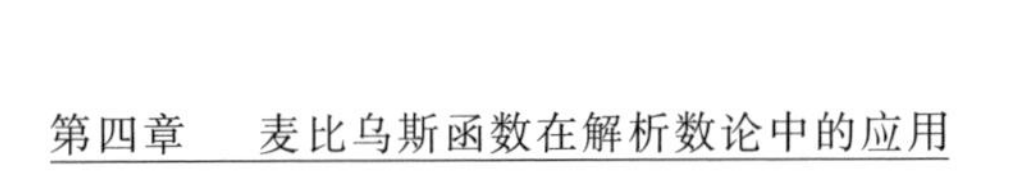

到第一个比 $\sqrt{N}$ 大的奇数为止. 把 2 连同那些没有被划掉的数放在一起，就得到了不超过 N 的素数的全体. 这种把不超过 N 的所有合数"筛"去，只留下素数的方法就是埃拉托塞尼筛法. 早在电子计算机发明以前的 1914 年，美国的莱默(D. N. Lehmer)就是用类似于埃拉托塞尼筛法的方法算出了小于 10^7 的全部素数.

我们可以用现代数学语言来描述筛法. 以 A 表示一个满足一定条件的由有限个整数所组成的集合，z 为一个不小于 2 的数. 我们用 $P(z)$ 表示小于 z 的全体素数的乘积，而用 $S(A;z)$ 来表示集合 A 中这样一些数的个数：这些数与 $P(z)$ 没有公共素因子. 这里的 $P(z)$ 犹如一个"筛子"，用来筛选集合 A 中的数，将那些与 $P(z)$ 有公共素因子的数(即具有小于 z 的素因子的数)筛掉. z 越大，筛掉的数就越多，剩下的数的个数 $S(A;z)$ 也就越小. 通常称 $S(A;z)$ 为筛函数. 很明显，$S(A;z)$ 一定是一个大于或等于零的数. 筛法的一个基本问题是估计筛函数的上界和正的下界，即寻找正数 M_1 和 M_2，满足 $S(A;z)\leqslant M_1$，$S(A;z)\geqslant M_2$. 为了比较精确地估计筛函数，我们希望 M_1 取得尽量小一些，而 M_2 取得尽量大一些.

如果 A 是不超过 N 的正整数的全体，而 z 大于或等于 $\sqrt{N}$，那么 $S(A;z)$ 就是所有不超过 N 的素数的个数. 但如果 z 小于 $\sqrt{N}$，"筛子"$P(z)$ 就不能将 A 中的合数都筛掉，而只能筛掉 A 中的一部分合数. 这时，$S(A;z)$ 是 A 中不能够被小于 z 的素数整除的数的个数. 由埃拉托塞尼筛法，我们可以得到 $S(A;z)$ 的一个表达式：先从 A 的元素个数 N 中减去能够被 2 整除的元素的个数$\left[\frac{N}{2}\right]$[①]，再减去能够被 3 整除的元素的个数$\left[\frac{N}{3}\right]$，再减去能够被 5 整除的元素的个数$\left[\frac{N}{5}\right]$，等等. 但由于 A 中有些数可以被两个素数所整除，这些数被减去了两次，故必须补上能够被 2×3，2×5，3×5，… 整除的元素的个数 $\left[\frac{N}{2\times3}\right]+\left[\frac{N}{2\times5}\right]+\left[\frac{N}{3\times5}\right]+\cdots$. 这样一来，$A$ 中能够被三个素数整除的数就被减去了$\frac{3}{1!}-\frac{3\times2}{2!}=0$（次），因此又要减去 A 中能够被三个素数整除的元素的个数$\left[\frac{N}{2\times3\times5}\right]+\cdots$，如此等等. 于是，我们就得到

$$\begin{aligned}S(A;z)=N-&\left(\left[\frac{N}{2}\right]+\left[\frac{N}{3}\right]+\cdots\right)+\\&\left(\left[\frac{N}{2\times3}\right]+\left[\frac{N}{2\times5}\right]+\cdots\right)-\\&\left(\left[\frac{N}{2\times3\times5}\right]+\cdots\right)+\cdots\end{aligned}\tag{1}$$

式(1) 似乎太复杂了，我们希望求得 $S(A;z)$ 的简单而清晰的表达式，这就要用到一些数论函数.

我们用记号 $N(d)$ 表示 A 中能够被正整数 d 整除的数的个数，显然 $N(d)=\left[\frac{N}{d}\right]$. 但我们用$\frac{N}{d}$来表示它，即 $N(d)=\frac{N}{d}-\left\{\frac{N}{d}\right\}$[②]. 对于一般的由 N 个整数所

---

① 记号$[x]$表示实数 x 的整数部分，即不超过 x 的最大整数.

② 记号$\{x\}$表示实数 x 的分数部分.

组成的集合 A 来说,可以这样表示

$$N(d)=g(d)\frac{N}{d}+R_d \tag{2}$$

式(2)右端的 R_d 称作余项或误差项,$g(d)$ 是一个适当选择的函数,要选得尽量使 R_d 的绝对值小一些.

利用麦比乌斯函数 $\mu(n)$ 以及式(1)和 $N(d)=\left[\frac{N}{d}\right]$,我们得到

$$\begin{aligned}S(A;z)=N+&(\mu(2)N(2)+\mu(3)N(3)+\cdots)+\\&(\mu(2\times 3)N(2\times 3)+\\&\mu(2\times 5)N(2\times 5)+\cdots)+\\&(\mu(2\times 3\times 5)N(2\times 3\times 5)+\cdots)+\cdots=\\&\sum_{d\mid P(z)}\mu(d)N(d)\end{aligned} \tag{3}$$

这里的记号"$\sum\limits_{d\mid P(z)}$"是表示对 $\mu(d)N(d)$ 中的 d 求和,d 是取遍全体能够整除 $P(z)$ 的数. 例如 $z=3$,那么 $P(z)=2\times 3=6$,d 取 1,2,3,6,于是

$$\begin{aligned}S(A;z)=&\mu(1)N(1)+\mu(2)N(2)+\\&\mu(3)N(3)+\mu(6)N(6)=\\&N-N(2)-N(3)+N(6)\end{aligned}$$

我们再用式(2)代入式(3),得到

$$S(A;z)=N\sum_{d\mid P(z)}\frac{\mu(d)}{d}g(d)+\sum_{d\mid P(z)}\mu(d)R_d \tag{4}$$

式(4)右端第二项中的 $\mu(d)R_d$ 可能为正数,可能为负数,也可能为零. 我们很难计算出这个第二项和式的数值,也得不到它的具体表达式,因此只能设法估计这一项的绝对值的上界. 在这里,使用数学分析中的记号"O"是比较方便的. $y=O(x)$ 表示 x 和 y 都是变量,当 x 很大时,y 也可能很大,但是一定有常数 M 存在,使

得 $|y| \leqslant M|x|$. 用这个记号我们可以将式(4) 改写为

$$S(A;z) = N\sum_{d|P(z)} \frac{\mu(d)}{d} g(d) + O(\sum_{d|P(z)} |R_d|) \quad (5)$$

对于式(5) 右端第二项,我们只能估计它的数值,也就是说只能求出它的上界. 正因为这一项是误差项,所以我们希望当 N 充分大时,它的绝对值小于式(5) 右端第一项,也就是主要项的绝对值.

式(4) 和式(5) 就是由埃拉托塞尼筛法得出的筛函数的表达式. 从式(4) 及式(5) 可以看到,对于每一个固定的数 d 来说,R_d 的绝对值小于 1. 但是如果将所有的 $|R_d|$ (d 是取遍满足 $d \mid P(z)$ 的数) 加起来,就可能是一个不小的数字. 实践已经证明,除了一些很显然的情形或 z 相对于 N 来说是一个非常小的量以外,式(5) 右端第二项的绝对值往往要比第一项的绝对值大,也就是说误差项大于主要项. 一旦出现了这种喧宾夺主的情况,式(4) 或式(5) 就完全无法使用,就不能用这种方法来估计筛函数的上、下界了. 由此可见,古老的埃拉托塞尼筛法在理论上基本是没有价值的. 因此,在很长的一段时期内,筛法没有进一步的发展.

§3 麦比乌斯函数与 $\pi(x)$ 的上界估计

对于给定的有限整数序列 A 及整数 k,下面的定理给出了如何去求出序列 A 中所有与 k 既约的整数个数.

定理 1 设 A 是一个给定的有限整数序列,k 是给

定的正整数，再设A_d表示A中被正整数d整除的所有整数组成的子序列，$p_1,\cdots,p_s$是k的所有的不同的素因数，以及$|A_d|$表示序列A_d中的整数个数，那么，序列A中所有与k既约的数的个数

$$S(A;k)=\sum_{\substack{a\in A\\(a,k)=1}}1=$$

$$|A|-\sum_{r=1}^{s}(-1)^r\sum_{\substack{i_1=1\\i_1<i_2<\cdots<i_r}}\cdots\sum_{i_r=1}|A_{p_{i_1}\cdots p_{i_r}}|$$

引入了麦比乌斯函数后，就可以简写为

$$S(A;k)=\sum_{\substack{a\in A\\(a,k)=1}}1=\sum_{d|k}\mu(d)\,|A_d|$$

下面我们利用它先得到一个引理，进而给出$\pi(x)$的上界估计.

引理　设$x\geqslant y\geqslant 2$，$\Phi(x;y)$表示不超过x且其素因数都大于y的所有正整数的个数，那么

$$x\prod_{p\leqslant y}\left(1-\frac{1}{p}\right)-2^{\pi(y)}\leqslant 1+\Phi(x;y)\leqslant$$

$$x\prod_{p\leqslant y}\left(1-\frac{1}{p}\right)+2^{\pi(y)}$$

证明　取A为序列$1,2,\cdots,[x]$，有

$$k=p(y)=\prod_{p\leqslant y}p$$

我们有

$$1+\Phi(x;y)=S(A;p(y))=\sum_{\substack{1\leqslant a\leqslant x\\(a,p(y))=1}}1=$$

$$\sum_{d|p(y)}\mu(d)\left[\frac{x}{d}\right]=$$

$$x\sum_{d|p(y)}\frac{\mu(d)}{d}-\sum_{d|p(y)}\mu(d)\left\{\frac{x}{d}\right\}=$$

$$x\prod_{p\leqslant y}\left(1-\frac{1}{p}\right)-\sum_{d\mid p(y)}\mu(d)\left\{\frac{x}{d}\right\}$$

利用

$$\sum_{d\mid m}\frac{\mu(d)}{d}=\left(1-\frac{1}{p_1}\right)\cdots\left(1-\frac{1}{p_r}\right)$$

及

$$\left|\sum_{d\mid p(y)}\mu(d)\left\{\frac{x}{d}\right\}\right|\leqslant\sum_{d\mid p(y)}1=\tau(p(y))=2^{\pi(y)}$$

即可.

利用这个结论,我们可以得到下面的定理.

定理 2　设 $x\geqslant 10$,一定存在正常数 c_1,使得

$$\pi(x)\leqslant c_1 x(\ln\ln x)^{-1}$$

$$p_n\geqslant c_1^{-1}n\ln\ln n,n\geqslant 5$$

这里 p_n 表示第 n 个素数.

证明见潘承洞、潘承彪著的《初等数论》(第二版,北京大学出版社,2003).

一般说来,筛法是指对一个给定的有限数列 A 的元素进行如下的筛选:设 $p_1,p_2,\cdots,p_m$ 是 m 个不同的素数,对每一个 p_j $(1\leqslant j\leqslant m)$ 给定 $e(j)<p_j$ 个对模 p_j 互不同余的数 $C_{j,1},\cdots,C_{j,e(j)}$. 这样,总共给出了 $e(1)+e(2)+\cdots+e(m)$ 个剩余类

$$C_{j,i}(\bmod p_j),1\leqslant i\leqslant e(j),1\leqslant j\leqslant m \qquad (1)$$

A 中的一个元素 a,如果它属于式(1) 中的某一个剩余类,那么就把它去掉,不然就留下. 把 A 经过这样挑选后剩下的子序列记作 A^*. 显然,A^* 是由 A 中所有这样的元素所组成:它不属于由式(1) 给出的任何一个剩余类. 这里,由式(1) 给出的一组剩余类好像起了一个“筛子”的作用,凡是属于其中某一个剩余类的数就要被“筛子”筛去,所以,这一挑选过程很自然地被称

为筛法.

定义　设 A 是一个有限整数数列，P 是一个素数集合，再设 $2\leqslant w\leqslant z$，有

$$P(w,z)=\prod_{\substack{w\leqslant p<2\\ p\in P}}p,P(z)=P(2,z)$$

我们把

$$S(A;P,z)=\sum_{\substack{a\in A\\ (a,P(z))=1}}1$$

称为筛函数.

筛函数的一个简单性质为

$$S(A;P,z)=\sum_{a\in A}\sum_{d\mid(a,P(z))}\mu(d) \tag{2}$$

交换求和符号，得到

$$S(A;P,z)=\sum_{d\mid P(z)}\mu(d)\sum_{d\mid a\in A}1=\sum_{d\mid P(z)}\mu(d)\mid A_d\mid$$

这一公式实际上就是埃拉托塞尼筛法.

对于任意的算术函数 $\eta_1(n)$，$\eta_2(n)$，若满足

$$\eta_1(1)=\eta_2(1)=1$$

$$\eta_2(n)\leqslant\sum_{d\mid n}\mu(d)=\left[\frac{1}{n}\right]\leqslant\eta_1(n) \tag{3}$$

那么由式(2)可得

$$\sum_{a\in A}\eta_2((a,P(z)))\leqslant S(A;P,z)\leqslant\sum_{a\in A}\eta_1((a,P(z))) \tag{4}$$

显然，为使不等式(4)对任意的 A,P,z 都成立，条件(3)的第二式是必要的. 如果我们能构造出两个适当的函数 η_1 和 η_2，使得上式两端也能分出主要项和误差项，而且误差项的项数减少，就有可能改进埃拉托塞尼筛法. 具体的改进有布鲁恩(Brun)和罗塞尔(Rosser)分别提出的两种组合筛法，以及塞尔伯格(Selberg)提

出的上界筛法.

§4 麦比乌斯函数与三角和估计

在解析数论中最有效的普遍方法之一是三角和方法,这是由苏联科学院斯捷克洛夫数学研究所所长维诺格拉多夫(И. М. Виноградов)提出来的. 根据这种方法,几乎所有的解析数论问题都能用下列形式的简单和来描述

$$\cos F(x_1,x_2,\cdots,x_n)+\mathrm{i}\sin F(x_1,x_2,\cdots,x_n)$$

这里,F 是实整数函数,$\mathrm{i}=\sqrt{-1}$. 这样一来,许多问题都化为研究这种和式. 他深入地研究了这种和式的性质及其模数的估计. 利用这种三角和方法获得了一整类经典数论问题的基本结果. 例如,他给出了华林问题的新解法:任何一个自然数 N 总能表示为 $N=x_1^n+x_2^n+\cdots+x_r^n$ 的形式,这里 n 为已知自然数,而 r 是与 n 有关的正整数. 1937 年,他证明了"任何一个充分大的奇数都能表示为三个素数之和"的结果,推动了"哥德巴赫(Goldbach)猜想"问题的解决. 为此在 1941 年获得苏联一等国家奖金. 维诺格拉多夫的方法经典化之后,被许多学者应用于不同的数学领域. 他的著作中关于三角和方法的有三部. 一是 1937 年出版的《解析数论的新方法》,二是 1955 年出版的《数论中的三角和方法》,三是 1976 年出版的《最简整序变量中的三角和方法》.

每一位著名的数学家都有自己的独创方法,三角和方法就是维氏的独门秘籍,在众多解析数论经典问

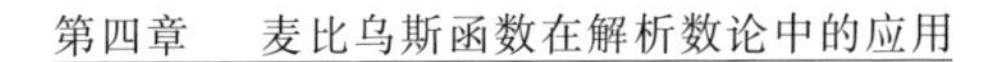

题的解决过程中屡试不爽，而且这一方法得到了以华罗庚为首的中国解析数论学派的继承和发展，成为中国解析数论学家最先集体掌握的一种方法. 虽然最近几十年此方法有些式微，但作为经典还是可圈可点的.

在证明维诺格拉多夫的关于素变数的线性三角和估计定理时就用到了麦比乌斯函数.

定理1　设 $H=\mathrm{e}^{\frac{\sqrt{\lg N}}{2}}$，$\alpha=\frac{a}{q}+\frac{\theta}{q^2}$，$(a,q)=1$，$|\theta|\leqslant 1$，$1<q\leqslant N$，$S=S(\alpha)=\sum\limits_{p\leqslant N}\mathrm{e}^{2\pi\mathrm{i}\alpha p}$，那么 $S\ll N(\lg N)^3\Delta$，其中 $\Delta=\frac{1}{H}+\sqrt{\frac{1}{q}+\frac{q}{N}}$.

证明思路是这样的，取 $P=\prod\limits_{p\leqslant\sqrt{N}}p$，利用麦比乌斯函数的性质，得到

$$\sum_{\substack{n=1\\(n,P)=1}}^{N}\mathrm{e}^{2\pi\mathrm{i}\alpha n}=\sum_{d\mid P}\mu(d)S_d$$

$$S_d=\sum_{0<m\leqslant Nd^{-1}}\mathrm{e}^{2\pi\mathrm{i}\alpha md}$$

由此推得

$$S=S^{(0)}-S^{(1)}+O(\sqrt{N})$$

这里

$$S^{(0)}=\sum_{d_0}\sum_{m\leqslant N}\mathrm{e}^{-2\pi\mathrm{i}\alpha md_0},\mu(d_0)=1$$

$$S^{(1)}=\sum_{d_1}\sum_{m\leqslant N}\mathrm{e}^{2\pi\mathrm{i}\alpha md_1},\mu(d_1)=-1$$

再对 $S^{(0)}$，$S^{(1)}$ 进行三角和估计即可.

利用这一定理可以得到表示奇数 N 为三个素数之和的表示方法个数的渐近公式，即得到下面的定理.

定理2　对于表示奇数 N 为三个素数之和的表示

方法个数 $J(N)$，有渐近公式

$$J(N)=\sigma(N)\frac{N^2}{2(\lg N)^3}+O\left(\frac{N^2}{(\lg N)^4}\right)$$

$$\sigma(N)=\prod_{p}\left(1+\frac{1}{(p-1)^3}\right)\prod_{p\mid N}\left(1-\frac{1}{p^2-3p+3}\right)>1$$

这个定理的一个著名推论就是哥德巴赫猜想.

推论 存在常数 N_0，使得每一个奇数 $N>N_0$ 都是三个素数之和.

在解析数论的另一个问题关于无 k 方因子数的解决中也用到 μ 函数.

设 $k\geqslant 2$，$Q_k(x)$ 表示不超过 x 而且没有 k 方因子的数的个数，则

$$Q_k(x)=\sum_{n\leqslant x}\sum_{d^k\mid n}\mu(d)$$

Axex 曾证明在黎曼假设(RH)下，下式成立

$$Q_k(x)=\frac{x}{\zeta(k)}+O(x^{\left[\frac{2}{2k+1}\right]+\varepsilon})$$

1979 年 Montgomery 和 Vaughan 在黎曼假设下证明了

$$Q_k(x)=\frac{x}{\zeta(k)}+O(x^{\left[\frac{1}{k+1}\right]+\varepsilon})$$

特别地，当 $k=2$ 时

$$Q_2(x)=\frac{x}{\zeta(2)}+O(x^{\frac{9}{28}+\varepsilon})$$

1981 年 Graham 证明了当黎曼假设成立时

$$Q_2(x)=\frac{x}{\zeta(2)}+O(x^{\frac{8}{25}+\varepsilon})$$

1984 年我国数论专家，上海科技大学的姚琦教授将 Graham 的结果推广至任意无 $k(k\geqslant 2)$ 方因子数的情形，他证明了下面的定理.

定理 3 当黎曼假设成立时

$$Q_k(x)=\frac{x}{\zeta(k)}+O(x^{\left[\frac{8}{9k+7}\right]+\varepsilon})$$

证明大体思路如下：

记 $\psi(w)=w-[w]-\frac{1}{2}$,应用Vaughan恒等式可得

$$\sum_{n\leqslant N}\mu(n)\psi(xn^{-k})=$$

$$-\sum_{u<m<\frac{N}{v}}\sum_{v<n\leqslant\frac{N}{m}}\Big(\sum_{\substack{d\mid m\\ d\leqslant n}}\mu(d)\mu(n)\psi(xm^{-k}n^{-k})\Big)-$$

$$\sum_{l\leqslant uv}\Big(\sum_{\substack{dn=k\\ d\leqslant u,n\leqslant v}}\mu(d)\mu(n)\Big)\sum_{r\leqslant\frac{N}{k}}\psi(xr^{-k}l^{-k})+$$

$$\sum_{d\leqslant u}\mu(d)\psi(xd^{-k})+\sum_{n\leqslant v}\mu(n)\psi(xn^{-k})$$

姚琦分别估计了这四个和式,便得到了定理 3,当然也是用了三角和方法.

§5 哈代与麦比乌斯变换

此哈代非彼哈代,一般读者对文学家哈代是熟知的,经典电影《苔丝》就是根据哈代小说改编的,但本节所介绍的是数学家哈代.

哈代(Godfrey Harold Hardy,1877—1947)是英国著名数学家,在当代数学界颇负盛誉.他曾多次获得英国皇家学会的奖章,1910 年被选为该学会会员,还受到许多科学院、大学的奖励.1947 年巴黎科学院在世界各国选定 10 位外国院士,哈代就是其中的一位.我国著名数学家华罗庚就曾是他的学生.

在哈代的名著《数论导引》(An Introduction to the Theory of Numbers)中对$\mu(n)$有大量的叙述，例如阶的估计. 阶的估计是解析数论学家的基本功，利用麦比乌斯函数，哈代得到数论函数$\Phi(n)$的平均阶定理.

定理 $\Phi(n)=\varphi(1)+\varphi(2)+\cdots+\varphi(n)=\frac{3n^2}{\pi^2}+O(n\ln n)$.

证明 易知

$$\begin{aligned}\Phi(n)=&\sum_{m=1}^{n}m\sum_{d\mid m}\frac{\mu(d)}{d}=\\&\sum_{dd'\leqslant n}d'\mu(d)=\\&\sum_{d=1}^{n}\mu(d)\sum_{d'=1}^{\left[\frac{n}{d}\right]}d'=\\&\frac{1}{2}\sum_{d=1}^{n}\mu(d)\left(\left[\frac{n}{d}\right]^2+\left[\frac{n}{d}\right]\right)=\\&\frac{1}{2}\sum_{d=1}^{n}\mu(d)\left\{\frac{n^2}{d^2}+O\left(\frac{n}{d}\right)\right\}=\\&\frac{1}{2}n^2\sum_{d=1}^{n}\frac{\mu(d)}{d^2}+O\left(n\sum_{d=1}^{n}\frac{1}{d}\right)=\\&\frac{1}{2}n^2\sum_{d=1}^{\infty}\frac{\mu(d)}{d^2}+O\left(n^2\sum_{d=1}^{\infty}\frac{1}{d^2}\right)+O(n\ln n)=\\&\frac{n^2}{2\zeta(2)}+O(n)+O(n\ln n)=\\&\frac{3n^2}{\pi^2}+O(n\ln n)\end{aligned}$$

这个定理有如下两个有趣的推论.

推论 1 n阶法里数列中项的个数近似等于$\frac{3n^2}{\pi^2}$.

推论 2　两个整数互素的概率是$\frac{6}{\pi^2}$.

证明可参见 G. H. Hardy, E. M. Wright 著,张明尧、张凡译的《数论导引》(人民邮电出版社,2008).

法里(J. Farey,1766—1826),英国数学家.1816年,他发现了法里序列,并研究了它的性质.这种序列是由不可约真分数按递增顺序排列组成的,它的每一项的分子和分母都是大于 0 但不超过 n 的,包括$\frac{0}{1}$和$\frac{1}{1}$.例如,5 级法里序列为$\frac{0}{1}$,$\frac{1}{5}$,$\frac{1}{4}$,$\frac{1}{3}$,$\frac{2}{5}$,$\frac{1}{2}$,$\frac{3}{5}$,$\frac{2}{3}$,$\frac{3}{4}$,$\frac{4}{5}$,$\frac{1}{1}$.这种序列被发现后,并没有很快引起人们的注意.100 多年以后,在近代数论中才显示出它的重要性,并在有理逼近理论中有重要应用.

§6　一个解析数论引理的证明

中国解析数论学派在五六十年代异常活跃,以华罗庚为首,潘承洞、王元、吴方、越民义、陈景润等都各有自己的成果.其中王元成名较早,28 岁就在哥德巴赫猜想上取得了世界领先的成果,但正如华罗庚评价的那样,他过早地走上了他解析数论的顶峰.此后,他又做了数论在数值计算中的估计及丢番图逼近等工作,但其影响远不及他年轻时的工作.

王元教授于 1960 年在《数学学报》(1960, Vol. X, No. 2, 168-181)上发表了题为《表大整数为一个素数及一个殆素数之和》的论文.

若将 $\pi(x;k,l)$ 换成

$$P(x;k,l)=\sum_{\substack{p\leqslant x\\ p\equiv l(\bmod k)}}\mathrm{e}^{-\frac{p\lg x}{x}}\lg p$$

则可以由下面较弱的猜想推出来,即:

令 χ 为 $\bmod D$ 的一个特征,则 $L(s,\chi)$ 在区域

$$|t|\leqslant\lg^3 D,\sigma>\frac{1}{2}(s=\sigma+\mathrm{i}t)$$

中没有零点.

本节中,$p,p',p'',\cdots;p_1,p_2,\cdots$ 均表示素数.

引理 1　若 $x\geqslant 1$ 及 $z\geqslant 1$,则

$$\sum_{\substack{1\leqslant n\leqslant z\\ (n,x)=1}}\frac{\mu^2(n)}{\varphi(n)}=\frac{\varphi(x)}{x}\lg z+O(\lg\lg 3x)$$

引理 2　令 $f(k)=\varphi(k)\prod\limits_{p\mid k}\frac{p-2}{p-1}$,若 $1\leqslant z\leqslant x$,$1\leqslant y\leqslant x$,则

$$\sum_{\substack{1\leqslant k\leqslant z\\ (k,2y)=1}}\frac{\mu^2(k)}{f(k)}=\frac{1}{2}\prod_{\substack{p\mid y\\ p>2}}\frac{p-2}{p-1}\prod_{p>2}\left(1+\frac{1}{p(p-2)}\right)\lg z+O(\lg\lg 3x)$$

证明　令 $\psi(q)=\prod\limits_{p\mid q}\frac{p-2}{p-1}$,则

$$\sum_{\substack{1\leqslant k\leqslant z\\ (k,2y)=1}}\frac{\mu^2(k)}{f(k)}=\sum_{\substack{1\leqslant k\leqslant z\\ (k,2y)=1}}\frac{\mu^2(k)}{\varphi(k)}\prod_{p\mid k}\left(1+\frac{1}{p-2}\right)=$$

$$\sum_{\substack{1\leqslant k\leqslant z\\ (k,2y)=1}}\frac{\mu^2(k)}{\varphi(k)}\sum_{q\mid k}\frac{1}{\psi(q)}=$$

$$\sum_{\substack{q\leqslant z\\ (q,2y)=1}}\frac{\mu^2(q)}{\varphi(q)\psi(q)}\sum_{\substack{t\leqslant\frac{z}{q}\\ (t,2qy)=1}}\frac{\mu^2(q)}{\varphi(t)}=$$

$$\sum_{\substack{q\leqslant z\\ (q,2y)=1}}\frac{\mu^2(q)}{\varphi(q)\psi(q)}\cdot$$

$$\left[\frac{\varphi(2qy)}{2qy}\lg\frac{z}{q}+O(\lg\lg 6qy)\right]=$$

$$\frac{\varphi(2y)}{2y}\sum_{\substack{q\leqslant z\\(q,2y)=1}}\frac{\mu^2(q)}{q\psi(q)}\lg z+$$

$$O(\lg\lg 3x)=$$

$$\frac{\varphi(2y)}{2y}\prod_{\substack{p|y\\p>2}}\left(1+\frac{1}{p(p-2)}\right)\lg z+$$

$$O(\lg\lg 3x)=$$

$$\frac{1}{2}\prod_{\substack{p|y\\p>2}}\frac{p-2}{p-1}\prod_{p>2}\left(1+\frac{1}{p(p-2)}\right)\lg z+$$

$$O(\lg\lg 3x)$$

引理证完.

§7　麦比乌斯变换与数论函数的均值

一些重要的数论函数的取值是十分不规则的，但是它们的均值$\frac{1}{n}\sum\limits_{n\leqslant x}f(n)$却有很好的渐近公式，在这些公式的推导中麦比乌斯函数和麦比乌斯变换起到了重要作用.

例如，数论函数

$$P(n)=\begin{cases}1,\text{如果 } n \text{ 为素数}\\0,\text{否则}\end{cases}$$

是不规则的，但是对于

$$\pi(x)=\sum_{n\leqslant x}P(n)=$$

$$\sum_{p\leqslant x}1(\text{等于不超过 } x \text{ 的素数的个数})$$

素数定理是说 $P(n)$ 的均值有如下性质

$$\frac{1}{x}\sum_{n\leqslant x}P(n)=\frac{\pi(x)}{x}\sim(\lg x)^{-1},\text{当 } x\to+\infty \text{ 时}$$

又如,我们以 $r(n)$ 表示 n 写成两整数平方和的方法数.数论函数 $r(n)$ 也是不规则的,在几何上,$r(n)$ 恰好是圆周 $x^2+y^2=n$ 上的整点个数,所以对每个正实数 M,$\sum_{n\leqslant M}r(n)$ 就是圆 $x^2+y^2=M$ 内部的整点数.下面的引理表明这是一个具有良好性质的函数.

引理 1　当 $x\to+\infty$ 时,$\sum_{n\leqslant x}r(n)=\pi x+O(\sqrt{x})$.

证明　平面上的整点把平面分成一些边长为 1 的单位正方形,我们将每个整点对应于它右上方的那个单位正方形.由于 $\sum_{n\leqslant x}r(n)$ 是圆盘 $X^2+Y^2\leqslant x$ 中的整点个数,如果这些整点对应的那些单位正方形构成区域 S,则 S 的面积为 $\sum_{n\leqslant x}r(n)$.不难看出,S 包含在圆盘 $X^2+Y^2\leqslant(\sqrt{x}+\sqrt{2})^2$ 之中,而圆盘 $X^2+Y^2\leqslant(\sqrt{x}-\sqrt{2})^2$ 又在 S 之中,于是

$$\pi(\sqrt{x}-\sqrt{2})^2\leqslant\sum_{n\leqslant x}r(n)\leqslant\pi(\sqrt{x}+\sqrt{2})^2$$

由此即知当 $x\to+\infty$ 时,$\sum_{n\leqslant x}r(n)=\pi x+O(\sqrt{x})$.

注　设 θ 是使

$$\sum_{n\leqslant x}r(n)=\pi x+O(x^{\theta}),\text{当 } x\to+\infty \text{ 时}$$

成立的最小实数,所谓圆内整点问题就是决定 θ 的值.英国数学家哈代证明了 $\theta\geqslant\frac{1}{4}$,引理 1 表明 $\theta\leqslant\frac{1}{2}$.1942 年华罗庚证明了 $\theta\leqslant\frac{13}{40}+\varepsilon$($\varepsilon$ 为任意正实数).目

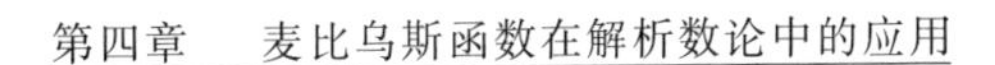

前最好的结果是 1963 年陈景润证明的 $\theta\leqslant\frac{12}{37}+\varepsilon$，人们猜想 $\theta=\frac{1}{4}+\varepsilon$.

为了研究其他数论函数的均值，我们需要一些分析工具.

定理 1　设 a 为整数，实值函数 $f(t)$ 在 $[a,+\infty)$ 中可积，并且是取正值的递增函数，则对每个实数 A，有

$$\left|\sum_{a\leqslant n\leqslant A}f(n)-\int_a^A f(t)\mathrm{d}t\right|\leqslant f(A)$$

证明　由图 4.1 即知

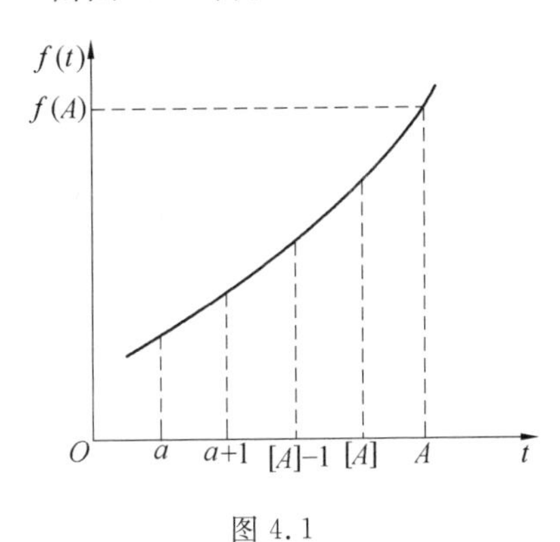

图 4.1

$$\begin{aligned}\int_a^A f(t)\mathrm{d}t\leqslant{}& f(a+1)+f(a+2)+\cdots+f([A])+\\&f(A)(A-[A])\leqslant\\&f(a)+f(a+1)+\cdots+f([A])+f(A)\end{aligned}$$

$$\begin{aligned}\int_a^A f(t)\mathrm{d}t\geqslant{}& f(a)+f(a+1)+\cdots+f([A]-1)+\\&f([A])(A-[A])\geqslant\\&f(a)+f(a+1)+\cdots+f([A]-1)+\end{aligned}$$

$$f([A]) - f(A)$$

由此即得定理.

系 设 $\alpha > 0, x \geqslant 1$,则

$$\sum_{1 \leqslant n \leqslant x} n^{\alpha} = \frac{1}{a+1} x^{\alpha+1} + O(x^{\alpha}),\text{当 } x \to +\infty \text{ 时}$$

定理 2 设 a 为整数,实值函数 $g(t)$ 在$[a, +\infty)$中可积,并且是取正值的递减函数(图 4.2),则存在常数 α,使得对每个实数 $A \geqslant a$,有

$$\left| \sum_{a \leqslant n \leqslant A} g(n) - (\alpha + \int_a^A g(t)\mathrm{d}t) \right| \leqslant g(A)$$

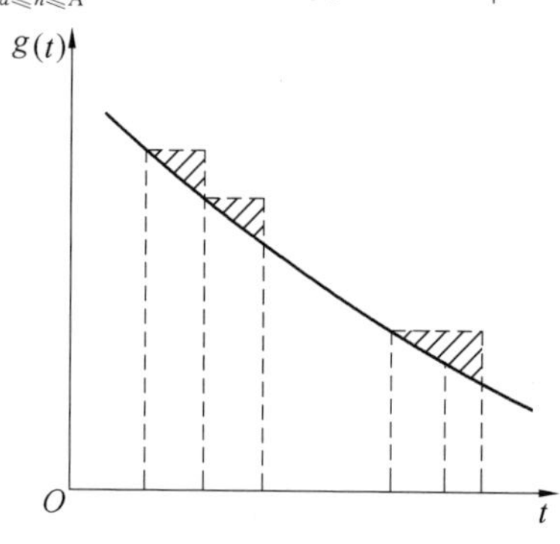

图 4.2

证明 对于整数 $n \geqslant a$,令

$$a_n = g(n) - \int_n^{n+1} g(t)\mathrm{d}t$$

由于

$$g(n+1) \leqslant \int_n^{n+1} g(t)\mathrm{d}t \leqslant g(n)$$

从而

$$0 \leqslant a_n \leqslant g(n) - g(n+1)$$

令

$$S_N=\sum_{n=a}^{N}a_n, N=a,a+1,a+2,\cdots$$

则

$$S_N=\sum_{n=a}^{N}(g(n)-g(n+1))=$$
$$g(a)-g(N+1)<g(a)$$

由于 S_N 是递增数列并且有上界，从而极限

$$\alpha=\lim_{N\to+\infty}S_N$$

存在，并且 $\alpha\leqslant g(a)-g(+\infty)$. 事实上，$\alpha$ 就是图中阴影部分的面积总和，进而

$$\sigma<\alpha-\sum_{a\leqslant n\leqslant A}a_n=$$
$$\lim_{N\to+\infty}\sum_{n=[A]+1}^{N}a_n\leqslant$$
$$g([A]+1)\leqslant g(A)$$

从而

$$\alpha-g(A)\leqslant\sum_{a\leqslant n\leqslant A}a_n<\alpha$$

但是

$$\sum_{a\leqslant n\leqslant A}a_n=\sum_{a\leqslant n\leqslant A}g(n)-\int_a^{[A]+1}g(t)\mathrm{d}t$$

因此

$$\alpha+\int_a^A g(t)\mathrm{d}t-g(A)\leqslant$$
$$\alpha+\int_a^{[A]+1}g(t)\mathrm{d}t-g(A)\leqslant$$
$$\sum_{a\leqslant n\leqslant A}g(n)\leqslant\int_a^{[A]+1}g(t)\mathrm{d}t+\alpha\leqslant$$
$$\alpha+\int_a^A g(t)\mathrm{d}t+g(A)$$

所以

$$\left|\sum_{a\leqslant n\leqslant A} g(n)-\left(\alpha+\int_a^A g(t)\mathrm{d}t\right)\right|\leqslant g(A)$$

例 1 在定理 2 中取 $g(t)=\frac{1}{t}$,可知极限

$$\gamma=\lim_{n\to+\infty}\left(\sum_{k=1}^{n}\frac{1}{k}-\ln n\right)$$

存在.事实上 $\gamma=0.577\ 215\ 664\ 9\cdots$,称为欧拉常数.而定理 2 给出

$$\sum_{1\leqslant n\leqslant x}\frac{1}{n}=\ln x+\gamma+O\left(\frac{1}{x}\right),\text{当 } x\to+\infty \text{ 时}$$

例 2 在定理 2 中取 $g(t)=\frac{1}{t^s}$,其中 $s>1$.由于 $\int_1^{+\infty}x^{-s}\mathrm{d}s=\frac{1}{1-s}$ 存在,可知极限 $\lim\limits_{N\to+\infty}\sum\limits_{n=1}^{N}n^{-s}$ 存在.这个函数记为

$$\zeta(s)=\sum_{n\geqslant 1}n^{-s},s>1$$

称为黎曼(泽塔)函数.它对于每个实数 $s>1$ 均有定义,比如,大家在微积分中将会学到 $\zeta(2)=\sum\limits_{n\geqslant 1}\frac{1}{n^2}=\frac{\pi^2}{6}$.

现在我们计算均值 $\sum\limits_{n\leqslant A}d(n)$,它与整点问题也有联系.

引理 2 设 x 为正实数,以 $D(A)$ 表示曲线 $xy=A$ 在第一象限与两个坐标轴围成图形 S 内坐标为正整数的整点个数(图 4.3),则当 $A\to+\infty$ 时

$$D(A)=\sum_{n\leqslant A}d(n)=A\ln A+(2\gamma-1)A+O(\sqrt{A})$$

证明 首先,有

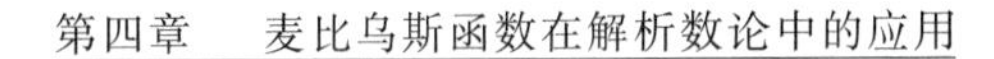

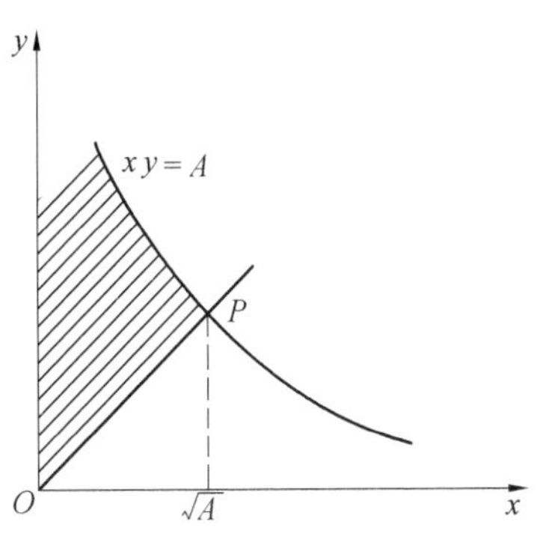

图 4.3

$$\sum_{n\leqslant A}d(n)=\sum_{n\leqslant A}\sum_{d\mid n}1=\sum_{d\leqslant A}\sum_{\substack{n\leqslant A\\ d\mid A}}1=\sum_{d\leqslant A}\left[\frac{A}{d}\right]=D(A)$$

为了计算整点数 $D(A)$，我们用直线 $x=y$ 将图形 S 分成两半. 由对称性可知 $D(A)$ 等于阴影内整点数的二倍再加上线段 OP 上的整点数，所以

$$\begin{aligned}D(A)=&2\sum_{1\leqslant x\leqslant\sqrt{A}}\left(\left[\frac{A}{x}\right]-x\right)+[\sqrt{A}]=\\ &2\sum_{1\leqslant x\leqslant\sqrt{A}}\left(\frac{A}{x}-x\right)+O(\sqrt{A})=\\ &2A\sum_{1\leqslant x\leqslant\sqrt{A}}\frac{1}{x}-2\sum_{1\leqslant x\leqslant\sqrt{A}}x+O(\sqrt{A})=\\ &2A(\ln\sqrt{A}+\gamma)-2\cdot\frac{\sqrt{A}(\sqrt{A}+1)}{2}+O(\sqrt{A})=\\ &A\ln A+(2\gamma-1)A+O(\sqrt{A})\end{aligned}$$

注　令 θ 为使

$$\sum_{n\leqslant x}d(n)=$$

$$x\ln x+(2\gamma-1)x+O(x^{\theta})$$，当 $x\to+\infty$ 时

成立的最小实数. 确定 θ 值的问题就是著名的迪利克

雷除数问题. 1915 年哈代和朗道(Landau)证明了 $\theta \geqslant \frac{1}{4}$. 目前最好的结果是：1969 年苏联人证明了 $\theta \leqslant \frac{12}{37}+\varepsilon$，猜想 $\theta=\frac{1}{4}+\varepsilon$.

现在计算均值 $\sum\limits_{n \leqslant x} \varphi(n)$.

引理 3 当 $x \rightarrow+\infty$ 时

$$\sum_{n \leqslant x} \varphi(n)=\frac{x^{2}}{2 \zeta(2)}+O(x \ln x)$$

证明 首先我们需要计算 $\sum\limits_{n \geqslant 1} \frac{\mu(n)}{n^{2}}$ 的值. 由于极限 $\lim\limits_{x \rightarrow+\infty} \sum\limits_{1 \leqslant n \leqslant x} \frac{1}{n^{2}}=\sum\limits_{n \geqslant 1} \frac{1}{n^{2}}=\zeta(2)$ 存在，而 $|\mu(n)| \leqslant 1$，可知极限 $\lim\limits_{x \rightarrow+\infty} \sum\limits_{1 \leqslant n \leqslant x} \frac{\mu(n)}{n^{2}}=\sum\limits_{n \geqslant 1} \frac{\mu(n)}{n^{2}}$ 也存在. 进而

$$\begin{aligned} \zeta(2) \cdot \sum_{n \geqslant 1} \frac{\mu(n)}{n^{2}}= & \sum_{m \geqslant 1} \frac{1}{m^{2}} \sum_{n \geqslant 1} \frac{\mu(n)}{n^{2}}= \\ & \sum_{m, n \geqslant 1} \frac{\mu(n)}{(m n)^{2}} \xlongequal{令 t=m n} \\ & \sum_{t \geqslant 1} \frac{1}{t^{2}} \sum_{n \mid t} \mu(n)=1 \end{aligned}$$

这里利用了当 $t \geqslant 2$ 时，$\sum\limits_{n \mid t} \mu(n)=0$. 并且大家在微积分中会学到，我们上面交换相加的次序和变量代换都是允许的. 于是

$$\sum_{n \geqslant 1} \frac{\mu(n)}{n^{2}}=\zeta(2)^{-1}=\frac{6}{\pi^{2}}$$

现在

$$\sum_{n \leqslant x} \varphi(n)=\sum_{n \leqslant x} n \sum_{d \mid n} \frac{\mu(d)}{d}= \quad \left(因为 \frac{\varphi(n)}{n}=\sum_{d \mid n} \frac{\mu(d)}{d}\right)$$

$$\sum_{d\leqslant x}\frac{\mu(d)}{d}\sum_{\substack{n\leqslant x\\ d\mid n}}n\xlongequal{令 n=dk}$$

$$\sum_{d\leqslant x}\frac{\mu(d)}{d}\sum_{k\leqslant\frac{x}{d}}dk=\sum_{d\leqslant x}\mu(d)\sum_{k\leqslant\frac{x}{d}}k=$$

$$\sum_{d\leqslant x}\mu(d)\cdot\frac{1}{2}\left[\frac{x}{d}\right]\left(\left[\frac{x}{d}\right]+1\right)=$$

$$\frac{1}{2}\sum_{d\leqslant x}\mu(d)\left(\frac{x}{d}\right)^2+O\left(\sum_{d\leqslant x}\frac{x}{d}\right)=$$

$$\frac{x^2}{2}\sum_{d\leqslant x}\frac{\mu(d)}{d^2}+O(x\ln x)=$$

$$\frac{x^2}{2}\sum_{d\leqslant x}\frac{\mu(d)}{d^2}+O(\frac{x^2}{2}\sum_{d\geqslant x}\frac{1}{d^2}+x\ln x)=$$

$$\frac{1}{2\zeta(2)}x^2+O(x\ln x)\ \left(\frac{1}{2\zeta(2)}=\frac{3}{\pi^2}\right)$$

这里利用了

$$\sum_{d\leqslant x}\frac{1}{d}=O(\ln x),\sum_{d\geqslant x}\frac{1}{d^2}\sim\frac{1}{x},当 x\to+\infty 时$$

最后,我们来证明另一个有趣的整点问题.

引理 4　以 $A(x)$ 表示圆 $X^2+Y^2=x$ 内坐标互素的整点个数,则

$$A(x)=\frac{\pi}{\zeta(2)}x+O(\sqrt{x}\ln x)$$

证明　易知

$$A(x)=\sum_{\substack{a^2+b^2\leqslant x\\ (a,b)=1}}1=\sum_{a^2+b^2\leqslant x}\sum_{d\mid(a,b)}\mu(d)=$$

$$\sum_{d\leqslant\sqrt{x}}\mu(d)\sum_{\substack{a^2+b^2\leqslant x\\ d\mid(a,b)}}1=$$

$$\sum_{d\leqslant\sqrt{x}}\mu(d)\sum_{A^2+B^2\leqslant\frac{x}{d^2}}1=$$

$$\sum_{d\leqslant\sqrt{x}}\mu(d)\left[\pi\frac{x}{d^2}+O\left(\sum_{d\leqslant\sqrt{x}}\frac{\mu(d)\sqrt{x}}{d}\right)\right]\xlongequal{\text{引理 1}}$$

$$\pi x\sum_{d\leqslant\sqrt{x}}\frac{\mu(d)}{d^2}+O(\sqrt{x}\ln x)=$$

$$\pi x\sum_{d\geqslant 1}\frac{\mu(d)}{d^2}+O(\sqrt{x})+O(\sqrt{x}\ln x)=$$

$$\frac{\pi}{\zeta(2)}x+O(\sqrt{x}\ln x)$$

注 根据引理 1,圆 $X^2+Y^2=x$ 内整点总数为 $\pi x+O(\sqrt{x})$,所以其中坐标互素的整点所占的比例为 $\frac{\pi\zeta(2)^{(-1)}}{\pi}=\zeta(2)^{-1}=\frac{6}{\pi^2}$.

作为练习,读者可以考虑以下几个问题.

(1) 以 $N(r)$ 表示半径为 r 的球内整点个数(球心在原点),证明:当 $r\to+\infty$ 时

$$N(r)=\frac{4}{3}\pi r^3+O(r^2)$$

(2) 以 $M(r)$ 表示半径为 r 的球内坐标互素的整点个数,证明:当 $r\to+\infty$ 时

$$M(r)=\frac{4\pi}{3\zeta(3)}\cdot r^3+O(r^2)$$

其中 $\zeta(3)=\sum_{n\geqslant 1}n^{-3}$.

(3)① 设 $f(x)$ 为不超过 x 的无平方因子的正整数个数,证明:当 $x\to+\infty$ 时

$$f(x)=\frac{6}{\pi^2}x+O(\sqrt{x})$$

② 将无平方因子的正整数依次排列:$q_1<q_2<\cdots$,证明

$$q_n=\frac{\pi^2}{6}n+O(\sqrt{n})$$

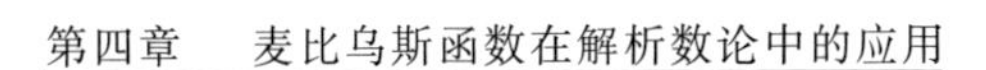

(4) 给定正整数 n,证明:平面上一定有一个圆,其内部恰好有 n 个整点.

定理 3　设 $x\geqslant 1$,我们有

$$D(x)=\sum_{n\leqslant x}\tau(n)=x\ln x+r_1(x)$$

其中

$$|r_1(x)|\leqslant x$$

证明　利用 $\tau(n)=\sum\limits_{d|n}1$,即 $\tau(n)$ 是 $f(n)\equiv 1$ 的麦比乌斯变换,可得(作整数变换 $n=dl$)

$$\begin{aligned}D(x)=&\sum_{n\leqslant x}\sum_{d|n}1=\sum_{d\leqslant x}\sum_{d|n\leqslant x}1=\\&\sum_{d\leqslant x}\sum_{l\leqslant\frac{x}{d}}1=\sum_{d\leqslant x}\left[\frac{x}{d}\right]=\\&x\sum_{d\leqslant x}\frac{1}{d}-\sum_{d\leqslant x}\left\{\frac{x}{d}\right\}\end{aligned}\tag{1}$$

利用 $\ln\left(1+\frac{1}{d}\right)<\frac{1}{d}<\ln\left(1-\frac{1}{d-1}\right)$,$d\geqslant 2$,可得对整数 $N\geqslant 1$,有

$$1+\ln N\geqslant\sum_{d=1}^{N}\frac{1}{d}\geqslant 1-\ln 2+\ln(N+1)$$

因此

$$1\geqslant\sum_{d\leqslant x}\frac{1}{d}-\ln x\geqslant 1-\ln 2,x\geqslant 1$$

由此及式(1) 即证明了所要的结果.

定理 4　设 $x\geqslant 1$,我们有

$$\Phi(x)=\sum_{n\leqslant x}\varphi(n)=\frac{1}{2}\left(\sum_{d=1}^{\infty}\frac{\mu(d)}{d^2}\right)x^2+r_2(x)$$

其中

$$|r_2(x)|<3x\ln x+4x$$

证明 易知

$$\Phi(x)=\sum_{n\leqslant x}\sum_{d\mid n}\mu(d)\frac{n}{d}=$$

$$\sum_{\substack{dl\leqslant x\\ d\geqslant 1,l\geqslant 1}}\mu(d)l=$$

$$\sum_{1\leqslant d\leqslant x}\mu(d)\sum_{1\leqslant l\leqslant \frac{x}{d}}l=$$

$$\sum_{1\leqslant d\leqslant x}\mu(d)\cdot\frac{1}{2}\left[\frac{x}{d}\right]\left(\left[\frac{x}{d}\right]+1\right)$$

注意到

$$\left[\frac{x}{d}\right]\left(\left[\frac{x}{d}\right]+1\right)=\left(\frac{x}{d}-\left\{\frac{x}{d}\right\}\right)\left(\frac{x}{d}-\left\{\frac{x}{d}\right\}+1\right)=$$

$$\frac{x^2}{d^2}+\frac{x}{d}-2\left\{\frac{x}{d}\right\}\frac{x}{d}+\left\{\frac{x}{d}\right\}^2+\left\{\frac{x}{d}\right\}=$$

$$\frac{x^2}{d^2}+\Delta(d,x)$$

及由 $0\leqslant\left\{\frac{x}{d}\right\}<1$ 和 $\left\{\frac{x}{d}\right\}\leqslant\frac{x}{d}$ 可得

$$|\Delta(d,x)|\leqslant\frac{3x}{d}$$

我们有

$$\Phi(x)=\frac{x^2}{2}\sum_{d\leqslant x}\frac{\mu(d)}{d^2}+\sum_{d\leqslant x}\mu(d)\Delta(d,x)$$

$$\left|\sum_{d\leqslant x}\mu(d)\Delta(d,x)\right|\leqslant 3x\sum_{d\leqslant x}\frac{1}{d}<$$

$$3x\left(1+\sum_{2\leqslant d\leqslant x}\ln\left(1+\frac{1}{d-1}\right)\right)\leqslant$$

$$3x(1+\ln[x])$$

$$\left|\sum_{d>x}\frac{\mu(d)}{d^2}\right|<\sum_{d>x}\frac{1}{d^2}<\sum_{d>x}\left(\frac{1}{d-1}-\frac{1}{d}\right)<\frac{1}{[x]}<\frac{2}{x}$$

由以上三式即得所要结论.

§8　解析数论中的几个涉及麦比乌斯函数的引理

当今数学的主流刊物中数学定理的证明动辄几百页,像有限单群分类这样的大结果,涉及的论文总数过万页,其中大多数是引理.如果说定理是支柱,那么众多的引理就是填补细节的砖石.下面我们来介绍一组涉及麦比乌斯函数的引理及其可由它们推出的一个艰深定理.

引理　设 $x\geqslant 1, x_1=3x, a=-\frac{1}{3}$, r 为正整数,则

$$\tau_a(r)=\prod_{p\mid r}(1-p^a)^{-1}$$

δ 代表某个正的绝对常数(每次出现未必相同),我们有:

(1) $\sum\limits_{\substack{n\leqslant x\\(n,r)=1}}\mu(n)n^{-1}\lg n=-\frac{r}{\varphi(r)}+O((\tau_a(r))^2\cdot \mathrm{e}^{-\delta\sqrt{\lg x_1}})$.

(2) $\sum\limits_{\substack{n\leqslant x\\(n,r)=1}}\mu(n)n^{-1}=O(\tau_a(r)\mathrm{e}^{-\delta\sqrt{\lg x_1}})$.

(3) $\sum\limits_{\substack{n\leqslant x\\(n,r)=1}}\frac{\mu(n)}{k(n)}\lg n=-\zeta(2)\prod\limits_{p\mid r}\left(1+\frac{1}{p}\right)+O((\tau_a(r))^2\mathrm{e}^{-\delta\sqrt{\lg x_1}})$,其中 $k(n)=n\prod\limits_{p\mid n}(1+\frac{1}{p})$.

(4) $\sum\limits_{\substack{n\leqslant x\\(n,r)=1}}\frac{\mu(n)}{k(n)}=O(\tau_a(r)\mathrm{e}^{-\delta\sqrt{\lg x_1}})$,其中 $k(n)=$

$n\prod_{p|n}(1+\frac{1}{p})$.

(5) $\sum_{n\leqslant x}\mu(n)=O(x\mathrm{e}^{-\delta\sqrt{\lg x_1}})$.

(6) $\sum_{n\leqslant x}\frac{|\mu(n)|}{\varphi(n)}=\lg x+\alpha+O(x^{-\frac{2}{5}+\varepsilon})$，其中 ε 为任给充分小的正数，而

$$\alpha=-\frac{1}{2}\cdot\frac{\Gamma'\left(\frac{3}{2}\right)}{\Gamma\left(\frac{3}{2}\right)}+\frac{1}{2}\lg\pi+\sum_{n\geqslant 1}\frac{1}{\rho_n(1-\rho_n)}$$

这里求和通过 $\zeta(s)$ 的所有非平凡零点.

(7) $\sum_{\substack{n\leqslant x\\(n,r)=1}}|\mu(n)|=\frac{x}{\zeta(2)}\prod_{p|r}\left(1+\frac{1}{p}\right)^{-1}+O(x^{\frac{3}{5}}\tau_a(r)(\lg x_1)^3)$.

(8) 设 $y=\max\{y_1,y_2\}$，$y_1>1$，$y_2>1$，$x\geqslant y$，则

$$\sum_{\substack{g<n\leqslant x\\(n,r)=1}}|\mu(n)|\left(\lg\frac{n}{y_1}\right)\left(\lg\frac{n}{y_2}\right)=$$
$$\frac{x}{\zeta(2)}\prod_{p|r}\left(1+\frac{1}{p}\right)^{-1}\left[\left(\lg\frac{x}{y_1}-1\right)\left(\lg\frac{x}{y_2}-1\right)+1\right]+$$
$$\frac{y}{\zeta(2)}\prod_{p|r}\left(1+\frac{1}{p}\right)^{-1}\left(\lg\frac{y^2}{y_1y_2}-2\right)+$$
$$O\left(x^{\frac{3}{5}}\tau_a(r)\lg\frac{2x}{y_1}\lg\frac{2x}{y_2}(\lg x_1)^3\right)$$

(9) 我们有

$$\sum_{\substack{n\leqslant x\\(n,r)=1}}\frac{|\mu(n)|}{n}=$$
$$\frac{1}{\zeta(2)}\prod_{p|r}\left(1+\frac{1}{p}\right)^{-1}\left(\lg x+\prod_{p|r}\frac{\lg p}{p+1}+c_1\right)+$$
$$O(x^{-\frac{2}{5}}\tau_a(r)(\lg x_1)^3)$$

其中

$$c_1=-\frac{2\zeta'(2)}{\zeta(2)}-\frac{1}{2}\cdot\frac{\Gamma'\left(\frac{3}{2}\right)}{\Gamma\left(\frac{3}{2}\right)}+\frac{1}{2}\lg\pi+$$

$$\sum_{n\geqslant 1}\frac{1}{\rho_n(1-\rho_n)}+A$$

求和通过 $\zeta(s)$ 的所有的非平凡零点，A 为常数.

利用以上这些结果，哈尔滨工业大学数学系的刘弘泉教授证明了一个解析数论中的重要定理.

定理　设 $z\geqslant 3$ 时

$$\xi_d=\begin{cases}\mu(d)\dfrac{\lg\left(\dfrac{z}{d}\right)}{\lg z},d\leqslant z\\0,d>z\end{cases}$$

则当 $N\geqslant 1$ 时

$$\sum_{1\leqslant n\leqslant N}\left(\sum_{d\mid n}\xi_d\right)^2=\frac{N}{(\lg z)^2}\lg(\min\{N,z\})+O\left(\frac{N}{(\lg z)^2}\right)+O(1)$$

证明可参见刘弘泉著《Barban-Davenport-Halberstam 均值和》(哈尔滨工业大学出版社，2008).

1963 年 Walfisz 给出了 $\mu(n)$ 的均值估计

$$\frac{1}{x}\left|\sum_{n\leqslant x}\mu(n)\right|\leqslant\exp(-c\ln^{\frac{3}{5}}x(\ln\ln x)^{-\frac{1}{5}})$$

此处 c 是常数. 当 $x\to+\infty$ 时，均值趋于零. 这一事实蕴涵着自然数列中素数分布的渐近规律.

§9 麦比乌斯函数与迪利克雷级数

迪利克雷(Peter Gustay Lejeune Dirichlet,1805—1859)是德国著名数学家,是高斯在哥廷根的继任者.1837年,他发表了第一篇解析数论论文,证明了在任何算术序列$a,a+b,a+2b,\cdots,a+nb$(其中a与b互素)中,必定存在无穷多个素数,证明中他引进了迪利克雷级数.

迪利克雷级数是形如$F(s)=\sum_{n=1}^{+\infty}\frac{f(n)}{n^s}$的级数,这里$F(s)$称为$f(n)$的生成函数.

若$f(n)$是一积性函数,则

$$F(s)=\prod_{p}\left(1+\frac{f(p)}{p^s}+\frac{f(p^2)}{p^{2s}}+\cdots\right)$$

这里p过所有的素数.又若$f(n)$是一完全积性函数,则

$$F(s)=\prod_{p}\left(1-\frac{f(p)}{p^s}\right)^{-1}$$

故若

$$G(s)=\sum_{n=1}^{+\infty}\frac{g(n)}{n^s}$$

则

$$F(s)G(s)=\sum_{l=1}^{+\infty}\frac{f(l)}{l^s}\sum_{m=1}^{+\infty}\frac{g(m)}{m^s}=$$

$$\sum_{n=1}^{+\infty}\frac{1}{n^s}\sum_{d\mid n}f(d)g\left(\frac{n}{d}\right)$$

所以 $F(s)G(s)$ 是 $\sum_{d|n} f(d)g\left(\frac{n}{d}\right)$ 的生成函数，由此我们可以得到一个重要关系.

令 $\zeta(s)=\sum_{n=1}^{+\infty}\frac{1}{n^s}$，这是解析数论中最著名的黎曼 ζ 函数. 在数学中被称为黎曼函数的不止此一个，还有一个是 $R(t)=\sum_{n=0}^{+\infty}\frac{1}{n^2}\sin(\pi n^2 t)$. 1872 年 7 月 18 日，魏尔斯特拉斯(Karl Weierstrass) 在柏林科学院的一次谈话中提到函数 $R(t)$ 时指出黎曼引入这些函数是为了警示数学家们：连续函数不一定可导. 这个函数第一次出现在印刷刊物上是 1875 年，尽管除了魏尔斯特拉斯，好像并没有记录证明这个函数与黎曼直接有关，但人们还是称之为黎曼函数.

魏尔斯特拉斯当时还不能对 R 函数进行分析，为此他引入了更多缺项级数进行分析，即 $W(t)=\sum_{n=0}^{+\infty}B^n\cos(A^n t)$，$0<B<1$. 结果表明，如果 A 是一个奇数，并且 AB 足够大，则 W 处处不可导. 在魏尔斯特拉斯的论文集中可以找到他对 $AB\geqslant 1$ 时的证明.

后来人们用源于 Geza Freud 的方法，证明了这个结论. 虽然整个证明非常简单，但是它却是基于小波分析的一个重要方面：通过大量的小波分析，做出正确的抉择.

关于黎曼函数还有一个深刻的结论：对 $0<\alpha<1$，如果存在 $C>0$ 使得函数 f 满足

$$|f(x)-f(x_0)|\leqslant C|x-x_0|^\alpha$$

那么称 f 属于 $C^\alpha(x_0)$.

1916 年哈代证明了：黎曼函数

$$R(x)=\sum_{n=1}^{+\infty}\frac{1}{n^2}\sin(\pi n^2 x)$$

在下列 3 种情况下至少是 $C^{\frac{3}{4}}(x_0)$.

(1)x_0 是无理数;

(2)$x_0=\frac{p}{q}$,其中 $p\equiv 0(\bmod 2),q\equiv 1(\bmod 4)$;

(3)$x_0=\frac{p}{q}$,其中 $p\equiv 1(\bmod 2),q\equiv 2(\bmod 4)$.

虽然哈代做了不少工作,但还是遗留下来两个问题:其中之一是对有理数$\frac{p}{q}$,当 p,q 为奇数时的函数的可微性. 1967 年 12 月,Serge Lang 将其中的一个问题向一个大学本科班的学生们提了出来,令数学界大吃一惊的是 Josep L. Gever, Serge Lang 的一个本科二年级学生,通过证明了下述意外的结论解决了这个问题:若$x_0=\frac{p}{q}$,其中 p,q 为奇数,那么函数R在点x_0处是可导的,且 $R'(x_0)=-\frac{1}{2}$,接着他还证明了在除此之外的任何点 R 都不可导. 这样黎曼函数的可导性问题就圆满地解决了.

我们回头再来说黎曼 ζ 函数. 由欧拉恒等式,有乘积式

$$\zeta(s)=\prod_p\left(1-\frac{1}{p^s}\right)^{-1} \tag{1}$$

故

$$\frac{1}{\zeta(s)}=\prod_p\left(1-\frac{1}{p^s}\right)=$$

$$\prod_p\left(1+\frac{\mu(p)}{p^s}+\frac{\mu(p^2)}{p^{2s}}+\cdots\right)=$$

$$\sum_{n=1}^{+\infty}\frac{\mu(n)}{n^s}$$

若 $g(n)$ 是 $f(n)$ 的麦比乌斯变换，则其生成函数 $G(s)$ 及 $F(s)$ 有以下关系

$$G(s)=\zeta(s)F(s)$$

麦比乌斯反演定理对应于

$$F(s)=\frac{1}{\zeta(s)}G(s)$$

又可知

$$\sum_{n=1}^{+\infty}\frac{d(n)}{n^s}=\zeta^2(s)$$

便有

$$\sum_{n=1}^{+\infty}\frac{|\mu(n)|}{n^s}=\prod_p\left(1+\frac{1}{p^s}\right)=\frac{\prod_p\left(1-\frac{1}{p^{2s}}\right)}{\prod_p\left(1-\frac{1}{p^s}\right)}=\frac{\zeta(s)}{\zeta(2s)}$$

对式(1)两边取对数且微分，则得

$$\frac{\zeta'(s)}{\zeta(s)}=-\sum_p\frac{\lg p}{p^s}\left(1-\frac{1}{p^s}\right)^{-1}=-\sum_p\lg p\sum_{m=1}^{+\infty}\frac{1}{p^{ms}}=-\sum_{n=2}^{+\infty}\frac{\Lambda(n)}{n^s}$$

因为

$$\zeta'(s)=-\sum_{n=2}^{+\infty}\frac{\lg n}{n^s}$$

这两个式子重新建立了 $\lg n$ 与 $\Lambda(n)$ 的麦比乌斯变换关系

$$\lg \zeta(s) = -\sum_{p} \lg\left(1-\frac{1}{p^{s}}\right) = \sum_{p}\sum_{m=1}^{+\infty}\frac{1}{mp^{sm}} = \sum_{n=1}^{+\infty}\frac{\Lambda_1(n)}{n^{s}}$$

又

$$\zeta''(s) = \sum_{n=1}^{+\infty}\frac{\lg^2 n}{n^s}$$

由于

$$\sum_{n=1}^{+\infty}\frac{\Lambda(n)\lg n}{n^s} = \left(\frac{\zeta'(s)}{\zeta(s)}\right)'$$

及

$$\sum_{n=1}^{+\infty}\frac{1}{n^s}\left(\sum_{d\mid n}\Lambda(d)\Lambda\left(\frac{n}{d}\right)\right) = \left(\frac{\zeta'(s)}{\zeta(s)}\right)^2$$

$$\frac{\zeta''(s)}{\zeta(s)} = \frac{\mathrm{d}}{\mathrm{d}s}\frac{\zeta'(s)}{\zeta(s)} + \left(\frac{\zeta'(s)}{\zeta(s)}\right)^2$$

而得出

$$\sum_{d\mid n}\mu(d)\lg^2\frac{n}{d} = \sum_{d\mid n}\Lambda(d)\Lambda\left(\frac{n}{d}\right) + \Lambda(n)\lg n$$

正如华罗庚先生所指出:“解析数论之研究乃从 $F(s)$ 之解析性质入手,因而研究出数论函数之性质.”此言极是.

§10 数论函数的贝尔级数

贝尔利用形式幂级数去研究积性数论函数的性

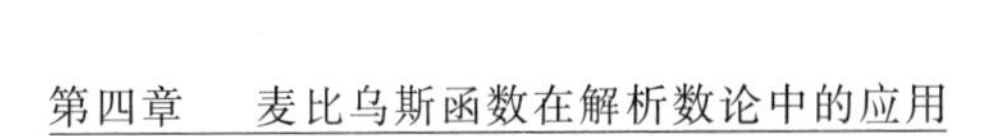

质.

定义 给定一个数论函数 f 与一个素数 p，我们规定形式幂级数

$$f_p(x)=\sum_{n=0}^{+\infty}f(p^n)x^n$$

并称它是 f 关于模 p 的贝尔级数.

当 f 是积性函数时，贝尔级数特别有用.

定理 1(唯一性定理) 令 f 与 g 是积性函数，则 $f=g$ 当且仅当 $f_p(x)=g_p(x)$ 对所有的素数 p 成立.

证明 如果 $f=g$，则对所有的 p 与所有的 $n\geqslant 0$，有 $f(p^n)=g(p^n)$，所以 $f_p(x)=g_p(x)$. 反之，如果 $f_p(x)=g_p(x)$ 对所有的 p 成立，则对所有的 $n\geqslant 0$，$f(p^n)=g(p^n)$，因 f 与 g 都是积性的，且对所有的素数幂相等，于是对所有的正整数也相等，所以 $f=g$.

下面我们将其用到麦比乌斯函数上去，因为 $\mu(p)=-1$，而对所有的 $n\geqslant 2$，$\mu(p^n)=0$，所以有

$$\mu_p(x)=1-x$$

我们用下面的定理把贝尔级数的乘积与迪利克雷乘积联系起来.

定理 2 对任意的两个数论函数 f 与 g，令 $h=f*g$，则对任意的素数 p，我们有

$$h_p(x)=f_p(x)g_p(x)$$

证明 因为 p^n 的约数是 $1,p,p^2,\cdots,p^n$，所以有

$$h(p^n)=\sum_{d\mid p^n}f(d)g(\frac{p^n}{d})=$$
$$\sum_{k=0}^{n}f(p^k)g(p^{n-k})$$

因为最后的和是序列 $\{f(p^n)\}$ 与 $\{g(p^n)\}$ 的柯西(Cauchy) 乘积，所以定理成立.

例 1　因为 $\mu^{\alpha}(n)=\lambda^{-1}(n)$，故 μ^{α} 对模 p 的贝尔级数是

$$\mu_p^{\alpha}(x)=\frac{1}{\lambda_p(x)}=1+x$$

例 2　这个例子说明如何利用贝尔级数去发现含有数论函数的等式. 令

$$f(n)=\alpha^{V(n)}$$

其中，$V(1)=0$ 且 $V(n)=k$. 当 $n=p_1^{\alpha_1}\cdots p_x^{\alpha_x}$ 时，那么 f 是积性的，且它对模 p 的贝尔级数是

$$\begin{aligned}f_p(x)=1+\sum_{n=1}^{+\infty}2^{V(p^n)}x^n=\\1+\sum_{n=1}^{+\infty}2x^n=\\1+\frac{2x}{1-x}=\\\frac{1+x}{1-x}\end{aligned}$$

于是

$$f_p(x)=\mu_p^2(x)\mu_p(x)$$

即

$$f=\mu^2*\mu \text{ 或 } 2^{V(n)}=\sum_{d\mid n}\mu^2(d)$$

练习 1　由 $J_k(n)=n^k\prod_{p\mid n}(1-p^{-k})$ 定义的约当函数是欧拉函数的一个推广.

(1) 证明：$J_k(n)=\sum_{d\mid n}\mu(d)\left(\frac{n}{d}\right)^k$，$n^k=\sum_{d\mid n}J_k(d)$；

(2) 确定 J_k 的贝尔级数.

练习 2　令 $p(n)$ 是不大于 n 的正整数中与 n 互素的诸数之积，证明

$$p(n)=n^{\varphi(n)}\prod_{d|n}\left(\frac{d!}{d^d}\right)^{\mu\left(\frac{n}{d}\right)}$$

练习 3　证明刘维尔函数由公式

$$\lambda(n)=\sum_{d^2|n}\mu\left(\frac{n}{d^2}\right)$$

给定.

练习 4　k 阶麦比乌斯函数定义如下:($k\geqslant 1$)

$\mu_k(1)=1$;

$\mu_k(n)=0$,若对某个素数 p,$p^{k+1}\mid n$;

$\mu_k(n)=(-1)^r$,若 $n=p_1^k\cdots p_r^k\prod\limits_{i>r}p_i^{a_i}$,$0\leqslant a_i\leqslant k$;

$\mu_k(n)=1$,其他.

或者说,如果 n 可以被某个素数的 $k+1$ 次幂整除,则 $\mu_k(n)$ 为零;如果 n 的素因子分解式中恰有 r 个不同素数的 k 次幂,则 $\mu_k(n)=(-1)^r$;其他情形的 $\mu_k(n)$ 为 1.($\mu_1=\mu$ 就是通常的麦比乌斯函数)证明:

(1) 如果 $k\geqslant 1$,则 $\mu_k(n^k)=\mu(n)$.

(2) 每一个 μ_k 都是积性函数.

(3) 如果 $k\leqslant 2$,我们有

$$\mu_k(n)=\sum_{d^k|n}\mu_{k-1}\left(\frac{n}{d^k}\right)\mu_{k-1}\left(\frac{n}{d}\right)$$

(4) 如果 $k\geqslant 1$,我们有

$$|\mu_k(n)|=\sum_{d^{k+1}|n}\mu(d)$$

(5) 对每一个素数 p,μ_k 的贝尔级数为

$$(\mu_k)_p(x)=\frac{1-2x^k+x^{k+1}}{1-x}$$

(6) 令 $\mu(p,d)$ 表示麦比乌斯函数对 p 与 d 的最大公约数的值,证明:对每一个素数 p,有

$$\sum_{d|n}\mu(d)\mu(p,d)=\begin{cases}1,n=1\\2,n=p^{\alpha},\alpha\geqslant 1\\0,\text{其他}\end{cases}$$

(7) 证明：$\sum_{d|n}\mu(d)\lg^{m}d=0$，当 $m\geqslant 1$ 且 n 有多于 m 个不同的素因数时.

(8) 如果 x 是实数，$x\geqslant 1$，令 $\varphi(x,n)$ 表示不大于 x 的正整数中与 n 互素的数的个数（记 $\varphi(n,n)=\varphi(n)$），证明

$$\varphi(x,n)=\sum_{d|n}\mu(d)\frac{x}{d}\text{ 且 }\sum_{d|n}\varphi\left(\frac{x}{d},\frac{n}{d}\right)=[x]$$

(9) 麦比乌斯反转公式的乘积形式，如果对所有的 n，$f(n)>0$，且如果 $a(n)$ 是实的，$a(1)\neq 0$，证明：$g(n)=\prod_{d|n}f(d)^{a\left(\frac{n}{d}\right)}$ 当且仅当 $f(n)=\prod_{d|n}g(d)^{b\left(\frac{n}{d}\right)}$，其中 $b=a^{-1}$ 是 a 的迪利克雷逆函数.

(10) 如果 $x\geqslant 2$，证明：

① $\sum_{n\leqslant x}\frac{\mu(n)}{n}\left[\frac{x}{n}\right]^{2}=\frac{x^{2}}{\zeta(2)}+O(x\lg x)$；

② $\sum_{n\leqslant x}\frac{\mu(n)}{n}\left[\frac{x}{n}\right]^{2}=\frac{x}{\zeta(2)}+O(\lg x)$.

(11) 如果 $x\geqslant 1$，证明：

① $\sum_{n\leqslant x}\varphi(n)=\frac{1}{2}\sum\mu(n)\left[\frac{x}{n}\right]^{2}+\frac{1}{2}$；

② $\sum_{n\leqslant x}\frac{\varphi(n)}{n}=\sum_{n\leqslant x}\frac{\mu(n)}{n}\left[\frac{x}{n}\right]$.

(12) 如果 $x\geqslant 2$，证明

$$\sum_{n\leqslant x}\frac{\varphi(n)}{n^{2}}=$$

$$\frac{1}{\zeta(2)}\lg x+\frac{C}{\zeta(2)}-\sum_{n=1}^{x}\frac{\mu(n)\lg n}{n^{2}}+O\left(\frac{\lg x}{x}\right)$$

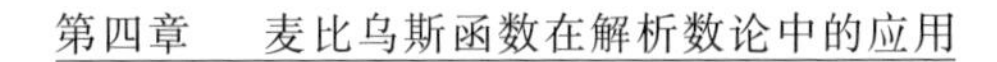

其中 C 是欧拉常数.

(13) 令 $\varphi_1(n)=\frac{n\sum\limits_{d|n}|\mu(d)|}{d}$.

① 证明:φ_1 是积性的,且 $\varphi_1(n)=n\prod\limits_{p|n}(1+\frac{1}{p})$;

② 证明

$$\varphi_1(n)=\sum_{d^2|n}\mu(d)\sigma\left(\frac{n}{d^2}\right)$$

其中和是在满足 $d^2\mid n$ 的那些 n 的约数 d 上展开;

③ 证明

$$\sum_{n\leqslant x}\varphi_1(n)=\sum_{d\leqslant\sqrt{x}}\mu(d)S\left(\frac{x}{d^2}\right)$$

其中 $S(x)=\sum\limits_{k\leqslant x}\sigma(k)$.

(14) 正整数 k 表示一个固定的模,h 是一个与 k 互素的固定的整数,模 k 的 $\varphi(k)$ 个迪利克雷特征用 x_1,x_2,…,$x_{\sigma(k)}$ 表示,x_1 表示主特征,对于 $x\neq x_1$,我们用 $L(1,x)$,$L'(1,x)$ 表示下面级数的和

$$L(1,x)=\sum_{n=1}^{+\infty}\frac{x(n)}{n}$$

$$L'(1,x)=-\sum_{n=1}^{+\infty}\frac{x(n)\lg n}{n}$$

求证:① 对 $x>1$ 与 $x\neq x_1$,我们有

$$\sum_{p\leqslant x}\frac{x(p)\lg p}{p}=-L'(1,x)\sum_{n\leqslant x}\frac{\mu(n)x(n)}{n}$$

② 对 $x>1$ 与 $x\neq x_1$,我们有

$$L(1,x)\sum_{n\leqslant x}\frac{\mu(n)x(n)}{n}=O(1)$$

③ 如果 $x\neq x_1$,并且 $L(1,x)=0$,则我们有

$$L'(1,x)\sum_{n\leqslant x}\frac{\mu(n)x(n)}{n}=\lg x+O(1)$$

(15) 拉马努金(Ramanujan) 和用 $C_k(n)$ 表示,即

$$C_k(n)=\sum_{\substack{m(\bmod k)\\(m,k)=1}}\mathrm{e}^{\frac{2\pi imn}{k}}$$

当 $n=1$ 时,这个和简化为麦比乌斯函数,$\mu(k)=C_k(1)$,试证:

①$C_k(n)$ 始终是一个整数,并且具有乘法性质;

②$C_k(n)=\sum_{d\mid(n,k)}d\mu\left(\frac{k}{d}\right)$.

(16) 令 $C_k(m)$ 表示拉马努金和,并令 $M(x)=\sum_{n\leqslant x}\mu(n)$ 为麦比乌斯函数的部分和.

① 证明:$M(m)=m\sum_{d\mid m}\frac{\mu\left(\frac{m}{d}\right)}{d}\sum_{k=1}^{d}C_k(d)$;

② 证明:$\sum_{m=1}^{n}C_k(m)=\sum_{d\mid k}d\mu\left(\frac{k}{d}\right)\left[\frac{n}{d}\right]$.

(17) 如果 $x\geqslant1$,我们定义 $M(x)=\sum_{n\leqslant x}\mu(n)$;如果 $x>1$,我们定义 $H(x)=\sum_{n\leqslant x}\mu(n)\lg n$. 求证

$$\lim_{x\to+\infty}\left(\frac{M(x)}{x}-\frac{H(x)}{x\lg x}\right)=0$$

§11 麦比乌斯变换与切比雪夫定理

数论的核心问题之一是对 $\pi(x)$ 的估计,而关于这一问题的有意义的最初进展都属于切比雪夫(Chebyshev,1852),他不用埃拉托塞尼筛法,而借助

一弱形式的斯特林(Stirling) 公式,即

$$\lg n! = \sum_{1\leqslant m\leqslant n} \lg m = n\lg n - n + O(\lg n), n \geqslant 2$$

切比雪夫的想法本质上在于利用 $n!$ 的素因子分解. 对于每个整数 m,我们有

$$\lg m = \sum_{p^v \mid m} \lg p$$

上述求和遍及所有数组(p,v),其中 p 为素数且 $p^v \mid m$,而 $v \geqslant 1$,将上式代入$\lg n!$ 的表达式中,并交换求和次序,可得

$$\lg n! = \sum_{1\leqslant m\leqslant n} \lg m = \sum_{p^v\leqslant n} \lg p \sum_{\substack{1\leqslant m\leqslant n \\ p^v \mid m}} 1 = \sum_{p^v\leqslant n} \lg p \left[\frac{n}{p^v}\right]$$

这启发人们引入函数

$$\Lambda(d) = \begin{cases} \lg p, 若存在 v \geqslant 1, 使得 d = p^v \\ 0, 在相反的情形 \end{cases}$$

这就是我们熟知的曼戈尔特函数,我们定义其和函数

$$\psi(x) = \sum_{n\leqslant x} \Lambda(n)$$

切比雪夫曾证明

$$\psi(x) \sim \pi(x) \lg x, x \to +\infty$$

人们自然会有这样的问题提出,在研究切比雪夫函数 $\pi(x)$,$\psi(x)$ 渐近性质的框架内,即在素数分布这一研究领域内,对 $\mu(n)$ 的均值是否有一个简单的解释. 德国著名数论专家朗道于 1909 年提出了一条定理完全回答了此问题.

定理 1　下面的三个命题初等等价.

(1) $\psi(x)\sim x, x\to+\infty$.

(2) $M(x)\triangleq\sum\limits_{n\leqslant x}\mu(n)=o(x), x\to+\infty$.

(3) $\sum\limits_{n=1}^{+\infty}\dfrac{\mu(n)}{n}=0$.

麦比乌斯函数是解析数论中的常用函数，许多结论都与之相关，例如，由迪利克雷所引进的模 q 的特征（或称特征函数）是数论中的一个十分重要的基本概念. 特征的主要作用是在于：利用它我们可以从一个给定的整数序列中把属于一个公差为 q 的算术数列的子序列分离出来. 因此，它在许多数论问题中，特别是在哥德巴赫猜想的研究中起着很关键的作用. 特征可以用不同的方法来定义，在潘承洞和潘承彪所著的《哥德巴赫猜想》中的定义如下.

定义　设 $q=2^l p_1^{l_1}\cdots p_s^{l_s}$，$p_i(1\leqslant i\leqslant s)$ 为不同的奇素数，$g_i(1\leqslant i\leqslant s)$ 为模 $p_i^{l_i}$ 的最小正原根，以及

$$c=\begin{cases}1, l=1\\2, l\geqslant 2\end{cases}$$

$$c_0=\begin{cases}1, l=1\\2^{l-1}, l\geqslant 2\end{cases}$$

$$c_i=\varphi(p_i^{l_i}), 1\leqslant i\leqslant s$$

其中 $\varphi(d)$ 为欧拉函数，则对于任意给定的一组整数 $m, m_0, m_1, \cdots, m_s$，我们称定义在整数集合上的函数

$$\chi(n)=\begin{cases}e\left(\dfrac{m\gamma}{c}\right)e\left(\dfrac{m_0\gamma_0}{c_0}\right)e\left(\dfrac{m_1\gamma_1}{c_1}\right)\cdots e\left(\dfrac{m_s\gamma_s}{c_s}\right), (n,q)=1\\0, (n,q)>1\end{cases}$$

为模 q 的特征（或特征函数），其中 $\gamma, \gamma_0, \gamma_1, \cdots, \gamma_s$ 为 n 对模 q 的一个指标组.

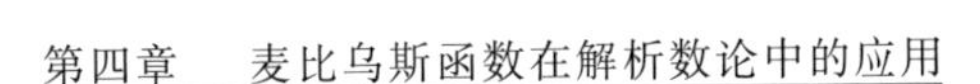

我们进一步可以定义

$$G_\chi(m)=\sum_{h=1}^{q}\chi(h)e\left(\frac{mh}{q}\right)$$

为高斯和.

为了着重指出特征 $\chi(n)$ 是属于模 q 的，我们也常采用记号 $\chi_q(n)$.

当 $\chi=\chi^0$ 时，我们记

$$G_{\chi^0}(m)=C_q(m)$$

即

$$C_q(m)=\sum_{h=1}^{q}{}'e\left(\frac{mh}{q}\right)$$

这就是拉马努金和，其中求和号“$\sum\limits_{h=1}^{q}{}'$”表示对模 q 的简化剩余系求和. 对拉氏和我们有以下结论.

定理 2　$C_q(m)$ 为 q 的可乘函数，且有

$$C_q(m)=\mu\left(\frac{q}{(m,q)}\right)\varphi(q)\varphi^{-1}\left(\frac{q}{(m,q)}\right)$$

其中 $\mu(n)$ 为麦比乌斯函数.

§12　麦比乌斯变换与素数定理

素数定理是解析数论中的一个中心定理，它是指 $\pi(x)\sim x(\ln x)^{-1}$，$x\to+\infty$. 这一定理是勒让德(Legendre)于 1800 年左右提出的，在经历了 100 多年后，于 1896 年被阿达玛和 de la Vallée Poussin 彼此独立地用高深的整函数理论所证明. 这之后又有一些证明被给出，人们认为素数定理和黎曼 ζ 函数有不可分割的联系，因而许多数学家认为要给出

一个素数定理的初等证明(至多用一些初等微积分的知识)是不可能的.然而,在1949年仅在最初证明之后约50年,塞尔伯格和厄多斯就给出了这样的证明!他们的证明竟是这样的初等,除了 e^x,$\ln x$ 之外用不到任何“超越性”的东西,也不需要微分和积分.

在素数定理的初等证明中塞尔伯格不等式是关键,塞尔伯格不等式最简单的证明是由Tatuzawa和Iseki给出的,他们证明了以下的一般结果.

定理 设 $F(x)$,$G(x)$ 是定义在 $x\geqslant 1$ 上的函数,$F(1)=G(1)$,若

$$G(x)=\sum_{n\leqslant x}F\left(\frac{x}{n}\right),x\geqslant 1 \tag{1}$$

则当 $x\geqslant 1$ 时,有

$$F(x)\ln x+\sum_{n\leqslant x}\Lambda(n)F\left(\frac{x}{n}\right)=\sum_{n\leqslant x}\mu(n)G\left(\frac{x}{n}\right)\ln\frac{x}{n} \tag{2}$$

反过来,若式(2)成立,则式(1)亦成立.

证明 若式(1)成立,则有

$$\begin{aligned}\sum_{n\leqslant x}\mu(n)G\left(\frac{x}{n}\right)\ln\frac{x}{n}&=\sum_{n\leqslant x}\mu(n)\ln\frac{x}{n}\sum_{m\leqslant\frac{x}{n}}F\left(\frac{x}{mn}\right)=\\&\sum_{k\leqslant x}F\left(\frac{x}{k}\right)\sum_{n\mid k}\mu(n)\ln\frac{x}{n}=\\&\ln x\sum_{k\leqslant x}F\left(\frac{x}{k}\right)\sum_{n\mid k}\mu(n)-\\&\sum_{k\leqslant x}F\left(\frac{x}{k}\right)\sum_{n\mid k}\mu(n)\ln n\end{aligned}$$

利用已知结论,对任意的 $n\in\mathbf{N}^*$,有

$$\sum_{k\mid n}\mu(k)=\left[\frac{1}{n}\right]=\begin{cases}1,n=1\\0,n>1\end{cases}$$

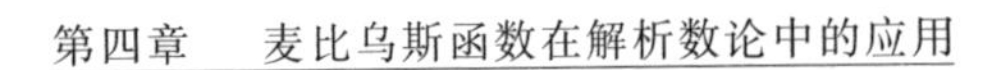

及

$$\sum_{d|n}\mu(d)\ln\frac{n}{d}=\sum_{d|n}-\mu(d)\ln d$$

即可得到式(2).

反过来,若式(2)成立,则由广义麦比乌斯反演公式,可得

$$G(x)\ln x=\sum_{n\leqslant x}\left\{F\left(\frac{x}{n}\right)\ln\frac{x}{n}+\sum_{m\leqslant\frac{x}{n}}\Lambda(m)F\left(\frac{x}{mn}\right)\right\}=$$

$$\ln x\sum_{n\leqslant x}F\left(\frac{x}{n}\right)-\sum_{n\leqslant x}F\left(\frac{x}{n}\right)\ln n+$$

$$\sum_{k\leqslant x}F\left(\frac{x}{k}\right)\sum_{m|k}\Lambda(m)$$

由熟知的结论 $\sum_{d|n}\Lambda(d)=\ln n$,即得

$$G(x)\ln x=\ln x\sum_{n\leqslant x}F\left(\frac{x}{n}\right),x\geqslant 1$$

注意到 $G(1)=F(1)$. 这就证明了式(1).

也许由于某些组合原因,不直接分析 $\pi(x)$,转而估计 $M(x)=\sum_{n\leqslant x}\mu(n)$ 可能会容易些. 事实上,斯蒂吉斯(Stieltjes)曾宣布他有一个这样的证明. 阿达玛在其著名的1896年关于素数定理的证明中曾提到斯蒂吉斯的论断,但斯蒂吉斯从未正式发表过他自己的证明.

§13　麦比乌斯函数与黎曼猜想

1859年,黎曼提出一系列猜想,其中第5个就是原始的黎曼猜想:

黎曼 ζ 函数

$$\zeta(s)=\sum_{n=1}^{+\infty}\frac{1}{n^s}$$

的复零点的实部都等于$\frac{1}{2}$.

从历史上看，当 $s=1$ 时，即调和级数，$\zeta(s)$ 发散；当 s 为大于 1 的整数时，欧拉证明了

$$\sum_{n=1}^{+\infty}\frac{1}{n^s}=\prod_{p}\frac{1}{1-\frac{1}{p^s}}$$

其中 p 通过每一个素数，这个公式已经显示 $\zeta(s)$ 与素数之间的关系. 此外，欧拉还证明了

$$\zeta(2)=\sum_{n=1}^{+\infty}\frac{1}{n^2}=\frac{\pi^2}{6}$$

并求出了 $\zeta(2k)$ 的值. 1749 年欧拉还得出了 $\zeta(s)$，$\zeta(1-s)$ 与 $\Gamma(s)$ 满足函数方程，并且对实变量加以验证. 而只有到 1859 年黎曼把它开拓到复平面之后，它才真正地成为解析数论的有效工具.

由于 ζ 函数与许多数论函数有关，因此，黎曼猜想与一些有更直接数论意义的猜想有关. 下面介绍一下与麦比乌斯函数的关系.

将麦比乌斯函数的和记为

$$M(x)=\sum_{n\leqslant x}\mu(n)$$

对此，我们有与黎曼猜想等价的弱默顿斯(Mertens)猜想：对任意的 $\varepsilon>0$，$M(x)=O(x^{\frac{1}{2}+\varepsilon})$.

AIM 是美国数学研究所的缩写，它由美国电子工业大亨约翰 · 弗里(John Fry) 创立，以鼓励研究黎曼假设的数学家彼此进行合作. 康雷目前是美国数学研

究所的所长，他本人也在研究黎曼假设，并且就是通过默顿斯猜想，即若能证明 $M(n)$ 的绝对值总是小于 n 的平方根，那么黎曼猜想就成立了.

以 10 为例，从 $1\sim10$ 的麦比乌斯函数的值分别为 $1,-1,-1,0,-1,1,-1,0,0,1$，于是可以计算出从 $1\sim10$ 的默顿斯函数的值分别为 $1,0,-1,-1,-2,-1,-2,-2,-2,-1$. 对较小的值，我们可以容易验证猜想成立，做一个更细致点的数值试验.

表 4.1 是一个 n 为 $1\sim99$ 之间的 $\mu(n)$ 的值的表，标以 i 的行和 j 的列的位置的值就是 $\mu(10i+j)$. 为简单起见，以“+”表示 1，以“−”表示 -1. 对每个 n 有表 4.1.

表 4.1

	0	1	2	3	4	5	6	7	8	9
0		+	−	−	0	−	+	−	0	0
1	+	+	0	−	+	+	0	−	0	−
2	0	+	+	−	0	0	+	0	0	−
3	−	−	0	+	+	+	0	−	+	+
4	0	−	−	−	0	0	+	−	0	0
5	0	+	0	−	0	+	0	+	+	−
6	0	−	+	0	0	+	−	+	+	−
7	−	−	0	−	+	0	0	+	−	−
8	0	0	+	−	0	+	+	+	0	−
9	0	+	0	+	+	+	0	−	0	0

把 $\mu(i)$ 从 $i=1$ 至 $i=n$ 加起来，把和记为 $M(n)$，表 4.2 是一个 n 为 $1\sim99$ 之间的 $M(n)$ 的值的表，采用的记法跟表 4.1 相同.

表 4.2

	0	1	2	3	4	5	6	7	8	9
0		1	0	−1	−1	−2	−1	−2	−2	−2
1	−1	0	0	−1	0	1	1	0	0	−1
2	−1	0	1	0	0	0	1	1	1	0
3	−1	−2	−2	−1	0	1	1	0	1	2
4	2	1	0	−1	−1	−1	0	−1	−1	−1
5	−1	0	0	−1	−1	0	0	1	2	1
6	1	0	1	1	1	2	1	2	3	2
7	1	0	0	−1	0	0	0	1	0	−1
8	−1	−1	0	−1	−1	0	1	2	2	1
9	1	2	2	3	4	5	5	4	4	4

从表中我们可以感觉到 $M(n)$ 的绝对值增大很慢.

默顿斯 (Franz Karl Joseph Mertens, 1840—1927) 是德国数学家, 先后任柏林大学、克拉科夫 (Kraków,波兰境内) 大学教授,主要贡献在解析数论方面,得到了三个反映素数性质的公式.

康雷对他将默顿斯猜想和黎曼猜想联系起来的想法感到很得意,他说:“一方面,这一方法似乎很明显证明不了黎曼猜想;另一方面,我的确对证明黎曼假设的途径有些想法,但我还没能完成它. 我觉得多数人很可能不太相信这一特殊方法,所以我要说 …… 我期待麦比乌斯函数的一个真正漂亮的关系奇迹般地出现,所以它是魔术.”

1897 年默顿斯通过手算造出了 $\mu(n)$ 和 $M(x)$ 的 50 页大表,计算出 n 从 2 到 10 000 的值,发现对 $x>1$, $|M(x)|<x^{\frac{1}{2}}$. 其实早在 1885 年法国数学家斯蒂吉斯就已提出了这样的猜想,甚至他还以为自己证明了该

猜想，在给他的同事厄米特(C. Hermite，1822—1901)的一封信中声称他证明了这个不等式. 由于它的成立可立即推出黎曼猜想，所以数学家对其极其重视，但它太强也使许多数学家怀疑其正确性. 终于在1984年美国数学家安德鲁·奥德莱斯(Odlyzko)和他的同事荷兰数学家赫尔曼·德·里尔(Herman te Riele)用强大的计算机技术推翻了这个猜想. 他们证明了有一个比10^{30}还要大的数不满足默顿斯猜想，但这并不能推翻黎曼假设.

1913年，斯特涅茨(Von Sternech)进一步对直到5 000 000的n计算了$M(n)$，数据结果支持默顿斯的猜想. 他发现，很可能有更强的不等式：当$n>200$时

$$|M(n)|<\frac{1}{2}\sqrt{n}$$

但是，在1960年，尤卡特(W. B. Jurkat)发现，当$n=7\ 725\ 038\ 629$时

$$M(n)=43\ 947=0.500\ 010\ 246\cdots\cdot\sqrt{n}>\frac{1}{2}\sqrt{n}$$

从而导致斯特涅茨猜想不成立.

1979年，H. 科恩(H. Cohen)与特雷斯(Dress)对直到78亿的n求$M(n)$的值，发现它们都满足不等式：$|M(n)|<0.6n$.

顺便指出里尔和奥德莱斯推翻默斯顿猜想并不是用逐个计算验证的笨方法，因为那样需要至少150亿年.

与$\mu(n)$相仿，还有刘维尔函数. 刘维尔是法国著名数学家，1836年创办了英、法文版的数学专业刊物《纯粹与应用数学杂志》，因其从创刊之日起连任近40年主编，因此，该杂志也常称为《刘维尔杂志》(Journal de Liouville)，许多著名的数学家，如雅可比、迪利克雷、普吕克、斯图姆、勒贝格都是从该刊起步的. 从1858年到1865年他涉足解析数论.

刘维尔函数 $\lambda(n)$ 定义为

$$\lambda(n)=\begin{cases}1,n=1\\(-1)^{d_1+\cdots+d_r},n=p_1^{\alpha_1}\cdots p_r^{\alpha_r}\end{cases}$$

其中 $p_1,\cdots,p_r$ 为不同素数.

刘维尔函数的生成函数为$\frac{\zeta(2s)}{\zeta(s)}$. 对于 $\lambda(n)$，我们也有同黎曼猜想等价的刘维尔猜想

$$\forall\varepsilon>0,\sum_{n\leqslant x}\lambda(n)=O(x^{\frac{1}{2}+\varepsilon})$$

而 $|\mu(n)|$ 的生成函数恰巧为$\frac{\zeta(2s)}{\zeta(s)}$. 对于正整数 $k\geqslant 2$，我们可以定义以 $\frac{\zeta(s)}{\zeta(ks)}$ 为生成函数的算术函数 $q_k(n)$，即

$$\sum_{k=1}^{+\infty}\frac{q_k(n)}{n^s}=\frac{\zeta(s)}{\zeta(ks)},\sigma>1$$

显然，$q_k(n)$ 是不含 k 次幂的因子的整数的特征函数，如上所述. 特别地，有

$$q_2(n)=|\mu(n)|$$

对 $q_k(n)$，我们有 $q_k(n)$ 猜想：对任意的 $\varepsilon>0$，存在正整数 $k\geqslant 2$，使得

$$\sum_{n\leqslant x}q_k(n)=\frac{x}{\zeta(k)}+O(x^{\frac{1}{2k}+\varepsilon})$$

可以证明：由 $q_k(n)$ 猜想可以推出黎曼猜想，也就是 $q_k(n)$ 猜想是比黎曼猜想更强的猜想. 反过来，是否由黎曼猜想能推出 $q_k(n)$ 猜想，也就是两个猜想是否等价，还没有肯定的结果. 可参见“麦比乌斯函数与三角

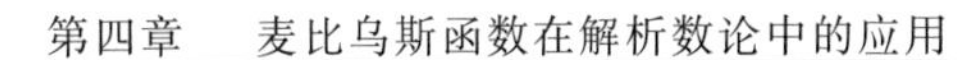

和估计”一节.

Pintz 在 1987 年发表的文章中，给出默顿斯猜想错误的一个有效性证明：

存在某个 x_0，$\lg x_0 < 3.21 \times 10^4$ 使得 $|M(x_0)| > \sqrt{x_0}$.

§14　麦比乌斯函数与哥德巴赫猜想

哥德巴赫猜想的证明许多都与一个重要的中值定理有关.

不假定广义黎曼猜想，潘承洞最早证明了中值公式

$$\sum_{D \leqslant x^{\frac{1}{3}-\varepsilon}} \mu^2(D) \max_{\substack{l(\bmod D) \\ (l,D)=1}} \left| \pi(x,D,l) - \frac{\operatorname{li} x}{\varphi(D)} \right| = O\left(\frac{x}{\log^A x}\right) \tag{1}$$

其中 $\mu(D)$ 与 $\varphi(D)$ 分别表示麦比乌斯函数及欧拉函数，又

$$\operatorname{li} x = \int_2^x \frac{\mathrm{d}t}{\log t}$$

$$\pi(x,D,l) = \sum_{\substack{p \leqslant x \\ p \equiv l(\bmod D)}} 1$$

$\varepsilon > 0$ 及 $A > 0$ 为任意给定的正数.

1962 年潘承洞从式(1) 推出了(1,5).

实际上，雷尼的(1,C) 证明的实质也是证明一个中值定理，即将式(1) 中的 $\frac{1}{3}$ 换成一个小正数 η. 当然在他们原来的文章中 $\pi(x,D,l)$ 需换成一个加权和.

此后，潘承洞与巴赫巴恩(M. B. Barban)独立地将式(1)做了改进，即将$\frac{1}{3}$换成$\frac{3}{8}$，从而在1963年推出了(1,4).

其实，在1962年时王元即在式(1)之下推出了(1,4)，并指出若能将式(1)中的$\frac{1}{3}$改进为$\frac{1\ 000}{2\ 475}$，即比$\frac{3}{8}$略大一点，即得(1,3). 1965年，邦别里(E. Bombieri)与维诺格拉多夫独立、出色地将式(1)中的$\frac{1}{3}$改进至$\frac{1}{2}$，即在处理这个问题时与广义黎曼猜想的功用一样. 从而证明了(1,3).

1966年，运用邦别里中值公式，陈景润出色地证明了(1,2).

§15 王元得到的关于整值多项式的某些性质

令$F(x)$表示无固定素因子的k次整值既约多项式. 令$\pi(N;F(x))$表示当$x=1,2,\cdots,N$时，使$F(x)$表示素数[①]的x的个数. Nagell首先证明过

$$\pi(N;F(x))=o(N) \tag{1}$$

此处与"o"有关的常数仅与$F(x)$有关. 借助于布鲁恩方法，Heilbronn进一步得到

$$\pi(N;F(x))=O\left(\frac{N}{\log N}\right) \tag{2}$$

① 本节以$p,p_1,p_2,\cdots$表示素数.

此处与“O”有关的常数仅与 $F(x)$ 有关. 黎西(Ricci)又将上述估计改进为

$$\overline{\lim_{N\to\infty}}\frac{\pi(N;F(x))\log N}{N}<\frac{29}{4}\mu_F \tag{3}$$

此处 μ_F 为一个仅与 $F(x)$ 有关的常数(其定义见后).

本节用塞尔伯格方法,进一步证明了下面的结果.

定理 1　以 γ 表示欧拉常数,则

$$\pi(N;F(x))\leqslant 2\mathrm{e}^{\gamma}\mu_F\frac{N}{\log N}+o\left(\frac{N}{\log N}\right) \tag{4}$$

此处与“o”有关的常数仅与 $F(x)$ 有关.

显然 $2\mathrm{e}^{\gamma}<3.564<\frac{29}{4}$. 另一点值得注意的是黎西在证明式(3)时,需要比较复杂的数值计算,本节免除了数值计算.

在证明定理之前先证三个引理.

令 $h_m(k!\ m)$ 表示同余式

$$F(x)\equiv 0(\mathrm{mod}\ m),0\leqslant x<k!\ m$$

的解数. 令

$$\omega(m)^{①}=\frac{h_m(k!\ m)}{k!} \tag{5}$$

引理 1　$\omega(q)$ 是 q 的积性函数,即当 $(q_1,q_2)=1$ 时,$\omega(q_1)\omega(q_2)=\omega(q_1q_2)$.

证明　(1)$q=q_1q_2$,$(q_1,q_2)=1$,而 q 的素因子皆大于 k,则知 $q\mid F(x)$ 与 $q\mid k!\ F(x)$ 等价. 但 $k!\ F(x)$ 是整系数多项式,故此时 $\omega(q)$ 即表示同余式

$$k!\ F(x)\equiv 0(\mathrm{mod}\ q),0\leqslant x<q$$

的解数,因此

---

① 由于 $F(x)$ 没有固定的素因子,故 $\omega(p)<p$.

$$\omega(q)=\omega(q_1)\omega(q_2)$$

(2)$q=q_1q_2$,q_1 的素因子皆大于 k,而 q_2 的素因子皆不大于 k.令适合同余式

$$F(x)\equiv 0(\bmod q_2),0\leqslant x<k!\ q_2 \tag{6}$$

的解为 $x=b_m(m=1,2,\cdots,h_{q_2}(k!\ q_2))$.又由(1)可以记同余式

$$F(x)\equiv 0(\bmod q_1),0\leqslant x<q_1 \tag{7}$$

的解为

$$x=a_l,l=1,2,\cdots,\omega(q_1)$$

由孙子定理可知下面的联立同余式

$$\begin{cases}x\equiv a_l(\bmod q_1)\\x\equiv b_m(\bmod k!\ q_2)\end{cases} \tag{8}$$

有唯一的解

$$x\equiv c_n(\bmod k!\ q_1q_2),0\leqslant c_n<k!\ q_1q_2 \tag{9}$$

显然

$$F(c_n)\equiv 0(\bmod q_1q_2)$$

反之,由一个 c_n 亦能唯一地得到一对(a_l,b_m)适合式(6)(7)(8),故

$$\omega(q_1)\omega(q_2)=\frac{h_{q_2}(k!\ q_2)\omega(q_1)}{k!}=$$

$$\frac{h_{q_1q_2}(k!\ q_1q_2)}{k!}=\omega(q_1q_2)$$

(3)q 的素因子皆不大于 k.令 $q=\prod\limits_{i=1}^{t}p_i^{r_i}$ 为 q 的标准分解式及 $s_i=\sum\limits_{l=1}^{\infty}\left[\frac{k}{p_i^l}\right]$.易知

$$F(x)\equiv F(x+p_i^{r_i+s_i})(\bmod p_i^{r_i}) \tag{10}$$

实际上,此可由凡整值多项式皆可表示为

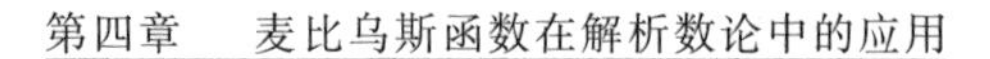

$$F(x)=a_0\binom{x}{k}+a_1\binom{x}{k-1}+\cdots+a_k$$

而得知,上式中 a_i 均为整数

$$\binom{x}{k}=\frac{x(x+1)\cdots(x+k-1)}{k!}$$

因此,分别令适合同余式

$$F(x)\equiv 0(\bmod q),0\leqslant x<q\prod_{i=1}^{t}p_i^{s_i}$$

及

$$F(x)\equiv 0(\bmod p_i^{r_i}),0\leqslant x<p_i^{r_i+s_i},1\leqslant i\leqslant t$$

的 x 的个数为 $h_q\left(q\prod_{i=1}^{t}p_i^{s_i}\right)$ 及 $h_{p_i^{r_i}}(p_i^{r_i+s_i})(1\leqslant i\leqslant t)$,则由孙子定理可知

$$h_q\left(q\prod_{i=1}^{t}p_i^{s_i}\right)=\prod_{i=1}^{t}h_{p_i^{r_i}}(p_i^{r_i+s_i}) \tag{11}$$

由式(10)可以得出

$$\frac{k!}{\prod_{i=1}^{t}p_i^{s_i}}h_q\left(q\prod_{i=1}^{t}p_i^{s_i}\right)=h_q(k!\ q)$$

及

$$\frac{k!}{p_i^{s_i}}h_{p_i^{r_i}}(p_i^{r_i+s_i})=h_{p_i^{r_i}}(k!\ p_i^{r_i}),1\leqslant i\leqslant t$$

以此代入式(11)即得

$$\omega(q)=\frac{h_q(k!\ q)}{k!}=\frac{h_q\left(q\prod_{i=1}^{t}p_i^{s_i}\right)}{\prod_{i=1}^{t}p_i^{s_i}}=\frac{\prod_{i=1}^{t}h_{p_i^{r_i}}(p_i^{r_i+s_i})}{\prod_{j=1}^{t}p_j^{s_j}}=$$

$$\prod_{i=1}^{t}\left(\frac{h_{p_i^{r_i}}(k!\ p_i^{r_i})}{k!}\right)=\omega(p_1^{r_1})\omega(p_2^{r_2})\cdots\omega(p_t^{r_t})$$

综合上述(1)(2)(3),即得引理 1.

引理 2(Nagell)

$$\prod_{p\leqslant x}\left(1-\frac{\omega(p)}{p}\right)=\frac{\mu_F}{\log x}+O\left(\frac{1}{\log^2 x}\right)$$

此处与"O"有关的常数仅与 $F(x)$ 有关.

引理 3　当 n 无平方因子及 $\omega(n)\neq 0$ 时,令 $f(n)=\prod_{p\mid n}f(p)$,此处 $f(p)=\frac{p}{\omega(p)}-1$,则

$$\sum_{\substack{n\leqslant z\\ \omega(n)\neq 0}}\frac{\mu^2(n)}{f(n)}=\prod_p\frac{\left(1-\frac{1}{p}\right)}{\left(1-\frac{\omega(p)}{p}\right)}\log z+o(\log z)$$

此处与"o"有关的常数仅与 $F(x)$ 有关.

证明　由于 $\omega(p)\leqslant k$,故 n 无平方因子时,$\omega(n)\leqslant k^{\Omega(n)}=O(n^{\varepsilon})$,此处 $\Omega(n)$ 表示 n 的不同素因子的个数,ε 为任意给定之正数,而与"O"有关之常数仅与 ε 及 k 有关. 因此级数 $\sum_{\substack{n=1\\ \omega(n)\neq 0}}^{\infty}\frac{\mu^2(n)}{f(n)n^s}$ 当 $s>0$ 时绝对收敛. 故当 $s>0$ 时

$$\sum_{\substack{n=1\\ \omega(n)\neq 0}}^{\infty}\frac{\mu^2(n)}{f(n)n^s}=\prod_{\omega(p)\neq 0}\left(1+\frac{1}{f(p)p^s}\right)=$$

$$\prod_{\omega(p)\neq 0}\left(1+\frac{\omega(p)}{(p-\omega(p))p^s}\right)=$$

$$\prod_p\left(1+\frac{\omega(p)}{(p-\omega(p))p^s}\right)\left(1-\frac{1}{p^{s+1}}\right)\cdot$$

$$\zeta(1+s)\sim$$

$$\prod_p\frac{\left(1-\frac{1}{p}\right)}{\left(1-\frac{\omega(p)}{p}\right)}\cdot\frac{1}{s},\text{当 } s\to 0^+ \tag{12}$$

注意由引理 2 及默顿斯定理可得

$$\prod_{p}\frac{\left(1-\frac{\omega(p)}{p}\right)}{\left(1-\frac{1}{p}\right)}=\lim_{\xi\to\infty}\prod_{p\leqslant\xi}\frac{\left(1-\frac{\omega(p)}{p}\right)}{\left(1-\frac{1}{p}\right)}=$$

$$\lim_{\xi\to\infty}\frac{\frac{\mu_F}{\log\xi}+O\left(\frac{1}{\log^2\xi}\right)}{\frac{\mathrm{e}^{-\gamma}}{\log\xi}+O\left(\frac{1}{\log^2\xi}\right)}=\mathrm{e}^{\gamma}\mu_F$$

故得

$$\mu_F=\mathrm{e}^{-\gamma}\prod_{p}\frac{\left(1-\frac{\omega(p)}{p}\right)}{\left(1-\frac{1}{p}\right)}\tag{13}$$

另一方面，令 $\alpha(z)=\sum\limits_{\substack{n\leqslant z\\ \omega(n)\neq 0}}\frac{\mu^2(n)}{f(n)}$，则当 $s>0$ 时，有

$$\sum_{\substack{n=1\\ \omega(n)\neq 0}}^{\infty}\frac{\mu^2(n)}{f(n)n^s}=\int_1^{\infty}z^{-s}\mathrm{d}\alpha(z)=\int_0^{\infty}\mathrm{e}^{-st}\mathrm{d}\alpha(\mathrm{e}^t),s>0$$

故由式(12) 及一个熟知的 Tauber 型定理[①]即得

$$\alpha(\mathrm{e}^t)\sim\prod_{p}\frac{\left(1-\frac{1}{p}\right)}{\left(1-\frac{\omega(p)}{p}\right)}\cdot t$$

即

---

① 此处用到的定理是：令 $\alpha(t)$ 为单调递增函数，当 $s>0$ 时，有 $f(s)=\int_0^{\infty}\mathrm{e}^{-st}\mathrm{d}\alpha(t)$，又当 $s\to 0^+$ 时，有 $f(s)\sim\frac{1}{s^{\beta}}(\beta>0)$，则 $\alpha(t)\sim\frac{t^{\beta}}{\Gamma(\beta+1)}$（当 $t\to\infty$ 时）.

$$\alpha(z)=\sum_{\substack{n\leqslant z\\ \omega(n)\neq 0}}\frac{\mu^2(n)}{f(n)}=\prod_p\frac{\left(1-\frac{1}{p}\right)}{\left(1-\frac{\omega(p)}{p}\right)}\log z+o(\log z)$$

引理 3 证完.

定理 1 的证明 令 $x>\xi>k, P=\prod_{p\leqslant\xi}p$. 当 n 无平方因子及 $\omega(n)\neq 0$ 时,令

$$g(n)=\frac{\omega(n)}{n}$$

$$f(n)=\sum_{d\mid n}\frac{\mu(d)}{g\left(\frac{n}{d}\right)}$$

$$\lambda_n=\frac{\mu(n)}{g(n)f(n)}\sum_{\substack{1\leqslant m\leqslant\frac{\xi}{n}\\ (m,n)=1\\ m\mid P\\ \omega(m)\neq 0}}\frac{\mu^2(m)}{f(m)}\Big/\sum_{\substack{1\leqslant l\leqslant\xi\\ l\mid P\\ \omega(l)\neq 0}}\frac{\mu^2(l)}{f(l)}$$

当 $m\mid P$ 时可知

$$\sum_{\substack{m\mid F(n)\\ n\leqslant x}}1=\sum_{\substack{F(n)\equiv 0(\bmod m)\\ 1\leqslant n\leqslant\left[\frac{x}{k!\ m}\right]k!\ m}}1+\theta_m h_m(k!\ m)=$$

$$(0\leqslant\theta_m\leqslant 1)$$

$$\left[\frac{x}{k!\ m}\right]h_m(k!\ m)+\theta_m h_m(k!\ m)=$$

$$\frac{x\omega(m)}{m}+\bar{\theta}_m k!\ \omega(m)\quad(|\bar{\theta}_m|\leqslant 2)\tag{14}$$

由于 $\lambda_1=1$,又由引理 1 及式(14) 可知

$$P(x,\xi)=\sum_{\substack{1\leqslant n\leqslant x\\ (F(n),P)=1}}1=\sum_{n\leqslant x}\sum_{d\mid(F(n),P)}\mu(d)\leqslant$$

$$\sum_{n\leqslant x}\Big(\sum_{\substack{d\mid(F(n),P)\\ \omega(d)\neq 0}}\lambda_d\Big)^2=$$

$$\sum_{\substack{d_1 \leqslant \xi \\ d_1 \mid P \\ \omega(d_1) \neq 0}} \sum_{\substack{d_2 \leqslant \xi \\ d_2 \mid P \\ \omega(d_2) \neq 0}} \lambda_{d_1} \lambda_{d_2} \sum_{\substack{\frac{d_1 d_2}{(d_1, d)} \mid F(n) \\ n \leqslant x}} 1 \leqslant$$

$$x \sum_{\substack{d_1 \leqslant \xi \\ d_1 \mid P \\ \omega(d_1) \neq 0}} \sum_{\substack{d_2 \leqslant \xi \\ d_2 \mid P \\ \omega(d_2) \neq 0}} \lambda_{d_1} \lambda_{d_2} \frac{g(d_1) g(d_2)}{g((d_1, d_2))} +$$

$$2 \cdot k! \sum_{\substack{d_1 \leqslant \xi \\ d_1 \mid P \\ \omega(d_1) \neq 0}} \sum_{\substack{d_2 \leqslant \xi \\ d_2 \mid P \\ \omega(d_2) \neq 0}} | \lambda_{d_1} \lambda_{d_2} | \omega\left(\frac{d_1 d_2}{(d_1, d_2)}\right) =$$

$$xQ + R \tag{15}$$

当 n 无平方因子及 $\omega(n) \neq 0$ 时

$$\frac{1}{g(n)} = \sum_{\tau \mid n} \frac{1}{g(\tau)} \sum_{d \mid \frac{n}{\tau}} \mu(d) = \sum_{s \mid n} \sum_{d \mid s} \frac{\mu(d)}{g\left(\frac{s}{d}\right)} = \sum_{s \mid n} f(s)$$

故

$$Q = \sum_{\substack{d_1 \leqslant \xi \\ d_1 \mid P \\ \omega(d_1) \neq 0}} \sum_{\substack{d_2 \leqslant \xi \\ d_2 \mid P \\ \omega(d_2) \neq 0}} \lambda_{d_1} \lambda_{d_2} g(d_1) g(d_2) \sum_{d \mid (d_1, d_2)} f(d) =$$

$$\sum_{\substack{d \leqslant \xi \\ d \mid P \\ \omega(d) \neq 0}} f(d) \Big(\sum_{\substack{d \mid n \mid P \\ n \leqslant \xi \\ \omega(n) \neq 0}} \lambda_n g(n) \Big)^2$$

令

$$S = \sum_{\substack{1 \leqslant n \leqslant \xi \\ n \mid P \\ \omega(n) \neq 0}} \frac{\mu^2(n)}{f(n)}$$

当 n 无平方因子及 $\omega(n) \neq 0$ 时，由引理 1 可知

$$g(n) = \prod_{p \mid n} g(p)$$

及

$$f(n) = \frac{1}{g(n)} \cdot \prod_{p \mid n} (1 - g(p))$$

故

$$\lambda_n g(n)=\frac{1}{S}\sum_{\substack{1\leqslant m\leqslant\frac{\xi}{n}\\(m,n)=1\\m|P\\\omega(m)\neq 0}}\frac{\mu(n)\mu^2(m)}{f(n)f(m)}=$$

$$\frac{1}{S}\sum_{\substack{1\leqslant m\leqslant\frac{\xi}{n}\\(m,n)=1\\m|P\\\omega(m)\neq 0}}\frac{\mu(mn)\mu(m)}{f(mn)}$$

$$\sum_{\substack{d|n|P\\n\leqslant\xi\\\omega(n)\neq 0}}\lambda_n g(n)=\frac{1}{S}\sum_{\substack{d|n|P\\n\leqslant\xi\\\omega(n)\neq 0}}\sum_{\substack{1\leqslant m\leqslant\frac{\xi}{n}\\(m,n)=1\\m|P\\\omega(m)\neq 0}}\frac{\mu(mn)\mu(m)}{f(mn)}=$$

$$\frac{1}{S}\sum_{\substack{1\leqslant r\leqslant\xi\\d|r|P\\\omega(r)\neq 0}}\frac{\mu(r)}{f(r)}\sum_{d|n|r}\mu\left(\frac{r}{n}\right)=\frac{\mu(d)}{Sf(d)}$$

即得

$$Q=\frac{1}{S} \tag{16}$$

当 $\omega(q)\neq 0$ 时，$\omega(q)=\frac{h_q(k!\ q)}{k!}\geqslant\frac{1}{k!}$. 故由引理 1 及引理 2 可知

$$R\leqslant 2\cdot(k!)^2\Big(\sum_{\substack{d\leqslant\xi\\\omega(d)\neq 0\\d|P}}|\lambda_d|\omega(d)\Big)^2\leqslant$$

$$2\cdot(k!)^2\left(\sum_{\substack{d\leqslant\xi\\\omega(d)\neq 0\\d|P}}\frac{|\mu(d)|\omega(d)}{\prod\limits_{p|d}\left(1-\frac{\omega(p)}{p}\right)}\right)^2\leqslant$$

$$2\cdot(k!)^2\Big(\sum_{\substack{d\leqslant\xi\\\omega(d)\neq 0\\d|P}}d\,|\mu(d)|\prod_{p|d}\frac{\omega(p)}{p-\omega(p)}\Big)^2\leqslant$$

$$2\cdot(k!)^2\xi^2\prod_{p\leqslant\xi}\left(1+\frac{\omega(p)}{p-\omega(p)}\right)^2=$$

$$2\cdot(k!)^2\xi^2\prod_{p\leqslant\xi}\left(1-\frac{\omega(p)}{p}\right)^{-2}=O(\xi^2\log^2\xi) \tag{17}$$

此处与“O”有关的常数仅与 $F(x)$ 有关.

由式(15)(16)(17)及引理3可知

$$P(x,\xi)\leqslant\frac{x}{\sum\limits_{\substack{1\leqslant n\leqslant\xi\\ \omega(n)\neq0}}\frac{\mu^2(n)}{f(n)}}+O(\xi^2\log^2\xi)=$$

$$\prod_p\frac{\left(1-\frac{\omega(p)}{p}\right)}{\left(1-\frac{1}{p}\right)}\cdot\frac{x}{\log\xi}+$$

$$o\left(\frac{x}{\log\xi}\right)+O(\xi^2\log^2\xi) \tag{18}$$

不妨假定 $F(n)$ 的首系数是正的,故当 N 适当大时,即当 $n>N^{\frac{2}{3}}$ 时,$F(n)>N^{\frac{1}{2}}$.设 Σ_1 表示当 $n=1,2,\cdots,N$ 时,使 $F(n)$ 为小于或等于 $N^{\frac{1}{2}}$ 的素数的 n 的个数,Σ_2 表示当 $n=1,2,\cdots,N$ 时,使 $F(n)$ 为大于 $N^{\frac{1}{2}}$ 的素数的 n 的个数,则

$$\Sigma_1\leqslant N^{\frac{2}{3}},\Sigma_2\leqslant P(N,N^{\frac{1}{2}})$$

但是

$$\pi(N;F(x))=\Sigma_1+\Sigma_2$$

故由式(13)(18)得

$$\pi(N;F(x))\leqslant P\left(N;\frac{N^{\frac{1}{2}}}{\log^2N}\right)+O(N^{\frac{2}{3}})\leqslant$$

$$2\mathrm{e}^{\gamma}\mu_F\frac{N}{\log N}+o\left(\frac{N}{\log N}\right)$$

定理证完.

定理 2(丘拉诺夫斯基(Чулановский))　设 0,

$u_1,\cdots,u_{m-1}$ 是两两互异的非负整数，若以 U_p 表示 0，$u_1,\cdots,u_{m-1}$ 属于 mod p 的不同的剩余类的个数，对所有的素数 p，均假定满足 $U_p<p$. 以 $Z_{u_1,\cdots,u_{m-1}}(N)$ 表示当 $x=1,2,\cdots,N$ 时，使 $x,x+u_1,\cdots,x+u_{m-1}$ 同时表示素数的 x 的个数，则

$$\overline{\lim_{N\to\infty}}\ Z_{u_1,\cdots,u_{m-1}}(N)\ \frac{\log^m N}{N}\leqslant$$

$$2^m\cdot m!\ \prod_p \frac{1-\dfrac{U_p}{p}}{\left(1-\dfrac{1}{p}\right)^m} \tag{19}$$

又取 $F(x)=(x^2+1)(x^2+3)$，则有下面的定理.

定理 3　当 $x=1,2,\cdots,N$ 时，记使 x^2+1 及 x^2+3 同时为素数的 x 的个数为 $Z((x^2+1)(x^2+3),N)$，则

$$Z((x^2+1)(x^2+3),N)\leqslant$$

$$24\prod_{p\geqslant 5}\left(1+\frac{2p-a_pp-1}{(p-1)^2}\right)$$

$$\frac{N}{\log^2 N}(1+o(1))$$

其中

$$a_p=\begin{cases}0,\text{当}-1,-3\text{ 均非二次剩余 mod }p\\2,\text{当}-1,-3\text{ 之中有一个是二次剩余 mod }p\\4,\text{当}-1,-3\text{ 都是二次剩余 mod }p\end{cases}$$

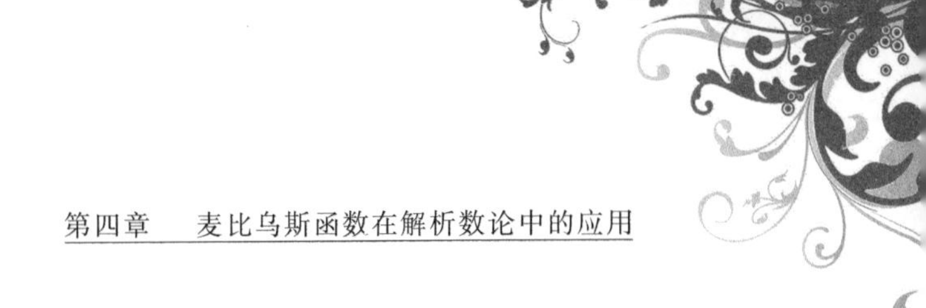

§16　谢盛刚得到的关于三生殆素数的分布的结果

16.1　主要结果的陈述

巴尔巴恩(Барбан)直接用塞尔伯格方法证明了，存在无穷多个正整数 n，使 $n, n+u_1, n+u_2$ 的素因子个数均不超过 12，此处 u_1, u_2 不组成 mod 3 的缩剩余系，而且$2\mid(u_1, u_2)$. 本节用王元在处理殆素数分布问题时提出的方法，把上述结果改进为：

定理1　若 $F(n)=(a_1n+b_1)(a_2n+b_2)(a_3n+b_3)$ 没有固定的因子，则对充分大的 x，必有多于 $\frac{\delta x}{\ln^3 x}$ 个正整数 $n(n\leqslant x)$，使每一个 $a_in+b_i(i=1,2,3)$ 的素因子个数不超过 6，而 $F(n)$ 的素因子个数不超过 15，这里 δ 是仅依赖于 $F(n)$ 的固定正数.

定理 1 的证明是初等的，如果运用公式

$$\sum_{k\leqslant x^{\delta}}\mu^2(k)\max_{(l,k)=1}\left|\pi(x;k,l)-\frac{\operatorname{li} x}{\varphi(k)}\right|=O\left(\frac{x}{\ln^5 x}\right)$$

则定理 1 的结果可以得到改善，并且由定理 1 可以直接得到序列$\{p(p+2)(p+6)(p+8)\}$中殆素数分布的结果.

16.2　塞尔伯格筛法

以后采用本节的记号时，不再加以说明. 给出一组适合 $a_{ij_1}\neq a_{ij_2}\pmod{p_i}(j_1\neq j_2)$ 的正整数

$$K,a;1\leqslant a_{i1},a_{i2},a_{i3}\leqslant p_i^2,i=1,2,\cdots,r \qquad (1)$$

此处 $q<p_1<p_2<\cdots<p_r\leqslant\xi$ 是大于 q 而不超过 ξ 的全体素数，$K=q_1q_2\cdots q_s$，$2=q_1<q_2<\cdots<q_s\leqslant q$ 是不超过 q 的全体素数，令 $P=p_1p_2\cdots p_r$.

用 $P_\omega(x,\xi)$ 表示满足

$$n\leqslant x,n\equiv a(\bmod K),n\not\equiv a_{ij}(\bmod p_i)$$
$$j=1,2,3;1\leqslant i\leqslant r$$

的整数 n 的个数.

用 $a_j(j=1,2,3)$ 表示同余式组

$$y\equiv a_{ij}(\bmod p_i),1\leqslant i\leqslant r$$

满足 $1\leqslant y\leqslant P$ 的解. 由孙子定理知道，这个解唯一存在，所以 $P_\omega(x,\xi)$ 也等于满足

$$n\leqslant x,n\equiv a(\bmod K)$$
$$(n-a_1)(n-a_2)(n-a_3)\not\equiv 0(\bmod p_i),1\leqslant i\leqslant r$$

的 n 的个数.

定理 2　若 $c>0$，则对任何数列(1)，下式

$$P_\omega(x,\xi)\leqslant\frac{x}{K\sum\limits_{\substack{m\leqslant\xi^c\\ m\mid P}}\frac{\mu^2(m)}{f(m)}}+O(\xi^{2c}\ln^{\prime 2}\xi) \qquad (2)$$

成立，这里当 $n\mid P$ 时，$f(n)=\sum\limits_{d\mid n}\frac{\mu(d)}{g\left(\frac{n}{d}\right)}$，$g(1)=1$. 如果 $n\mid P$，则 $g(n)=\prod\limits_{p\mid n}g(p)$. 当 $p>q$ 时，$g(p)=\frac{3}{p}$. 故若 $p>q$，则 $f(p)=\frac{p-3}{3}$.

证明从略.

16.3　$P_{\omega}(x,\xi)$ 上界的计算

定理 3

$$\sum_{\substack{n\leqslant z\\(n,K)=1}}\frac{\mu^2(n)}{f(n)}=\frac{\beta}{6}\ln^3 z+o(\ln^3 z)\qquad(3)$$

这里

$$\beta=\prod_{p\mid K}\left(1-\frac{1}{p}\right)^3\prod_{p\nmid K}\frac{\left(1-\frac{1}{p}\right)^3}{1-\frac{3}{p}}$$

证明　设 $s=\sigma+\mathrm{i}t$，则当 $\sigma>0$ 时

$$\sum_{\substack{n=1\\(n,K)=1}}^{\infty}\frac{\mu^2(n)}{f(n)n^s}=\prod_{p\nmid K}\left(1+\frac{3}{p^s(p-3)}\right)$$

于是，可知其绝对收敛．又

$$\sum_{\substack{n=1\\(n,K)=1}}^{\infty}\frac{\mu^2(n)}{f(n)n^s}=\prod_{p\mid K}\left(1-\frac{1}{p^{s+1}}\right)^3\prod_{p\nmid K}\frac{\left(1-\frac{1}{p^{1+s}}\right)^3}{1-\frac{3}{p^s(p-3)+3}}\cdot$$
$$\zeta^3(1+s)$$

容易证明，上式右端的无穷乘积在区域 $\sigma>-1$ 中代表 s 的解析函数，故若令 $s\to 0^+$，则有

$$\sum_{\substack{n=1\\(n,K)=1}}^{\infty}\frac{\mu^2(n)}{f(n)n^s}\sim\beta\zeta^3(1+s)\sim\frac{\beta}{s^3}$$

再由 Tauberian 定理立刻得到式(3)．

当 $l<c\leqslant l+1$ 时，有

$$\sum_{\substack{m\leqslant\xi^c\\m\mid P}}\frac{\mu^2(m)}{f(m)}=$$

$$\sum_{\substack{m\leqslant\xi^c\\(m,K)=1}}\frac{\mu^2(m)}{f(m)}-\sum_{\xi<p\leqslant\xi^c}\frac{1}{f(p)}\sum_{\substack{m\leqslant\frac{\xi^c}{p}\\(m,Kp)=1}}\frac{\mu^2(m)}{f(m)}+\cdots+$$

$$(-1)^l \sum_{\substack{\xi<p_1<\cdots<p_l \\ p_1\cdots p_l\leqslant\xi^c}} \frac{1}{f(p_1)\cdots f(p_l)} \sum_{\substack{m\leqslant\frac{\xi^c}{p_1\cdots p_l} \\ (m,Kp_1\cdots p_l)=1}} \frac{\mu^2(m)}{f(m)} \tag{4}$$

容易证明:如果 $1\leqslant u\leqslant l$,则

$$\sum_{\substack{\xi<p_1<\cdots<p_u \\ p_1\cdots p_u\leqslant\xi^c}} \frac{1}{f(p_1)\cdots f(p_u)} \sum_{\substack{m\leqslant\frac{\xi^c}{p_1\cdots p_u} \\ (m,Kp_1\cdots p_u)=1}} \frac{\mu^2(m)}{f(m)} =$$

$$\frac{3^u}{u!} \sum_{\substack{p_1,\cdots,p_u>\xi \\ p_1\cdots p_u\leqslant\xi^c}} \frac{1}{p_1\cdots p_u} \sum_{\substack{m\leqslant\frac{\xi^c}{p_1\cdots p_u} \\ (m,K)=1}} \frac{\mu^2(m)}{f(m)} + O\left(\frac{\ln^3\xi}{\xi}\right)$$

代入式(4),立刻得到

$$\sum_{\substack{m\leqslant\xi^c \\ m\mid P}} \frac{\mu^2(m)}{f(m)} = \sum_{\substack{m\leqslant\xi^c \\ (m,K)=1}} \frac{\mu^2(m)}{f(m)} - 3\sum_{\xi<p\leqslant\xi^c} \frac{1}{p} \sum_{\substack{m\leqslant\frac{\xi^c}{p} \\ (m,K)=1}} \frac{\mu^2(m)}{f(m)} + \cdots + \frac{(-3)^l}{l!} \sum_{\substack{p_1,\cdots,p_l>\xi \\ p_1\cdots p_l\leqslant\xi^c}} \frac{1}{p_1\cdots p_l} \sum_{\substack{m\leqslant\frac{\xi^c}{p_1\cdots p_l} \\ (m,K)=1}} \frac{\mu^2(m)}{f(m)} \tag{5}$$

由式(5)经过计算得到:

当 $1<c\leqslant 2$ 时,有

$$\sum_{\substack{m\leqslant\xi^c \\ m\mid P}} \frac{\mu^2(m)}{f(m)} = \frac{\beta}{6} T_1(c)\ln^3\xi + o(\ln^3\xi) \tag{6}$$

这里

$$T_1(c) = \frac{13}{2}c^3 - 9c^2 + \frac{9}{2}c - 1 - 3c^3\ln c \tag{6'}$$

当 $2<c\leqslant 3$ 时,有

$$\sum_{\substack{m\leqslant\xi^c\\m\mid P}}\frac{\mu^2(m)}{f(m)}\geqslant\frac{\beta}{6}[T_1(c)+T_2(c)]\ln^3\xi+o(\ln^3\xi)\tag{7}$$

这里

$$T_2(c)=\frac{3}{2}\int_1^{c-1}\frac{(c-x)^3-T_1(c-x)}{x}\mathrm{d}x\tag{7'}$$

当 $3<c\leqslant7$ 时，有

$$\sum_{\substack{m\leqslant\xi^c\\m\mid P}}\frac{\mu^2(m)}{f(m)}\geqslant\frac{\beta}{6}[T_1(c)+T_2(c)-T_3(c)]\ln^3\xi+o(\ln^3\xi)\tag{8}$$

这里

$$T_3(c)=3\int_2^{c-1}\frac{(c-x)^3-T_1(c-x)}{x}\ln(x-1)\mathrm{d}x\tag{8'}$$

设 $1<c\leqslant7$，取 $\xi=x^{\frac{1}{2}c}\ln^{-7}x$. 将式(5)(6)(7) 代入式(2) 得到

$$P_\omega(x,x^{\frac{1}{2}c})\leqslant P_\omega(x,\xi)\leqslant\frac{1}{K\beta}\cdot\frac{48c^3}{L(c)}\cdot\frac{x}{\ln^3x}+o\left(\frac{x}{\ln^3x}\right)$$

或写成

$$P_\omega(x,x^{\frac{1}{\alpha}})\leqslant\frac{\Lambda(\alpha)}{K\beta}\cdot\frac{x}{\ln^3x}+o\left(\frac{x}{\ln^3x}\right)\tag{9}$$

这里

$$\Lambda(\alpha)=\frac{6\alpha^3}{L\left(\frac{\alpha}{2}\right)}\tag{10}$$

$$L(c) \geqslant \begin{cases} T_1(c), 1 < c \leqslant 2 \\ T_1(c) + T_2(c), 2 < c \leqslant 3 \\ T_1(c) + T_2(c) - T_3(c), 3 < c \leqslant 7 \end{cases} \quad (11)$$

显然还可以假定 $\Lambda(d)$ 是 d 的增函数，$\Lambda(d)d^{-3}$ 是 d 的减函数.

详见《数学进展》第 8 卷，第 1 期，1965 年 2 月.

§17 麦比乌斯函数在关于算术级数的幂次和研究中的应用①

渭南师范学院数学系的周焕芹、李海龙两位教授在 2007 年研究了 ζ 函数关于模 q 剩余类部分和，不仅得出了一个重要的渐近公式，而且将 Kubert 恒等式推广到赫尔维茨(Hurwitz)ζ 函数、欧拉双 Γ 函数和伯努利(Bernoulli) 多项式上.

17.1 主要结果

我们使用标准记法，(a,q) 表示 a 与 q 的最大公约数. 符号 $\zeta(s,a)$ 表示赫尔维茨 ζ 函数，定义为

$$\zeta(s,a) = \sum_{a=0}^{+\infty} (n+a)^{-s}, \operatorname{Re} s = \sigma > 1$$

并且在所有平面上亚纯连续，当 $s=1$ 时，残数是 1，并且劳伦(Laurent) 常数为 $-\Psi(a)$，$\Psi(a) = \frac{\Gamma'}{\Gamma}(a)$ 是欧拉双 Γ 函数，$\gamma = -\Psi(1)$ 是欧拉常数. 符号 $B_r(x)$ 表示

① 摘编自《纯粹数学与应用数学》，2007 年，第 23 卷第 2 期.

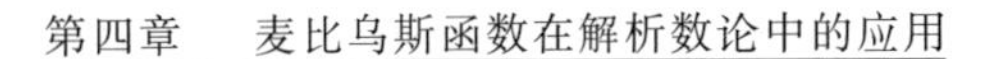

第 r 次伯努利多项式,$\overline{B}_r(x)$ 是相应的伯努利多项式 $B_r(x-[x])$,$[x]$ 是 x 的整数部分. $\mu(n)$ 是麦比乌斯函数,关于麦比乌斯反演公式是

$$f(u)=\sum_{d\mid n}g(d)\Leftrightarrow g(n)=\sum_{d\mid n}\mu(d)f\left(\frac{n}{d}\right)$$

$\varphi(n)$ 是由欧拉函数得出的关于 $\mathbf{Z}/n\mathbf{Z}$ 的基数. $\Lambda(n)$ 表示曼戈尔特(Mangoldt) 函数,$\sigma(n)$ 表示除数和函数.

定理　我们可以得出渐近公式

$$S_q(x)=\sum_{\substack{n\leqslant x\\(n,q)=1}}n^{-s}=$$

$$\begin{cases}\dfrac{1}{1-s}\dfrac{\varphi(q)x^{1-s}}{q}+q^{-s}\sum_{d\mid q}\mu(d)\sum_{a=1}^{\frac{q}{d}}\zeta\left(s,\dfrac{a}{\frac{q}{d}}\right),s\neq 1\\ \dfrac{\varphi(q)}{q}(\lg x-\lg q)-q^{-1}\sum_{d\mid q}\mu(d)\sum_{a=1}^{\frac{q}{d}}\Psi\left(\dfrac{a}{\frac{q}{d}}\right),s=1\end{cases}+$$

$$q^{-s}\sum_{r=1}^{l}\frac{(-1)^r}{r}\binom{-s}{r-1}\left(\frac{x}{q}\right)^{-s+1-r}\cdot$$

$$\sum_{d\mid q}\mu(d)\sum_{a=1}^{\frac{q}{d}}\overline{B}_r\left(\frac{\frac{x}{d}+a}{\frac{q}{d}}\right)+$$

$$O\left(q^{-\sigma}\left(\frac{x}{q}\right)^{-\sigma-l}\sigma(q)\right)$$

17.2　定理的证明

为了证明定理,首先,我们给出两个引理.

引理 1　令 $L_u(x,a)=\sum_{0\leqslant n\leqslant x}n+a^u$ 表示赫尔维茨函数 $\zeta(-u,a)$ 的部分和,然后得出渐近公式($l>\operatorname{Re}u+1$)

$$L_a(x,a)=\begin{cases}\dfrac{1}{u+1}(x+a)^{u+1}+\zeta(-u,a),u\neq 1\\ \lg(x+a)-\Psi(a),u=-1\end{cases}+$$

$$\sum_{r=1}^{l}\frac{(-1)^r}{r}\binom{u}{r-1}\overline{B}_r(x)(x+a)^{u+1-r}+$$

$$O(x^{\mathrm{Re}\,u-1})$$

引理 2

$$S_q(x)=\begin{cases}\dfrac{1}{1-s}\dfrac{\varphi(q)}{q}x^{1-s}+\zeta(s)\sum\limits_{d\mid q}\dfrac{\mu(d)}{d^s},s\neq 1\\ \dfrac{\varphi(q)}{q}(\lg x+\gamma)-\sum\limits_{d\mid q}\dfrac{\mu(d)}{d}\lg d,s=1\end{cases}+$$

$$\sum_{r=1}^{l}\frac{(-1)^r}{r}\binom{-s}{r-1}x^{-s+1-r}\cdot$$

$$\sum_{d\mid q}\frac{\mu(d)}{d^{1-r}}\overline{B}_r\left(\frac{x}{d}\right)+$$

$$O(x^{-\sigma-l}\sigma_l(q))$$

现在我们证明定理.

我们将 $S_q(x)$ 记为

$$S_q(x)=\sum_{\substack{a=1\\(a,q)=1}}^{q-1}\sum_{\substack{n\leqslant x\\ n\equiv a(\bmod q)}}n^{-s}\tag{1}$$

这里的内和是指

$$\sum_{a+mq\leqslant x}(a+mq)^{-s}=q^{-s}\sum_{m\leqslant\frac{x-a}{q}}\left(m+\frac{a}{q}\right)^{-s}=$$

$$q^{-s}L_{-s}\left(\frac{x-a}{q},\frac{a}{q}\right)$$

所以

$$S_q(x)=q^{-s}\sum_{\substack{a=1\\(a,q)=1}}^{q-1}L_{-s}\left(\frac{x-a}{q},\frac{a}{q}\right)\tag{2}$$

我们可以在式(2)中变换条件,插入 $\sum\limits_{d|(a,q)} u(d)$,有

$$S_q(x)=q^{-s}\sum_{a=1}^{q-1}\sum_{d|(a,q)}\mu(d)L_{-s}\left(\frac{x-a}{q},\frac{a}{q}\right)=$$

$$q^{-s}\sum_{d|(a,q)}\mu(d)\sum_{\substack{a=1\\ d|a}}^{q-1}L_{-s}\left(\frac{x-a}{q},\frac{a}{q}\right)=$$

$$q^{-s}\sum_{d|(a,q)}\mu(d)\sum_{a=1}^{\frac{q}{d}}L_{-s}\left(\frac{\frac{x}{d}-a}{\frac{q}{d}},\frac{a}{\frac{q}{d}}\right) \tag{3}$$

根据引理1,我们有

$$L_{-s}\left(\frac{x-a}{q},\frac{a}{q}\right)=$$

$$\begin{cases}\dfrac{1}{1-s}\left(\dfrac{x-a}{q}+\dfrac{a}{q}\right)^{1-s}+\zeta\left(s,\dfrac{a}{q}\right),s\neq 1\\ \lg\left(\dfrac{x-a}{q}+\dfrac{a}{q}\right)-\Psi\left(\dfrac{a}{q}\right),s=1\end{cases}+$$

$$\sum_{r=1}^{l}\frac{(-1)^r}{r}\binom{-s}{r-1}\overline{B}_r\left(\frac{x+q-a}{q}\right)\cdot$$

$$\left(\frac{x-a}{q}+\frac{a}{q}\right)^{-s+1-r}+O\left(\left(\frac{x}{q}\right)^{-\sigma-l}\right) \tag{4}$$

将式(4)代入式(3),得

$$S_q(x)=$$

$$\begin{cases}q^{-s}\sum\limits_{d|q}\mu(d)\sum\limits_{a=1}^{\frac{q}{d}}\left[\dfrac{1}{1-s}\left(\dfrac{x}{q}\right)^{1-s}+\zeta\left(s,\dfrac{a}{\frac{q}{d}}\right)\right],s\neq 1\\ q^{-1}\sum\limits_{d|q}\mu(d)\sum\limits_{a=1}^{\frac{q}{d}}\left[\lg\left(\dfrac{x}{q}\right)+\Psi\left(\dfrac{a}{\frac{q}{d}}\right)\right],s=1\end{cases}+$$

$$q^{-s}\sum_{r=1}^{l}\frac{(-1)^r}{r}\binom{-s}{r-1}\cdot$$

$$\sum_{d|q}\mu(d)\left(\frac{x}{q}\right)^{-s+1-r}\sum_{a=1}^{\frac{q}{d}}\overline{B}_r\left(\frac{a+\frac{x}{d}}{\frac{q}{d}}\right)+$$

$$O\left(q^{-\sigma}\sum_{d|q}\sum_{a=1}^{\frac{q}{d}}\left(\frac{x}{q}\right)^{-\sigma-l}\right)=$$

$$\begin{cases}\frac{1}{1-s}x^{1-s}q\sum_{d|q}\mu(d)\frac{q}{d}+q^{-s}\sum_{d|q}\mu(d)\sum_{a=1}^{\frac{q}{d}}\zeta\left(s,\frac{a}{q}\right),s\neq 1\\ q^{-1}\left(\lg\frac{x}{q}\right)\sum_{d|q}\mu(d)\frac{q}{d}-q^{-1}\sum_{d|q}\mu(d)\sum_{a=1}^{\frac{q}{d}}\Psi\left(\frac{a}{\frac{q}{d}}\right),s=1\end{cases}+$$

$$q^{-s}\sum_{r=1}^{l}\frac{(-1)^r}{r}\binom{-s}{r-1}\left(\frac{x}{q}\right)^{-s+1-r}\cdot$$

$$\sum_{d|q}\mu(d)\sum_{a=1}^{\frac{q}{d}}\overline{B}_r\left(\frac{a+\frac{x}{d}}{\frac{q}{d}}\right)+O\left(q^{-\sigma}\left(\frac{x}{q}\right)^{-\sigma-l}\sigma(q)\right)$$

代入等式

$$\sum_{d|q}\mu(d)\frac{q}{d}=\varphi(q)$$

于是我们完成了定理的证明. 比较定理与引理 2 相应的部分,我们有

$$\sum_{d|q}\mu(d)\sum_{a=1}^{\frac{q}{d}}\zeta\left(s,\frac{a}{\frac{q}{d}}\right)=\sum_{d|q}\mu(d)\zeta(s)\left(\frac{q}{d}\right)^{s}$$

$$\sum_{d|q}\mu(d)\left(\frac{1}{q}\lg\frac{q}{d}+\frac{1}{q}\sum_{a=1}^{\frac{q}{d}}J\left(\frac{a}{\frac{q}{d}}\right)\right)=-\sum_{d|q}\mu(d)\frac{V}{d}$$

$$\sum_{d|q}\mu(d)\sum_{a=1}^{\frac{q}{d}}\overline{B}_r\left(\frac{\frac{x}{d}+a}{\frac{q}{d}}\right)=\sum_{d|q}\mu(d)\left(\frac{q}{d}\right)^{1-r}\overline{B}_r\left(\frac{x}{d}\right)$$

由麦比乌斯反演公式,我们可以有以下推论.

推论　依据麦比乌斯反演公式,得出 Kubert 等式

$$\sum_{a=1}^{q}\zeta\left(s,\frac{a}{q}\right)=q^{s}\zeta(s)$$

$$\sum_{a=1}^{q}\Psi\left(\frac{a}{q}\right)+q\lg q=-\gamma q=\Psi(1)q$$

$$q^{r-1}\sum_{a=1}^{q}\overline{B}_{r}\left(\frac{x+a}{q}\right)=\overline{B}_{r}(x)$$

证明与以上的方法一致,我们可以省略.

§18　麦比乌斯变换与埃尔朗根纲领[①]

最简单的具有非交换乘积运算的事物也许就是矩阵元是实数的 2×2 矩阵.其中那些行列式为 1 的矩阵在矩阵乘法下形成一个封闭的集合(因为 $\det(\boldsymbol{AB})=\det\boldsymbol{A}\cdot\det\boldsymbol{B}$),单位矩阵属于这个集合,而且在集合中任意矩阵都有一个逆矩阵(因为 $\det\boldsymbol{A}\neq 0$).换言之,这些矩阵构成一个群,即 $SL_2(\mathbf{R})$ 群——分析中最重要的两个李群之一.另一个群是海森伯(Heisenberg)群.相对而言,经常用来构造小波的"$ax+b$"-群就是

① 本节译自:Notices of the AMS, 2007,54(11):1458-1465, Starting with the Group $SL_2(\mathbf{R})$,Vladimir V. Kisil, figure number 8. 在 http://arxiv.org/abs/math/0607387 有其最新版本.本译文据最新版本译出.原作者为 Vladimir V. Kisil. 美国数学会和作者授予译文出版许可.

$SL_2(\mathbf{R})$ 的子群,参见方程式(1) 中的分子.

实直线的最简单的非线性变换 —— 线性分式映射或者麦比乌斯映射 —— 也可以相关于 2×2 矩阵如下

$$\boldsymbol{g}: x \mapsto \boldsymbol{g}\cdot x = \frac{ax+b}{cx+d}, \text{其中 } \boldsymbol{g} = \begin{pmatrix} a & b \\ c & d \end{pmatrix}, x \in \mathbf{R} \tag{1}$$

通过简单的运算表明由不同的矩阵 $\boldsymbol{g}_1$ 和 $\boldsymbol{g}_2$ 给出的两个变换(1) 的复合仍然是一个麦比乌斯变换,其由乘积矩阵 $\boldsymbol{g}_1\boldsymbol{g}_2$ 给出. 换言之,方程式(1) 给出 $SL_2(\mathbf{R})$ 的一个(左) 作用.

根据克莱因(F. Klein) 的埃尔朗根(Erlangen) 纲领(深受 S. 李(S. Lie) 的影响),任何几何都是处理在某种群作用下不变的性质. 例如,我们可以问:什么样的几何学与 $SL_2(\mathbf{R})$ 作用(1) 相关?

埃尔朗根纲领可能是数学理论中 $\dfrac{\text{受赞美}}{\text{实际使用}}$ 比率最高的,不仅是因为大的分子,而且也由于不应该得到的小的分母. 正如我们将在下面看到的,应用克莱因的方法都能给出一些令人惊讶的结果,甚至对于像圆这样被过度研究的事物.

18.1 从 3 个方面尝试的猜测

很容易地看出 $SL_2(\mathbf{R})$ 作用(1) 作为复数 $z=x+\mathrm{i}y$ 的映射仍然有意义,其中 $\mathrm{i}^2=-1$. 而且,如果 $y>0$,则 $\boldsymbol{g}\cdot z$ 也有正的虚部,即方程式(1) 定义了一个从上半平面到其自身的映射.

然而,没有必要只限定研究复数的传统途径. 并不

为人熟知的对偶数和双重数也具有 $z=x+\mathrm{i}y$ 的形式，但是区别在于虚单位 i 的设定不同：它们分别对应于 $i^2=0$ 和 $i^2=1$. 虽然对偶数和双重数与复数的算术不同，例如，它们具有零因子，但是我们仍然能够在大多数情形下定义由方程式(1) 给出的变换.

$\sigma:=i^2$ 的 3 个可能的值 -1,0 和 1 在这里分别称为椭圆的、抛物的和双曲的情形. 我们重复遇到这样一种将各种数学事物分成这 3 类的分解，它们的命名来自历史上第一个例子 —— 圆锥曲线的分类 —— 但是这个概念不停地出现在很多不同的领域：方程、二次型、度量、流形、算子等. 我们简称这种分类为“EPH－分类”. 这种基本分解的共同起源可从图 4.4 看出：一条坐标直线由零点分割成正半轴和负半轴.

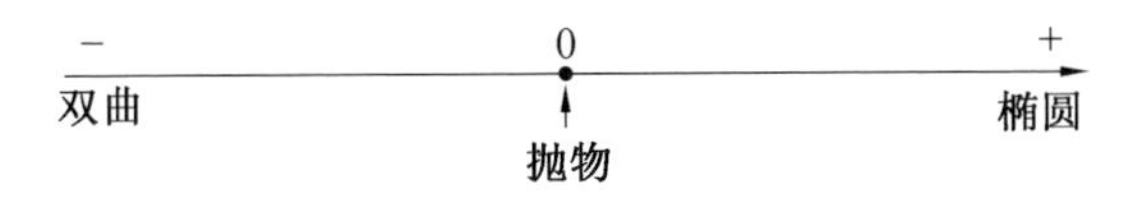

图 4.4

满足 EPH－分类的不同事物之间的联系不仅仅局限于这种共同的源头，它们还有许多结果深刻的联系，例如，二次型、度量和算子的椭(圆) 率. 另一方面，这些对象之间仍存在很多空白和模糊之处.

为了理解在所有 EPH 情形中的群作用(1)，我们采用岩泽健吉(Iwasawa) 分解，将 $SL_2(\mathbf{R})=ANK$ 分解为由 3 个 1 维子群 A,N,K 所给出的矩阵的乘积

$$\begin{pmatrix} a & b \\ c & d \end{pmatrix}=\begin{pmatrix} \alpha & 0 \\ 0 & \alpha^{-1} \end{pmatrix}\begin{pmatrix} 1 & \nu \\ 0 & 1 \end{pmatrix}\begin{pmatrix} \cos\phi & -\sin\phi \\ \sin\phi & \cos\phi \end{pmatrix} \quad (2)$$

子群 A 和 N 在方程式(1) 中的作用不依赖于 σ 的取值：A 是由 α^2 给出的膨胀变换，即 $z\mapsto\alpha^2 z$，而 N 是由 ν 给

出的左平移作用，即 $z \mapsto z + \nu$.

相反，由子群 K 给出的第 3 个矩阵的作用强烈地依赖于σ，参见图 4.5（K 子群的作用. 对应的 K－轨道是圆、抛物线和双曲线. 带箭头的线是某些参数值 ϕ 垂直轴的象）. 在椭圆的、抛物的和双曲的情形，对应的 K－轨道分别是圆、抛物线和（等轴）双曲线. 图 4.5 中

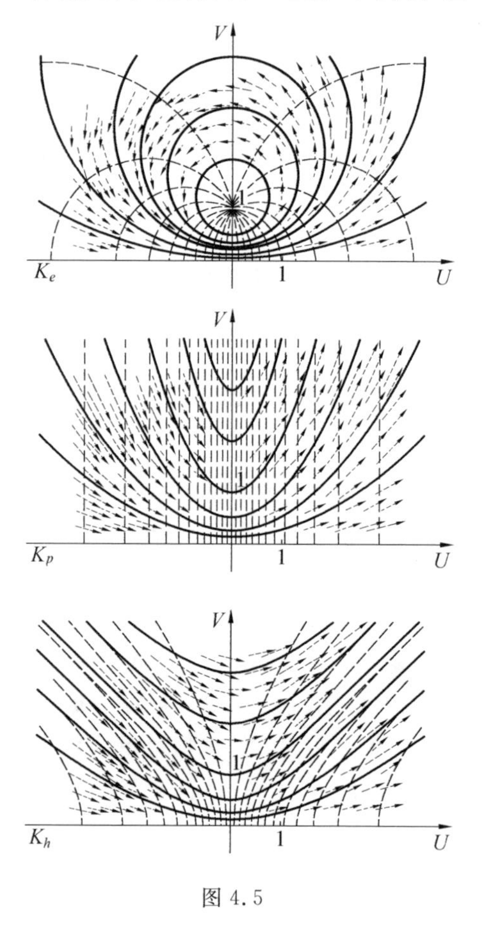

图 4.5

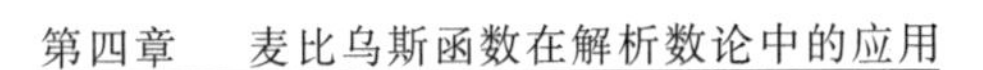

的细横截线连接轨道上的所有对应 ϕ 值相同的点，而箭头代表“局部速度”—— 导出表示的向量场.

定义 1　用通用名圈(cycle) 统称在不同 EPH 情形中对应的圆、抛物线和双曲线(以及作为它们极限的直线).

众所周知，任何圈都是一条圆锥截线，并且一个有意思的观察是对应的 $K-$ 轨道实际上就是同一双面右角圆锥的截线，参见图 4.6. 而且，每一条生成圆锥的直线在具有方程式(2) 中参数 ϕ 的相同值的点处穿过对应的 EPH $K-$ 轨道，参见图 4.6(b)(作为圆锥曲线的 $K-$ 轨道：圆是由平面 EE' 给出的截线，抛物线是由平面 PP' 给出的截线，双曲线是由平面 HH' 给出的截线. 圆锥的同一生成元上的点对应相同的 ϕ 值). 换言之，所有 3 种类型的轨道都是由这个生成元沿着圆锥的旋转生成的.

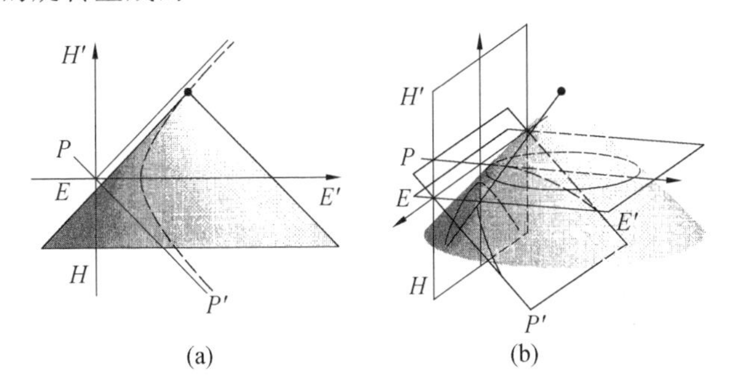

图 4.6

$K-$ 轨道在一种平凡的方式下是 $K-$ 不变的. 而且 A 和 N 的作用对于任意的 σ 都是特殊的“保形”变换，因此，我们找到麦比乌斯映射下自然的不变事物：

定理 1　定义 1 给出的圈在作用(1) 下不变.

证明　我们将证明对于任意给定的 $\boldsymbol{g} \in SL_2(\mathbf{R})$ 和一个圈 $\boldsymbol{C}$,它的象 $\boldsymbol{g}\boldsymbol{C}$ 仍然是一个圈. 图 4.7(任意的麦比乌斯变换 $\boldsymbol{g}$ 分解为乘积 $\boldsymbol{g} = \boldsymbol{g}_a\boldsymbol{g}_n\boldsymbol{g}_k\boldsymbol{g}'_a\boldsymbol{g}'_n$) 给出 $\boldsymbol{C}$ 作为一个圆的例证,但是我们的论证适用于所有的 EPH 情形.

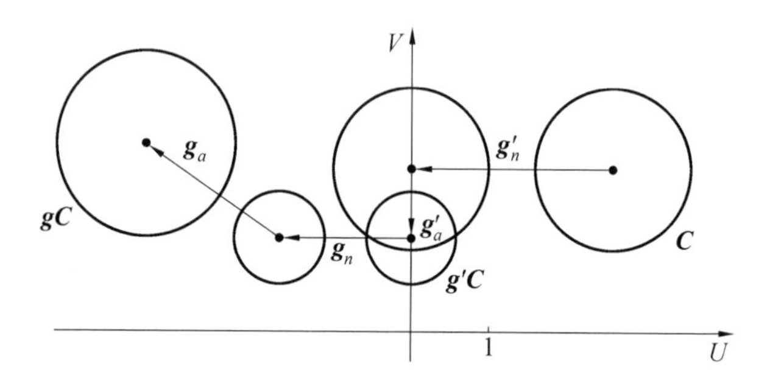

图 4.7

对于固定的 $\boldsymbol{C}$,总是存在唯一的变换对 $\boldsymbol{g}'_n, \boldsymbol{g}'_a$,其中 $\boldsymbol{g}'_n \in N, \boldsymbol{g}'_a \in A$,使得圈 $\boldsymbol{g}'_a\boldsymbol{g}'_n\boldsymbol{C}$ 恰好是一个 K - 轨道. 我们将 $\boldsymbol{g}(\boldsymbol{g}'_a\boldsymbol{g}'_n)^{-1}$ 分解成如方程式(2) 中的乘积

$$\boldsymbol{g}(\boldsymbol{g}'_a\boldsymbol{g}'_n)^{-1} = \boldsymbol{g}_a\boldsymbol{g}_n\boldsymbol{g}_k$$

因为 $\boldsymbol{g}'_a\boldsymbol{g}'_n\boldsymbol{C}$ 是一个 K - 轨道, 所以我们有 $\boldsymbol{g}_k(\boldsymbol{g}'_a\boldsymbol{g}'_n\boldsymbol{C}) = \boldsymbol{g}'_a\boldsymbol{g}'_n\boldsymbol{C}$. 于是

$$\boldsymbol{g}\boldsymbol{C} = \boldsymbol{g}(\boldsymbol{g}'_a\boldsymbol{g}'_n)^{-1}\boldsymbol{g}'_a\boldsymbol{g}'_n\boldsymbol{C} = \boldsymbol{g}_a\boldsymbol{g}_n\boldsymbol{g}_k\boldsymbol{g}'_a\boldsymbol{g}'_n\boldsymbol{C} = \boldsymbol{g}_a\boldsymbol{g}_n\boldsymbol{g}_k(\boldsymbol{g}'_a\boldsymbol{g}'_n\boldsymbol{C}) = \boldsymbol{g}_a\boldsymbol{g}_n\boldsymbol{g}'_a\boldsymbol{g}'_n\boldsymbol{C}$$

因为子群 A 和 N 显然保持任何圈的形状,所以我们完成了定理的证明.

根据埃尔朗根思想体系,我们现在应该讨论圈的不变性质.

18.2　FSCc 的不变性

图 4.6 建议我们可以通过考虑更高维数的空间来对每一种 EPH 情形的圈进行统一处理. 标准的数学方法是将被研究的事物(在我们研究的情形中的圈,在泛函分析中的函数等)简单地看成是某个更大空间中的点. 这个空间应该具备一个适当的结构,从而能够从外部容纳我们的对象的前面那些内部性质的信息.

一般的圈是点$(u,v)\in\mathbf{R}^2$的集合,对σ的所有值,它由下面的方程所定义

$$k(u^2-\sigma v^2)-2lu-2nv+m=0 \tag{3}$$

这个方程(和对应的圈)由射影平面P^3中的一个点(k,l,n,m)所定义,这是因为对于任意成比例因子$\lambda\neq 0$,点$(\lambda k,\lambda l,\lambda n,\lambda m)$定义同样的方程(3). 我们称$P^3$为圈空间,并且称原有的$\mathbf{R}^2$为点空间.

为了得到与麦比乌斯作用(1)的联系,我们将(k,l,n,m)安置于矩阵

$$\boldsymbol{C}_{\sigma}^{s}=\begin{pmatrix} l+\breve{\mathrm{i}}sn & -m \\ k & -l+\breve{\mathrm{i}}sn \end{pmatrix} \tag{4}$$

其中$\breve{\mathrm{i}}$是一个新的虚数单位,并且新增加的参数s通常等于±1. $\breve{\sigma}:=\breve{\mathrm{i}}^2$的取值为$-1$,0 或者 1,其独立于$\sigma$的取值. 矩阵(4)是(广义的)Fillmore-Springer-Cnops 构造(简称 FSCc)的基石,并且与最近被 A. A. Kirillov 用来研究阿波罗垫片的技巧密切相关.

FSCc 在埃尔朗根框架里的重要性由下面的结果给出.

定理 2　一个圈$\boldsymbol{C}_{\sigma}^{s}$在变换(1)下的象$\widetilde{\boldsymbol{C}}_{\sigma}^{s}$由矩阵

(4) 的相似型

$$\tilde{C}_{\sigma}^{s} = gC_{\sigma}^{s}g^{-1} \tag{5}$$

给出，其中 $g \in SL_2(\mathbf{R})$. 换言之，FSCc(4) 与麦比乌斯作用(1) 通过线性映射(5) 相交于圈上.

有几种方法来证明式(5)：或者由计算，或者通过圈的相关正交性.

这里重要的观察是 FSCc(4) 使用一个与 i 无关的虚数单位 $\check{i}$ 来定义平面上圈的形状. 换言之，在圈空间 P^3 中任何 EPH 类型的几何容许我们在点空间 $\mathbf{R}^2$ 中把圈画出来，如圆、抛物线或者双曲线. 我们可以把 P^3 中的点想象成理想的圈，而它们在 $\mathbf{R}^2$ 上的描绘只是在 Plato 山洞墙上的影子.

图 4.8(a)(由四重数定义的同一圈的不同的 EPH 式样) 显示根据不同 EPH 式样画出的同一圈. 点 $c_{e,p,h}\left(\frac{1}{k}, -\sigma\frac{n}{k}\right)$ 是它们相应的椭圆 - 中心、抛物 - 中心、双曲 - 中心. 它们通过几个等式相互关联

$$c_e = \bar{c}_h, c_p = \frac{1}{2}(c_e + c_h) \tag{6}$$

图 4.8(b)(具有相同焦距的两条抛物线的中心和焦点) 描述两个画成抛物线的圈，它们有相同的焦距 $\frac{n}{2k}$，因此，它们的椭圆 - 中心在同一水平线上. 换言之，同心的抛物线可以通过垂直移动得到，而不是类似于圆或者双曲线所用到的成比例变换.

图 4.8(b) 也描述了称为椭圆 - 焦点、抛物 - 焦点、双曲 - 焦点的点

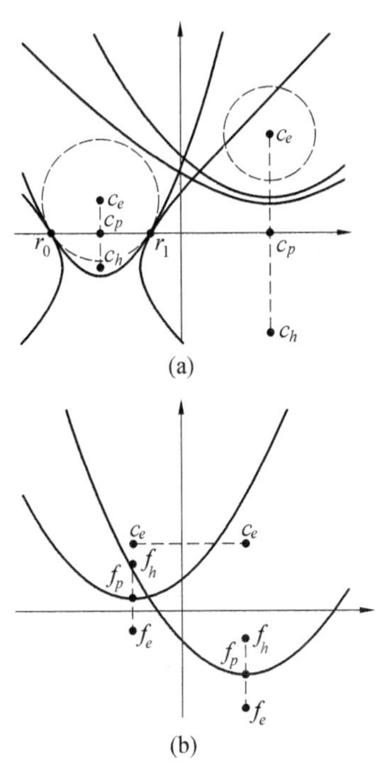

图 4.8

$$f_{e,p,h}\left(\frac{l}{k}, -\frac{\det \mathbf{C}_\sigma^s}{2nk}\right) \tag{7}$$

其与 s 的符号无关.如果一个圈被描绘成一条抛物线，于是双曲－焦点、抛物－焦点和椭圆－焦点分别对应抛物线的几何焦点、顶点和最靠近顶点的准线上的点.

正如我们将看到的,参见定理 3 和定理 4,所有的 3 个中心和 3 个焦点是圈的有用特征,甚至在它被画成一个圆的时候.

18.3 不变量:代数的和几何的

我们用已知的矩阵的代数不变量来建立圈的适当的几何不变量. 这又一次表明,将数学分成不同分支只是错觉.

对于 2×2 矩阵(和由此得到的圈),本质上在相似变换(5)(因此也是在麦比乌斯作用(1))下只有两个不同的不变量:迹和行列式. 后者已经在方程式(7) 中用来定义一个圈的焦点. 但是根据圈空间 P^3 的射影本质,迹或者行列式的绝对值是不相关的,除非它们都是零.

或者,我们可以对四重数 (k,l,n,m) 的正规化有一个特殊的安排. 例如,如果 $k\neq 0$,我们可以将上述四重数正规化成 $\left(1,\frac{l}{k},\frac{n}{k},\frac{m}{k}\right)$,并突出圈的中心. 而且在这种情形,$\det \boldsymbol{C}_{\sigma}^{s}$ 等于圈半径的平方.

甚至对于非正规化的圈我们仍然可以得到重要特征,例如,由条件 $\det \boldsymbol{C}_{\sigma}^{s}=0$ 定义的圈的(对于不同的 $\breve{\sigma}$)不变类. 这样一个类由两个实数参数化且由此很容易依附于 $\mathbf{R}^2$ 中的某个点. 例如,椭圆地画出满足 $\det \boldsymbol{C}_{\sigma}^{s}=0$ 和 $\breve{\sigma}=-1$ 的圈 $\boldsymbol{C}_{\sigma}^{s}$,圈 $\boldsymbol{C}_{\sigma}^{s}$ 代表一个点 $\left(\frac{l}{k},\frac{n}{k}\right)$,即一个(椭圆) 零半径的圆. 在同样的条件和 $\breve{\sigma}=1$ 下,对于双曲情形进行操作,画出一个原点在点 $\left(\frac{l}{k},\frac{n}{k}\right)$ 的零圆锥

$$\left(u-\frac{l}{k}\right)^2-\left(v-\frac{n}{k}\right)^2=0$$

即一个在双曲度量中的零半径的圈.

一般地，每个概念有 9 种可能性：圈空间的 3 种EPH 情形乘以点空间的 3 种 EPH 实现. 图 4.9(相同$\breve{\sigma}$—零半径圈的不同的 i—式样和对应的焦点) 描绘了“零半径”圈的 9 种情形. 例如，任何式样的抛物—零半径圈都切触实(数) 轴.

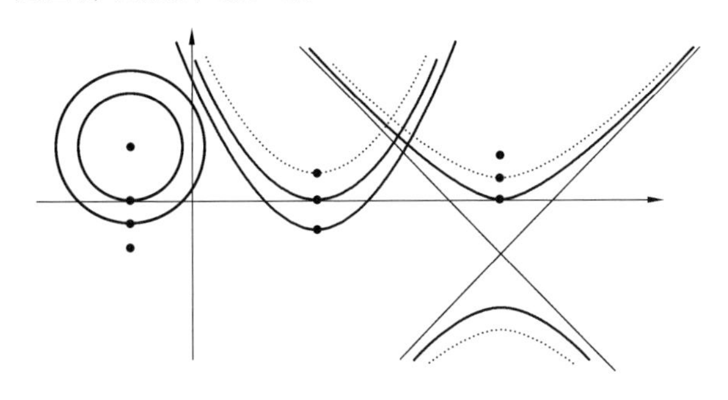

图 4.9

这种“切触”性质是上半平面几何中边界效应的一个明显的证据. 著名的关于听出一个鼓的形状的问题有一个“姊妹”问题：我们可以从一个区域的内部看到或者感觉到它的边界吗?

下面描述的两个正交性关系都是关于“边界可知”的. 由于 $SL_2(\mathbf{R})$ 在上半平面的作用是通过它在边界上作用(1) 的扩展而得到的，所以这终究不会令人惊讶.

根据范畴的观点，事物的内部的性质相比较它们与同一类的其他事物的联系而言是次要的. 作为一个例证，我们可以把定理 2 的大致证明放在后面. 因此从现在开始我们将寻找两个或者更多圈之间的不变关系.

18.4 共同不变量:正交性

最令人期待的圈之间的关系是基于下面的麦比乌斯不变"内积",其由作为矩阵的两个圈乘积的迹给出

$$\langle \boldsymbol{C}_{\breve{\sigma}}^{s}, \tilde{\boldsymbol{C}}_{\breve{\sigma}}^{s} \rangle = \operatorname{tr}(\boldsymbol{C}_{\breve{\sigma}}^{s} \tilde{\boldsymbol{C}}_{\breve{\sigma}}^{s}) \tag{8}$$

顺便说一下,这种类型的内积被用来,例如,在 GNS 构造中用 $\boldsymbol{C}^{*}$ — 代数给出一个希尔伯特(Hilbert)空间.下一个标准的步骤由下面的定义给出.

定义 2　两个圈被称为 $\breve{\sigma}$ — 正交,如果 $\langle \boldsymbol{C}_{\breve{\sigma}}^{s}, \tilde{\boldsymbol{C}}_{\breve{\sigma}}^{s} \rangle = 0$.

对于 $\breve{\sigma}\sigma = 1$ 的情形,即当圈空间和点空间的几何或者都是椭圆的或者都是双曲的时候,这种正交性是标准的,其由两个圈交点的切线之间的夹角所给出.但是,在余下的 7 种情形中,看起来单纯的定义 2 却带来出乎意料的关系.

图 4.10(椭圆点空间中的第一类正交性.每一张图表示两组(短虚线和细线的)圈,它们正交于粗线圈 $\boldsymbol{C}_{\breve{\sigma}}^{s}$.点 b 属于 $\boldsymbol{C}_{\breve{\sigma}}^{s}$,并且过点 b 的细线圈族与 $\boldsymbol{C}_{\breve{\sigma}}^{s}$ 正交.它们也全部相交于点 d,其为点 b 在 $\boldsymbol{C}_{\breve{\sigma}}^{s}$ 中的逆.任何正交性可以通过一个新的("鬼")圈(由长虚线表示出)约化到通常正交性,其可以与 $\boldsymbol{C}_{\breve{\sigma}}^{s}$ 重合,也可以不与 $\boldsymbol{C}_{\breve{\sigma}}^{s}$ 重合.对于在"鬼"圈上的任何点 a,正交性可以约化为在交点的切线给出的局部概念.由此可知这样的点 a 总是它自己的逆)描述了定义 2 的椭圆(在点空间里)实现,即 $\sigma = -1$.图 4.10(a) 对应于椭圆圈空间,即 $\breve{\sigma} = -1$.在粗线圆与任何从细线或者短虚线圆族中的圆之间的正交性由通常的欧几里得(Euclid)意义给出.图 4.10(b)(圈空间中的抛物情形)和图 4.10(c)(圈空

间中的双曲情形）描述了正交性的非局部本质. 在抛物和双曲点空间里也有类似的图.

如果我们将图 4.10 中的粗线圆关联于对应的由长虚线给出的“鬼”圈,则这种正交性仍然可以由传统意义表达出来. 为了描述“鬼”圈,我们需要赫维赛德(Heaviside) 函数 $\chi(\sigma)$,即

$$\chi(\sigma)=\begin{cases}1,\sigma\geqslant 0\\-1,\sigma<0\end{cases}\tag{9}$$

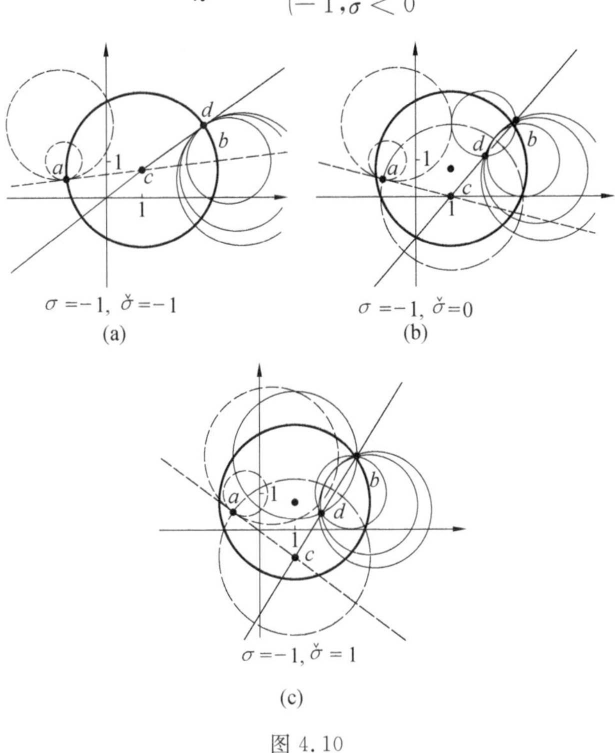

图 4.10

定理 3　一个圈 $\check{\sigma}$ 一正交于圈 $\boldsymbol{C}_{\sigma}^{s}$,如果它在通常意义下正交于“鬼”圈 $\hat{\boldsymbol{C}}_{\sigma}^{s}$ 的 σ 一实现,其由下面两个条件

定义：

(1)$\hat{\boldsymbol{C}}_\sigma^s$ 的 $\chi(\sigma)$ − 中心与 $\boldsymbol{C}_\sigma^s$ 的 $\breve{\sigma}$ − 中心重合；

(2) 圈 $\hat{\boldsymbol{C}}_\sigma^s$ 和 $\boldsymbol{C}_\sigma^s$ 有相同的根，并且 $\det \hat{\boldsymbol{C}}_\sigma^1 = \det \boldsymbol{C}_\sigma^{\chi(\breve{\sigma})}$.

圈的不同中心之间的上述联系说明它们在我们研究中的意义.

很容易地验证前面定义的零半径圈的下述正交性：

(1) 因为$\langle \boldsymbol{C}_\sigma^s, \boldsymbol{C}_\sigma^s \rangle = \det \boldsymbol{C}_\sigma^s$,零半径圈是自正交的；

(2) 圈 $\boldsymbol{C}_\sigma^s$ 正交于 σ 的一个零半径圈 $\boldsymbol{Z}_\sigma^s$,当且仅当 $\boldsymbol{C}_\sigma^s$ 通过 $\boldsymbol{Z}_\sigma^s$ 的 σ − 中心.

定理 2 的大致证明 易证定理 2 对于一个中心在 $z = x + \mathrm{i}y$ 的零半径圈

$$\boldsymbol{Z}_\sigma^s = \begin{pmatrix} z & -z\bar{z} \\ 1 & -\bar{z} \end{pmatrix} = \frac{1}{2}\begin{pmatrix} z & z \\ 1 & 1 \end{pmatrix}\begin{pmatrix} 1 & -\bar{z} \\ 1 & -\bar{z} \end{pmatrix}$$

成立. 利用乘积(8)(和由此得到的正交性) 的麦比乌斯不变性与上述正交性和关联性之间的关系(2) 可以推出结论对一般的圈成立.

18.5 高阶共同不变量:s − 正交性

我们希望建立更多的共同不变量. 对于任何齐次多元(非交换变量) 多项式 $p(x_1, x_2, \cdots, x_n)$,可以由条件

$$\operatorname{tr} p({}^1\boldsymbol{C}_\sigma^s, {}^2\boldsymbol{C}_\sigma^s, \cdots, {}^n\boldsymbol{C}_\sigma^s) = 0$$

定义一个由 n 个圈${}^j\boldsymbol{C}_\sigma^s$ 共同给出的不变量. 但更好是让那些已给出的概念保留一些几何意义.

一个有趣的观察是在圈的矩阵相似(5) 中,可以把元素 $\boldsymbol{g} \in SL_2(\mathbf{R})$ 换成对应另外一个圈的任意矩阵.

更准确地说，乘积 $C_{\sigma}^{s}\tilde{C}_{\sigma}^{s}C_{\sigma}^{s}$ 是具有形式(4)的矩阵，并且由此可能相关于一个圈. 这个圈可以被考虑成 $\tilde{C}_{\sigma}^{s}$ 在 C_{σ}^{s} 中的反射.

定义 3　一个圈 C_{σ}^{s} 称为 s — 正交于一个圈 $\tilde{C}_{\sigma}^{s}$，如果 $\tilde{C}_{\sigma}^{s}$ 在 C_{σ}^{s} 中的反射(在定义 2 的意义下)正交于实直线. 这由下式定义

$$\mathrm{tr}(C_{\sigma}^{s}\tilde{C}_{\sigma}^{s}C_{\sigma}^{s}R_{\sigma}^{s})=0 \tag{10}$$

由于在上面定义中所有分量的不变性，s — 正交性是一个麦比乌斯不变条件. 显然，这不是一个对称关系：如果 C_{σ}^{s} 是 s — 正交于 $\tilde{C}_{\sigma}^{s}$，则 $\tilde{C}_{\sigma}^{s}$ 未必 s — 正交于 C_{σ}^{s}.

图 4.11(圈的第二类正交性，为了更突出其与通常正交性的相似和区别，我们采用与图 4.10 中相同的记号)描述了椭圆点空间中的 s — 正交性. 对比图 4.10，对于所有的 $\breve{\sigma}$，它们在圈的交点不是一个局部概念. 但是它们又可以由适当的 s —"鬼"圈清楚地表达出来，参见定理 3.

定理 4　一个圈 s — 正交于圈 C_{σ}^{s}，如果它在传统意义下正交于"鬼"圈 $\tilde{C}_{\sigma}^{\breve{\sigma}}=C_{\sigma}^{\chi(\sigma)}R_{\sigma}^{\breve{\sigma}}C_{\sigma}^{\chi(\sigma)}$，它是 $C_{\sigma}^{\chi(\sigma)}$ 中的实直线的反射，并且 χ 是赫维赛德函数(9). 进一步可有：

(1) $\tilde{C}_{\sigma}^{\breve{\sigma}}$ 的 $\chi(\sigma)$ — 中心与 C_{σ}^{s} 的 $\breve{\sigma}$ — 焦点重合，由此可得所有与 C_{σ}^{s} s — 正交的直线都通过各自的焦点.

(2) 圈 C_{σ}^{s} 和 $\tilde{C}_{\sigma}^{\breve{\sigma}}$ 有相同的根.

注意上述圈的中心和焦点之间的令人困惑的相互影响. 虽然 s — 正交性看起来异乎寻常，但是它将重新自然地出现在后文中.

当然，定义其他有意义的两个或者甚至更多圈的

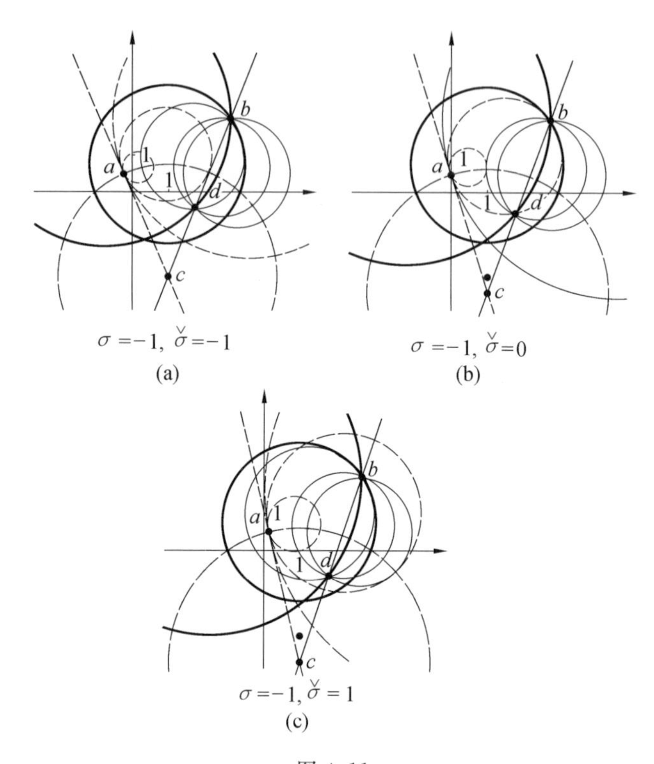

图 4.11

高阶共同不变量是可能的.

18.6 距离、长度和垂直性

几何这个词语朴素的意思就是处理距离和长度. 我们能从圈中得到它们吗?

我们已经提及,对于由条件 $k=1$ 正规化给出的圆,值 $\det \boldsymbol{C}_{\sigma}^{s}=\langle \boldsymbol{C}_{\sigma}^{s},\boldsymbol{C}_{\sigma}^{s}\rangle$ 得到传统的圆的半径的平方. 于是我们可以保留它作为任何圈的半径的定义. 但是我们因此需要承认在抛物的情形,半径是抛物线的(实)根之间的(欧几里得)距离,参见图 4.12(a)(抛物

直径的平方是根之间的距离的平方，如果它们是实的（z_1 和 z_2），否则是伴随根（z_3 和 z_4）之间的距离的负平方）.

有了已经定义好的圆的半径，我们可以用它们以几种不同的方式考虑其他度量. 例如也许可以用到下面变分的定义.

定义 4　两个点之间的距离是所有通过这两个点的圈的直径的极值，参见图 4.12(b).

如果 $\breve{\sigma}=\sigma$，则该定义给出下述在所有 EPH 情形中的表达式（参见图4.12(b)，距离作为在椭圆的情形（z_1 和 z_2）和抛物的情形（z_3 和 z_4）中直径的极值）

$$d_{e,p,h}(u,v)^2=(u+\mathrm{i}v)(u-\mathrm{i}v)=u^2-\sigma v^2 \quad (11)$$

抛物距离 $d_p^2=u^2$ 根据一般准则（图 4.4）代数化地处于 d_e 和 d_h 之间并且被广为承认. 但是有人也许不太满意它的退化性.

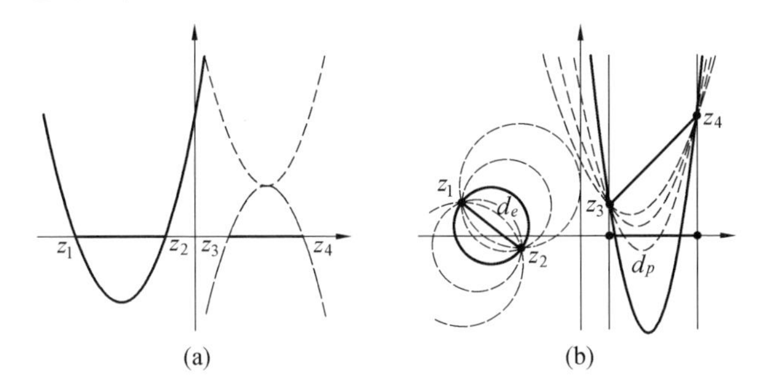

图 4.12

另外一个可供选择的度量是受圆是与它的中心等距的点的集合这个事实所启发. 但是现在“中心”的选择是丰富的：它可以是 3 个中心(6) 或者是 3 个焦点(7) 中的任何一个点.

定义 5　一条有向线段$\overrightarrow{AB}$的长度是过点B的中心(记作$l_c(\overrightarrow{AB})$)或者焦点(记作$l_f(\overrightarrow{AB})$)在点A的圈的半径.

这个定义不太寻常，并且有一些不平常的性质，例如，非对称性：$l_f(\overrightarrow{AB})\neq l_f(\overrightarrow{BA})$. 但是，因为它具有$SL_2(\mathbf{R})$－共形不变性，它很适合于埃尔朗根纲领，即定理5.

定理 5　令l表示EPH距离(11)或者定义5中的任何长度. 于是对于固定的$\mathbf{y},\mathbf{y}'\in\mathbf{R}^\sigma$，极限

$$\lim_{t\to 0}\frac{l(\boldsymbol{g}\cdot\mathbf{y},\boldsymbol{g}\cdot(\mathbf{y}+t\mathbf{y}'))}{l(\mathbf{y},\mathbf{y}+t\mathbf{y}')}\text{，其中 }\boldsymbol{g}\in SL_2(\mathbf{R})$$

存在，并且它的值只依赖于$\mathbf{y}$和$\boldsymbol{g}$，并且独立于$\mathbf{y}'$.

我们可以从距离回到角度，回顾在欧几里得空间里，垂线给出一个点到一条直线的最短长度，参见图4.13(垂线作为到一条直线的最短路径).

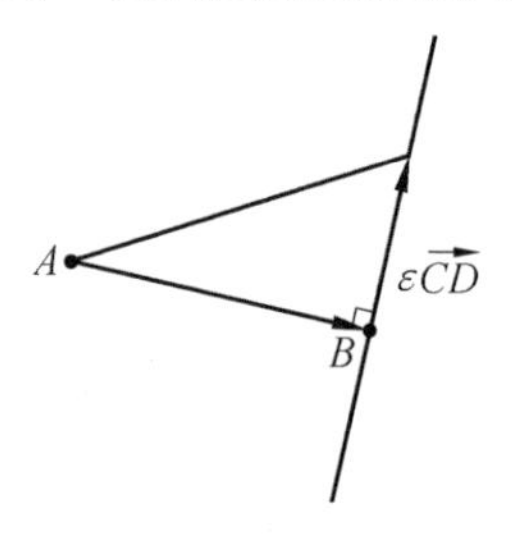

图 4.13

定义 6　令l表示长度或者距离. 我们说向量$\overrightarrow{AB}$是l－垂直于向量$\overrightarrow{CD}$的，如果ε的函数$l(\overrightarrow{AB}+\varepsilon\overrightarrow{CD})$在$\varepsilon=0$处有一个局部极值.

令人惊喜的是通过由焦点给出的长度(定义5)得到的l_f－垂直性与s－正交性重合，这可以由定理4的(1)给出，也可以使$SL_2(\mathbf{R})$对所有3种情形为等距作

用.

所有这些概念都可以推广到高维，并且 Clifford 代数对此提供了合适的语言.

18.7 一般的埃尔朗根纲领

正如我们提到过的，数学分成不同的领域只是表面现象. 因此将埃尔朗根纲领只局限于“几何学”是不自然的. 我们可以在其他相关领域继续寻找 $SL_2(\mathbf{R})$ 不变事物. 例如，变换(1)生成某些 L_2 空间上的酉表示

$$\mathbf{g}^{-1}: f(x) \mapsto \frac{1}{(cx+d)^m} f\left(\frac{ax+b}{cx+d}\right) \tag{12}$$

对于 $m=1,2,\cdots$，L_2 的不变子空间是哈代空间，并且是(带权的)复解析函数的伯格曼(Bergman)空间. 所有复分析的主要内容(柯西积分和伯格曼积分，柯西－黎曼方程和拉普拉斯(Laplace)方程，泰勒(Taylor)级数等)可以由 $SL_2(\mathbf{R})$ 的离散系列表示的不变量给出. 进一步，另外两个系列(主系列和补系列)对于双曲和抛物情形起类似的作用.

进一步，我们观察到变换(1)也可以对任何有单位1的代数 $\mathfrak{A}$ 里的元素 x 定义，其中 x 满足 $(cx+d1)\in\mathfrak{A}$ 有一个逆. 如果 $\mathfrak{A}$ 被赋予一个拓扑，例如，$\mathfrak{A}$ 是一个巴拿赫(Banach)代数，则我们可以以这种方式研究对元素 x 的泛函微积分. 它被定义为在一个解析函数空间的表示(12)和在一个左 $\mathfrak{A}$－模的类似表示之间的交结算子.

在埃尔朗根纲领的精神下，这样的一个泛函微积分仍然是一个几何，因为它处理一个群作用下不变的性质. 但是甚至对于一个最简单的非正规算子，例如长

度为 k 的约当块，得到的空间不像点的空间，更像 $K-$射流空间. 这种非点的行为经常归因于非交换几何学，并且埃尔朗根纲领对这个流行的课题有着重要的影响.

当然，也没有理由将埃尔朗根纲领只局限于 $SL_2(\mathbf{R})$，在不同的情况下其他群也许更合适.

短区间中的达文波特定理[①]

第五章

§1 结果的陈述

达文波特曾证明了下面关于麦比乌斯函数的定理：

定理 1(达文波特) 设 $\mathbf{R}$ 表示实数集合，任给 $A>0$，有

$$\sum_{n\leqslant x}\mu(n)e(n\alpha)\ll x(\log x)^{-A} \quad (1)$$

对 $\alpha\in\mathbf{R}$ 一致成立，这里 $e(u)=\mathrm{e}^{2\pi iu}$，"$\ll$" 常数仅与 A 有关.

利用 Vaughan 恒等式，展涛证明了式(1) 在算术级数中仍然成立. 然而，关于短区间中式(1) 中和式的估计至今没有已知的结果. 本章的目的

① 本章是展涛发表在《纪念闵嗣鹤教授学术报告会论文选集》(山东大学出版社，1990) 中的一篇文章.

就是要给出这方面的一个结果,即下面的定理.

定理 2 任给 $A>0,\varepsilon>0$,有

$$\sum_{x<n\leqslant x+y}\mu(n)e(n\alpha)\ll y(\log x)^{-A}\tag{2}$$

对于 $\alpha\in\mathbf{R}$ 及 $y\geqslant x^{\frac{2}{3}+\varepsilon}$ 一致成立,这里"$\ll$"常数仅与 A,ε 有关.

本章中我们将运用以下的记号:$L=\log x,\varepsilon'>0$ 是一充分小的常数,每次出现取值可以不同. 函数 $\rho(q)$ 由下式定义

$$\rho(q)=\prod_{p\mid q}(1+\frac{1}{\sqrt{p}})$$

我们以 p 表示素数,"$\sum\limits_{\chi_l}{}^{*}$"表示对 l 的原特征求和,且约定对 $l=1,\chi_l^{*}(n)\equiv 1$.

定理 2 的证明基于 Heath-Brown 恒等式,以及展涛关于迪利克雷 L—函数短区间中平方均值估计的结果和 Ramachandra 的围道方法. 我们从迪利克雷引理出发,即任给 $\tau>0,\alpha\in\mathbf{R}$,存在一对整数 $a,q,(a,q)=1,1\leqslant q\leqslant\tau$,使得

$$|\alpha-\frac{a}{q}|\leqslant\frac{1}{q\tau}\tag{3}$$

(在证明中将取 $\tau=x^{\frac{1}{3}}$) 后文中引理 7 表明,为证明定理 2 只需估计和式

$$\sum_{\chi_l}{}^{*}\Big|\sum_{\substack{\frac{x}{d}<m\leqslant\frac{x+y}{d}\\(m,q)=1}}\mu(m)\chi(m)e(m\lambda d)\Big|\tag{4}$$

其中,$l\geqslant 1,ld\mid q$,且 $\lambda=\alpha-\frac{a}{q}(|\lambda|\leqslant\frac{1}{q\tau})$.

对于"较大"的 $q(q\geqslant L^{c})$ 及 $l>1$,我们将 Heath-Brown 恒等式及短区间中的 L—函数平方均值

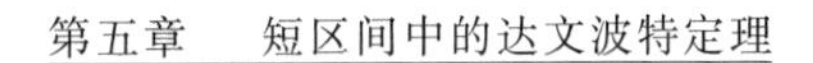

估计应用于式(4),于是证明了以下结果.

定理 3　设 $\tau=x^{\frac{1}{3}}$, $1\leqslant q\leqslant\tau$, $|\lambda|\leqslant\frac{1}{q\tau}$ 且 $y=x^{\frac{2}{3}+2}$ ($\varepsilon>0$ 且充分小),则对任意的 $A>0$, $ld\mid q$ 和 $l>1$,有

$$\sum_{\chi_l}{}^{*}\left|\sum_{\substack{\frac{x}{d}<m\leqslant\frac{x+y}{d}\\(m,q)=1}}\mu(m)\chi(m)e(m\lambda d)\right|\ll d^{-\frac{1}{2}}l^{\frac{1}{2}-\frac{\varepsilon}{2}}yL^{c_1}$$

这里 $c_1>0$ 是一绝对正常数,"≪"常数仅与 A,ε 有关.

对于"较小"的 $q(q\leqslant L^{c})$,或者"较大"的 q 且 $l=1$,我们应用 Ramachandra 的围道方法及 L－函数零点密度估计,证明了下面的定理.

定理 4　设 $\tau=x^{\frac{1}{3}}$, $1\leqslant q\leqslant\tau$, $|\lambda|\leqslant\frac{1}{q\tau}$ 且 $y=x^{\frac{2}{3}+\varepsilon}$ ($\varepsilon>0$ 且充分小),若 $q\leqslant L^{c_2}$ ($c_2>0$ 为任给的常数)或 $q\geqslant L^{c_2}$,且 $l=1$,则对 $ld\mid q$ 及 $A>0$,有

$$\sum_{\chi_l}{}^{*}\left|\sum_{\substack{\frac{x}{d}<m\leqslant\frac{x+y}{d}\\(m,q)=1}}\mu(m)\chi(m)e(m\lambda d)\right|\ll d^{-\frac{1}{2}}\rho(q)yL^{-A}$$

这里"≪"常数仅与 A,ε 有关.

显然由定理 3、定理 4 及引理 7 知,定理 2 对 $y=x^{\frac{2}{3}+\varepsilon}$ 成立,这里 ε 是一充分小的正数.而对 $y>x^{\frac{2}{3}+\varepsilon}$,我们可取一自然数 k,使 $y=kn^{\frac{2}{3}+\varepsilon_1}$ ($\frac{\varepsilon}{2}\leqslant\varepsilon_1\leqslant\varepsilon$),因而有

$$\sum_{x<n\leqslant x+y}\mu(n)e(n\alpha)=$$
$$\sum_{0\leqslant k\leqslant k-1}\ \sum_{x+kx^{\frac{2}{3}+\varepsilon_1}<n\leqslant x+(k+1)x^{\frac{2}{3}+\varepsilon_1}}\mu(n)e(n\alpha)\ll$$
$$y(\log x)^{-A}$$

这样就证明了定理 2.

§2 若干引理

我们将证明中需用到的一些结果列为以下引理.

引理 1 设 $F(u)$,$G(u)$ 为 (a,b) 中的实函数,$|G(u)|\leqslant M$,且$\dfrac{G(u)}{F'(u)}$单调.

(1) 若 $|F'(u)|\geqslant m>0$,有

$$\int_a^b G(u)\mathrm{e}^{\mathrm{i}F(u)}\mathrm{d}u\ll\frac{M}{m}$$

(2) 若 $|F''(u)|\geqslant r>0$,有

$$\int_a^b G(u)\mathrm{e}^{\mathrm{i}F(u)}\mathrm{d}u\ll\frac{M}{\sqrt{r}}$$

引理 2 令

$$H(s,\chi)=\sum_{n=M+1}^{M+N}a_n\chi(n)n^{-s},\chi=\chi_{\bmod l},s=\sigma+\mathrm{i}t$$

对 $T\geqslant 1$ 及任意实数 U,我们有

$$\int_U^{U+T}\sum_{\chi_l}|H(s,\chi)|^2\mathrm{d}t\ll\sum_{n=M+1}^{M+N}(lT+n)|a_n|^2n^{-2a}$$

引理 3 对 $H\geqslant T^{\frac{1}{3}}$,$l\geqslant 1$,有

$$\sum_{\chi_l}{}^{*}\int_T^{T+H}\left|L\left(\frac{1}{2}+\mathrm{i}t,\chi\right)\right|^2\mathrm{d}t\ll\varphi(l)H\log lH$$

引理 4 以 $N(\alpha,T,l)$ 表示 $\prod\limits_{\chi_l}L(s,\chi_l)$ 在 $\mathrm{Re}\,s\geqslant\alpha$,$|\mathrm{Im}\,s|\leqslant T$ 中的零点个数. 对 $l\leqslant(\log T)^c$,存在 $D=D(c)>0$,使得

$$N(\alpha,T,l)\ll T^{1\,600(1-\alpha)^{\frac{3}{2}}}(\log T)^D,\frac{1}{2}\leqslant\alpha\leqslant 1$$

引理 5　沿用引理 4 中的记号，令

$$N(\alpha,T,H,l)=N(\alpha,T+H,l)-N(\alpha,T,l)$$

则对 $H\geqslant T^{\frac{1}{3}}, l\geqslant 1$，有

$$N(\alpha,T,H,l)\ll(lH)^{\frac{8}{3}(1-\alpha)}(\log lH)^{216},\frac{1}{2}\leqslant\alpha\leqslant 1$$

引理 6　对 $l\geqslant 1$，$\prod\limits_{\chi_l}L(s,\chi_l)(s=\sigma+\mathrm{i}t)$ 在下面的区域中除一可能的例外零点 $\tilde{\beta}$ 外，无零点存在

$$\sigma\geqslant 1-\frac{c_0}{\log q+(\log(T+2))^{\frac{4}{5}}},\ |t|\leqslant T,c_0>0$$

且当 $l\leqslant(\log T)^c$ 时，例外零点 $\tilde{\beta}$ 不存在.

引理 7　令 $s(\alpha,x,y)=\sum\limits_{x<n\leqslant x+y}\mu(n)e(n\alpha),\alpha=\frac{a}{q}+\lambda,(a,q)=1$，则

$$s(\alpha,x,y)\ll L\sum_{ld\mid q}\left(\frac{q}{d}\right)^{-\frac{1}{2}}\mu^2(d)\cdot\sum_{\chi_l}{}^{*}\left|\sum_{\substack{\frac{x}{d}<m\leqslant\frac{x+y}{d}\\(m,q)=1}}\mu(m)\chi(m)e(m\lambda d)\right|$$

证明　可知

$$s(\alpha,x,y)=$$

$$\sum_{d\mid q}\sum_{\substack{x<n\leqslant x+y\\(n,q)=d}}\mu(n)e\left(\frac{a}{q}n\right)e(n\lambda)=$$

$$\sum_{d\mid q}\sum_{\substack{\frac{x}{d}<m\leqslant\frac{x+y}{d}\\(m,\frac{q}{d})=1}}\mu(dm)e\left(\frac{a}{\frac{q}{d}}m\right)e(m\lambda d)=$$

$$\sum_{d\mid q}\sum_{l=1}^{\frac{q}{d}}{}'e\left(\frac{al}{\frac{q}{d}}\right)\sum_{\substack{\frac{x}{d}<m\leqslant\frac{x+y}{d}\\m\equiv l(\bmod\frac{q}{d})\\(m,\frac{q}{d})=1}}\mu(dm)e(m\lambda d)=$$

$$\sum_{d \mid q} \frac{1}{\varphi\left(\frac{q}{d}\right)} \sum_{l=1}^{\frac{q}{d}}{}' e\left(\frac{al}{\frac{q}{d}}\right) \sum_{\chi_{\frac{q}{d}}} \overline{\chi}(l) \cdot$$

$$\sum_{\frac{x}{d}<m \leqslant \frac{x+y}{d}} \mu(dm) \chi(m) e(m\lambda d) =$$

$$\sum_{d \mid q} \frac{1}{\varphi\left(\frac{q}{d}\right)} \sum_{\chi_{\frac{q}{d}}} \sum_{l=1}^{\frac{q}{d}} \overline{\chi}(l) e\left(\frac{al}{\frac{q}{d}}\right) \cdot$$

$$\sum_{\frac{x}{d}<m \leqslant \frac{x+y}{d}} \chi(m) \mu(dm) e(m\lambda d) \ll$$

$$L \sum_{d \mid q} \left(\frac{q}{d}\right)^{-\frac{1}{2}} \cdot$$

$$\sum_{\chi_{\frac{q}{d}}} \left| \sum_{\frac{x}{d}<m \leqslant \frac{x+y}{d}} \mu(dm) \chi(m) e(\lambda dm) \right| =$$

$$L \sum_{d \mid q} \left(\frac{q}{d}\right)^{-\frac{1}{2}} \cdot$$

$$\sum_{l \mid \frac{q}{d}} \sum_{\chi_l}{}^{*} \left| \sum_{\substack{\frac{x}{d}<m \leqslant \frac{x+y}{d} \\ \left(m, \frac{q}{d}\right)=1}} \mu(dm) \chi(m) e(d\lambda m) \right| =$$

$$L \sum_{ld \mid q} \left(\frac{q}{d}\right)^{-\frac{1}{2}} \mu^2(d) \cdot$$

$$\sum_{\chi_l}{}^{*} \left| \sum_{\substack{\frac{x}{d}<x \leqslant \frac{x+y}{d} \\ (m,q)=1}} \mu(m) \chi(m) e(\lambda dm) \right|$$

引理 7 证毕.

§3　定理3的证明

在这里我们假设定理3的所有条件.

令

$$s_1(\chi)=\sum_{\substack{x_1<m\leqslant x_1+y_1\\(m,q)=1}}\mu(m)\chi(m)e(m\lambda d)$$

χ—模l的原特征

$$s_1(l,d)=\sum_{\chi_l}{}^{*}\ |s_1(\chi)|$$

其中$x_1=\dfrac{x}{d}$,$y_1=\dfrac{y}{d}$.

在关于麦比乌斯函数的Heath-Brown恒等式

$$\frac{1}{\zeta}=\sum_{j=1}^{h}(-1)^{j-1}\binom{k}{j}\zeta^{j-1}M^j+\frac{1}{\zeta}(1-\zeta M)^k$$

中取$k=3$,$M=M_X(s)=\sum\limits_{n\leqslant X}\mu(n)n^{-s}$,$X=\sqrt[3]{2x_1}$,易知,对$x_1<u\leqslant 2x_1$,和式

$$\sum_{\substack{x_1<m\leqslant u\\(m,q)=1}}\mu(m)\chi(m)\tag{1}$$

是$O(1)$个下面和式的线性组合

$$s_2=\sum_{\substack{x_1<n_1n_2\cdots n_5\leqslant u\\n_j\leqslant X,3\leqslant j\leqslant 5}}a_1(n_1)\chi(n_1)a_2(n_2)\chi(n_2)\cdots a_5(n_5)\chi(n_5)$$

其中,当$(n,q)=1$时

$$a_j(n)=\begin{cases}1,1\leqslant j\leqslant 2\\ \mu(n),3\leqslant j\leqslant 5\end{cases}$$

当$(n,q)\neq 1$时,$a_j(n)=0$.

由Perron求和公式得到($c=1+\dfrac{1}{\log T}$)

$$s_2=\frac{1}{2\pi\mathrm{i}}\int_{c-\mathrm{i}T}^{c+\mathrm{i}T}\sum_{\substack{x_1<n_1\cdots n_5\leqslant 2x_1\\ n_j\leqslant X,3\leqslant j\leqslant 5}}\frac{a_1(n_1)\chi(n_1)\cdots a_5(n_5)\chi(n_5)}{(n_1n_2\cdots n_5)^s}\cdot$$
$$\frac{u^s-x_1^s}{s}\mathrm{d}s+O\left(\frac{x_1^{1+\varepsilon'}}{T}\right)\tag{2}$$

将式(2)中和式的每一变量求和范围分为形如 $N<n\leqslant 2N$ 的形式，这样我们得到，s_2 是 $O(L^5)$ 个下面和式之和

$$s_2=\frac{1}{2\pi\mathrm{i}}\int_{c-\mathrm{i}T}^{c+\mathrm{i}T}\sum_{n_j\in I_j}\frac{a_1(n_1)\chi(n_1)\cdots a_5(n_5)\chi(n_5)}{(n_1n_2\cdots n_5)^s}\cdot$$
$$\frac{u^s-x_1^s}{s}\mathrm{d}s+O\left(\frac{x_1^{1+\varepsilon'}}{T}\right)\tag{3}$$

其中 $I_j=(N_j,2N_j]$，$x_1\ll\prod_{j=1}^{5}N_j\ll x_1$，$N_j\leqslant X$，$3\leqslant j\leqslant 5$.

令

$$f_j(s,\chi)=\sum_{n_j\in I_j}a_j(n)n^{-s}\chi(n),1\leqslant j\leqslant 5$$

$$F(s,\chi)=\prod_{j=1}^{5}f_j(s,\chi)$$

将式(3)中积分线移至 $\mathrm{Re}\ s=\frac{1}{2}$，有

$$s_3=\frac{1}{2\pi\mathrm{i}}\int_{\frac{1}{2}-\mathrm{i}T}^{\frac{1}{2}+\mathrm{i}T}F(s,\chi)\frac{u^s-x_1^s}{s}\mathrm{d}s+O\left(\frac{x_1^{1+\varepsilon'}}{T}\right)+$$
$$O\left(\max_{\frac{1}{2}\leqslant\sigma\leqslant c}\frac{x_1^{\sigma}x_1^{1-\sigma}}{T}\right)=$$
$$\frac{1}{2\pi}\int_{-T}^{T}F\left(\frac{1}{2}+\mathrm{i}t,\chi\right)\frac{u^{\frac{1}{2}+\mathrm{i}t}-x_1^{\frac{1}{2}+\mathrm{i}t}}{\frac{1}{2}+\mathrm{i}t}\mathrm{d}t+O\left(\frac{x_1^{1+\varepsilon'}}{T}\right)$$

以上讨论表明，式(1)可以写成 $O(L^5)$ 个形如 s_3

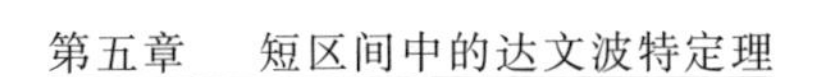

的和式之线性组合，因此

$$s_1(\chi)=\int_{x_1}^{x_1+y_1}e(\lambda du)\mathrm{d}\sum_{\substack{x_1<m\leqslant u\\(m,q)=1}}\mu(m)\chi(m)\ll$$

$$L^5\max_{(I_j)}\left|\int_{x_1}^{x_1+y_1}e(\lambda du)\mathrm{d}u\cdot\right.$$

$$\left.\int_{-T}^{T}F(\frac{1}{2}+\mathrm{i}t,\chi)u^{-\frac{1}{2}+\mathrm{i}t}\mathrm{d}t\right|+$$

$$T^{-1}(1+|\lambda|y)L^5x_1^{1+\varepsilon'}$$

取

$$T=(dl)^{\frac{1}{2}+\varepsilon}y^{-1}x_1^{1+\varepsilon}+(dl)^{\frac{1}{2}+\varepsilon}|\lambda|x_1^{1+\varepsilon}\ll x^{\frac{2}{3}+\varepsilon}$$

由上式得到

$$s_1(\chi)\ll L^5\max_{(I_j)}\left|\int_{-T}^{T}F(\frac{1}{2}+\mathrm{i}t,\chi)\mathrm{d}t\cdot\right.$$

$$\left.\int_{x_1}^{x_1+y_1}u^{-\frac{1}{2}}e\left(\frac{t}{2\pi}\log u+\lambda du\right)\mathrm{d}u\right|+$$

$$d^{-\frac{1}{2}}l^{-\frac{1}{2}-\varepsilon}y\tag{4}$$

现将引理 1 应用于式(4) 中里面的积分，得

$$\int_{x_1}^{x_1+y_1}u^{-\frac{1}{2}}e\left(\frac{t}{2\pi}\log u+\lambda du\right)\mathrm{d}u\ll$$

$$x_1^{-\frac{1}{2}}\min\left\{y_1,\frac{x_1}{\sqrt{|t|}},\frac{x_1}{\min\limits_{x_1\leqslant u\leqslant x_1+y_1}|t+2\pi\lambda du|}\right\}$$

因此

$$s_1(\chi)\ll$$

$$L^5x_1^{-\frac{1}{2}}\cdot$$

$$\max_{(I_j)}\int_{-T}^{T}\min\left\{y_1,\frac{x_1}{\sqrt{|t|}},\frac{x_1}{\min\limits_{x_1\leqslant u\leqslant x_1+y_1}|t+2\pi\lambda du|}\right\}\cdot$$

$$|F(\frac{1}{2}+\mathrm{i}t,\chi)|\mathrm{d}t+yd^{-\frac{1}{2}}l^{-\frac{1}{2}-\varepsilon}$$

取 $H=xy^{-1}+10|\lambda|y$，由于对 $|t+2\pi\lambda dx_1|\leqslant$

H，有

$$\min\left\{y_1, \frac{x_1}{\sqrt{|t|}}\right\} \ll \min\left\{y_1, \sqrt{\frac{x_1}{|\lambda| d}}\right\}$$

对 $|t+2\pi\lambda d x_1| > kH\ (k \geqslant 1)$，有

$$|t+2\pi\lambda d u| \geqslant kH - 2\pi|\lambda| y \gg kH$$

从而得到

$$\int_{-T}^{T} \min\left\{y_1, \frac{x_1}{\sqrt{|t|}}, \frac{x_1}{\min\limits_{x_1 \leqslant u \leqslant x_1+y_1} |t+2\pi\lambda d u|}\right\} \cdot$$

$$\left|F\left(\frac{1}{2}+\mathrm{i}t, \chi\right)\right| \mathrm{d}t \ll$$

$$\int\limits_{|t+2\pi\lambda d x_1| \leqslant H} \min\left\{y_1, \frac{x_1}{\sqrt{|t|}}\right\} \left|F\left(\frac{1}{2}+\mathrm{i}t, \chi\right)\right| \mathrm{d}t +$$

$$\sum_{\substack{k \\ kH \leqslant 2T}} \int\limits_{kH < |t+2\pi\lambda d x_1| \leqslant (k+1)H} \frac{x_1}{\min|t+2\pi\lambda d u|} \cdot$$

$$\left|F\left(\frac{1}{2}+\mathrm{i}t, \chi\right)\right| \mathrm{d}t \ll$$

$$L \max_{|T_1| \leqslant 2T} \int_{T_1}^{T_1+H} \left(\min\left\{y_1, \sqrt{\frac{x_1}{|\lambda| d}}\right\} + \frac{x_1}{H}\right) \cdot$$

$$\left|F\left(\frac{1}{2}+\mathrm{i}t, \chi\right)\right| \mathrm{d}t$$

容易验证

$$\min\left\{y_1, \sqrt{\frac{x_1}{|\lambda| d}}\right\} + \frac{x_1}{H} \ll \sqrt{\frac{x_1 y_1}{H}} = \frac{1}{d}\sqrt{\frac{xy}{H}}$$

成立，所以

$$s_1(\chi) \ll L^6 \max_{(I_j)} \max_{|T_1| \leqslant 2T} d^{-\frac{1}{2}} (yH^{-1})^{\frac{1}{2}} \cdot$$

$$\int_{T_1}^{T_1+H} \left|F\left(\frac{1}{2}+\mathrm{i}t, \chi\right)\right| \mathrm{d}t + y d^{-\frac{1}{2}} l^{-\frac{1}{2}-\varepsilon}$$

为证明定理 3，现在只要证明，对所有可能的(I_i) 及

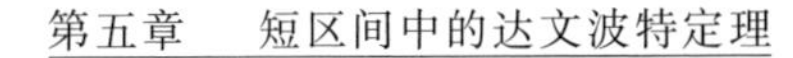

$|T_1| \leqslant 2T$,有

$$H^{-\frac{1}{2}}\sum_{\chi_l}{}^{*}\int_{T_1}^{T_1+H}\left|F\left(\frac{1}{2}+\mathrm{i}t,\chi\right)\right|\mathrm{d}t \ll y^{-\frac{1}{2}}l^{\frac{1}{2}-\frac{\varepsilon}{2}}L^{c_1-6} \tag{5}$$

下面分三种情况证明式(5).

情形 1. 对于 $N_j(1\leqslant j\leqslant 5)$,下标 $j=1,2,\cdots,5$ 可以分为两组 J_1 和 J_2,使得

$$M=\max\left\{\prod_{j\in J_1}N_j,\prod_{j\in J_2}N_j\right\}\ll yl^{-\varepsilon}$$

令 $M_i=\prod_{j\in J_i}N_j(i=1,2)$,$M_1M_2\ll x_1$,有

$$F_i(s,\chi)=\prod_{j\in J_i}f_j(s,\chi)=\sum_{n\leqslant M_i}b_i(n)\chi(n)n^{-s}$$

且 $|b_i(n)|\ll d_5(n)\ll d^5(n)(i=1,2)$.

利用引理 2 和柯西不等式,以及估计式

$$\sum_{n\leqslant N}d^{10}(n)\ll N(\log N)^{1\,023}$$

$$\sum_{n\leqslant N}\frac{d^{10}(n)}{n}\ll(\log N)^{1\,024}$$

可得

$$H^{-\frac{1}{2}}\sum_{\chi_l}{}^{*}\int_{T_1}^{T_1+H}\left|F\left(\frac{1}{2}+\mathrm{i}t,\chi\right)\right|\mathrm{d}t\ll$$

$$H^{-\frac{1}{2}}\left(\sum_{\chi_l}{}^{*}\int_{T_1}^{T_1+H}\left|F_1\left(\frac{1}{2}+\mathrm{i}t,\chi\right)\right|^2\mathrm{d}t\right)^{\frac{1}{2}}\cdot$$

$$\left(\sum_{\chi_l}{}^{*}\int_{T_1}^{T_1+H}\left|F_2\left(\frac{1}{2}+\mathrm{i}t,\chi\right)\right|^2\mathrm{d}t\right)^{\frac{1}{2}}\ll$$

$$H^{-\frac{1}{2}}((lH)^{\frac{1}{2}}+M_1^{\frac{1}{2}})((lH)^{\frac{1}{2}}+M_2^{\frac{1}{2}})L^{1\,024}\ll$$

$$(lH^{\frac{1}{2}}+l^{\frac{1}{2}}M^{\frac{1}{2}}+H^{-\frac{1}{2}}x_1^{\frac{1}{2}})L^{1\,024}\ll$$

$$y^{\frac{1}{2}}(l^{\frac{1}{2}-\frac{\varepsilon}{2}}\tau^{\frac{1}{2}+\frac{\varepsilon}{2}}x^{\frac{1}{2}}y^{-1}+l^{\frac{1}{2}}\tau^{-\frac{1}{2}}+l^{\frac{1}{2}-\frac{\varepsilon}{2}})L^{1\,024}\ll$$

$$y^{\frac{1}{2}} l^{\frac{1}{2}-\frac{\varepsilon}{2}} L^{1\,024}$$

所以在这一情形下，式(5) 对 $c_1 \geqslant 1\,030$ 成立.

情形 2. 存在 $1 \leqslant j_0 \leqslant 5, N_{j_0} \geqslant 2x^{\frac{1}{3}}$.

由于对 $3 \leqslant j \leqslant 5, N_j \leqslant X < 2x^{\frac{1}{3}}$，所以 $j_0 = 1, 2$. 不妨设 $j_0 = 1$，我们首先证明

$$\sum_{\chi_l}{}^* \int_{T_1}^{T_1+H} \left| f_1\left(\frac{1}{2} + \mathrm{i}t, \chi\right) \right|^2 \mathrm{d}t \ll L^3 l H \rho^2(q) \quad (6)$$

由 Perron 求和公式得到

$$f_1\left(\frac{1}{2} + \mathrm{i}t, \chi\right) = \frac{1}{2\pi \mathrm{i}} \int_{c'-\mathrm{i}T_0}^{c'+\mathrm{i}T_0} L_1\left(\frac{1}{2} + \mathrm{i}t + w, \chi\right) \cdot \frac{(2N_1)^w - N_1^w}{w} \mathrm{d}w + O\left(\frac{N_1^{\frac{1}{2}}}{T_0} L\right) \quad (7)$$

其中

$$L_1(s, \chi) = \sum_{\substack{n=1 \\ (n,q)=1}}^{\infty} \chi(n) n^{-s}, \mathrm{Re}\, s > 1$$

$$c' = \frac{1}{2} + \frac{1}{L}$$

对于 $\mathrm{Re}\, s > 1$，有

$$L_1(s, \chi) = \prod_{p \nmid q} \left(1 - \frac{\chi(p)}{p^s}\right)^{-1} = L(s, \chi) \prod_{p \mid q} \left(1 - \frac{\chi(p)}{p^s}\right) \quad (8)$$

上式实际给出了 $L_1(s, \chi)$ 在 s 平面的延拓. 对于原特征 $\chi_{\bmod l}(l > 1)$，$L_1(s, \chi)$ 是一整函数，所以由式(8) 得

$$|L_1(\sigma + \mathrm{i}t, \chi)| \ll \rho(q) |L(\sigma + \mathrm{i}t, \chi)|, \sigma \geqslant \frac{1}{2} \quad (9)$$

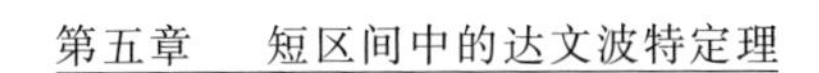

由于对 $0\leqslant\sigma\leqslant1$，$|t|\geqslant2$，有

$$L(\sigma+\mathrm{i}t,\chi_l^*)\ll(l|t|)^{\frac{1-\sigma}{2}}\log l|t| \qquad (10)$$

现将式(7)中积分线移至 $\mathrm{Re}\,w=0$，利用式(9)(10)及 $\rho(q)\ll q^{c'}$ 得

$$f_1\left(\frac{1}{2}+\mathrm{i}t,\chi\right)=$$

$$\frac{1}{2\pi}\int_{-T_0}^{T_0}L_1\left(\frac{1}{2}+\mathrm{i}t+\mathrm{i}v,\chi\right)\frac{(2N_1)^{\mathrm{i}v}-N_1^{\mathrm{i}v}}{\mathrm{i}v}\mathrm{d}v+$$

$$O\left(\max_{0\leqslant\sigma\leqslant c'}\frac{(lT+lT_0)^{\frac{1-\sigma}{2}}}{T_0}N_1^{k\sigma}\log l(T+T_0)\right)+O\left(\frac{N_1^{\frac{1}{2}}}{T_0}L\right)$$

令 $T_0=x^{\frac{2}{3}+\varepsilon}l^{\frac{1}{3}}+T\ll x^{\frac{7}{9}+\varepsilon}$，有

$$\left|f_1\left(\frac{1}{2}+\mathrm{i}t,\chi\right)\right|^2\ll$$

$$\left(\int_{-T_0}^{T_0}\rho(q)\left|L\left(\frac{1}{2}^{\frac{1}{2}}+\mathrm{i}t+\mathrm{i}v,\chi\right)\right|\frac{\mathrm{d}v}{1+|v|}\right)^2+1\ll$$

$$\rho^2(q)L\int_{-T_0}^{T_0}\left|L\left(\frac{1}{2}+\mathrm{i}t+\mathrm{i}v,\chi\right)\right|^2\frac{\mathrm{d}v}{1+|v|}+1$$

因此

$$\sum_{\chi_l}{}^*\int_{T_1}^{T_1+H}\left|f_1\left(\frac{1}{2}+\mathrm{i}t,\chi\right)\right|^2\mathrm{d}t\ll$$

$$L\rho^2(q)\sum_{\chi_l}{}^*\int_{T_1}^{T_1+H}\mathrm{d}t\int_{-T_0}^{T_0}\left|L\left(\frac{1}{2}+\mathrm{i}t+\mathrm{i}v,\chi\right)\right|^2\cdot$$

$$\frac{\mathrm{d}v}{1+|v|}+lH=$$

$$L\rho^2(q)\int_{-T_0}^{T_0}\frac{\mathrm{d}v}{1+|v|}\cdot$$

$$\sum_{\chi_l}{}^*\int_{T_1}^{T_1+H}\left|L\left(\frac{1}{2}+\mathrm{i}t+\mathrm{i}v,\chi\right)\right|^2\mathrm{d}t+lH=$$

$$L\rho^2(q)\int_{-T_0}^{T_0}\frac{\mathrm{d}v}{1+|v|}\cdot$$

$$\int_{T_1+v}^{T_1+v+H}\sum_{\chi_l}{}^{*}\left|L\left(\frac{1}{2}+\mathrm{i}u,\chi\right)\right|^2\mathrm{d}u+lH$$

利用引理 2 得到

$$\sum_{\chi_l}{}^{*}\int_{T_1}^{T_1+H}\left|f_1\left(\frac{1}{2}+\mathrm{i}t,\chi\right)\right|^2\mathrm{d}t\ll\rho^2(q)lHL^3$$

此即式(6).

由引理 2 及式(6) 得

$$H^{-\frac{1}{2}}\int_{T_1}^{T_1+H}\sum_{\chi_l}{}^{*}\left|F\left(\frac{1}{2}+\mathrm{i}t,\chi\right)\right|\mathrm{d}t\ll$$

$$H^{-\frac{1}{2}}\left(\sum_{\chi_l}{}^{*}\int_{T_1}^{T_1+H}\left|f_1\left(\frac{1}{2}+\mathrm{i}t,\chi\right)\right|^2\mathrm{d}t\right)^{\frac{1}{2}}\cdot$$

$$\left(\sum_{\chi_l}{}^{*}\int_{T_1}^{T_1+H}\left|\sum_{j=2}^{5}f_j\left(\frac{1}{2}+\mathrm{i}t,\chi\right)\right|^2\mathrm{d}t\right)^{\frac{1}{2}}\ll$$

$$H^{-\frac{1}{2}}(lH)^{\frac{1}{2}}\left((lH)^{\frac{1}{2}}+\left(\frac{x_1}{N_1}\right)^{\frac{1}{2}}\right)L^{514}\ll$$

$$y^{\frac{1}{2}}(lH^{\frac{1}{2}}y^{-\frac{1}{2}}+l^{\frac{1}{2}}y^{-\frac{1}{2}}x^{\frac{1}{3}}d^{-\frac{1}{2}})L^{514}\ll$$

$$y^{\frac{1}{2}}l^{\frac{1}{2}-\frac{\varepsilon}{2}}L^{514}$$

因此,在这一情形下,式(5) 对 $c_1\geqslant 520$ 成立.

情形 3. $N_j\leqslant 2x^{\frac{1}{3}},1\leqslant j\leqslant 5$.

假设 $N_{j_1}\leqslant N_{j_2}\leqslant\cdots\leqslant N_{j_5}$,由于 $x_1\ll\prod_{j=1}^{5}N_j\ll x_1$,因此存在 $r,1\leqslant r\leqslant 4$,有

$$N_{j_1}\cdots N_{j_r}\leqslant 2x^{\frac{1}{3}}$$

$$N_{j_1}\cdots N_{j_r}N_{j_{r+1}}>2x^{\frac{1}{3}}$$

令 $M_1=N_{j_1}\cdots N_{j_{r+1}},M_2=N_{j_{r+2}}\cdots N_{j_5}$,有

$$M_1\ll x^{\frac{2}{3}}=yx^{-\varepsilon}\ll yl^{-\varepsilon}$$

$$M_2\ll x^{\frac{2}{3}}\ll yl^{-\varepsilon}$$

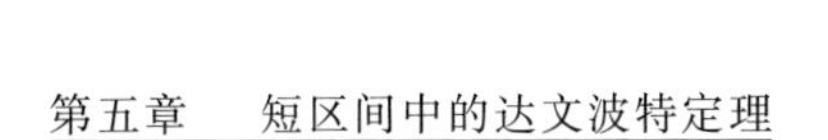

因此这一情形满足情形 1 的条件,式(5) 亦成立. 至此定理 3 证毕.

§4　定理 4 的证明

假定定理 4 中所有条件成立,且应用前文中符号 $s_1(\chi), s_1(l,d)$ 等.

我们仍从 Perron 求和公式开始,对 $x_1 \leqslant u \leqslant 2x_1$,有

$$\sum_{\substack{x_1<m\leqslant x_1+y_1\\(m,q)=1}} \mu(m)\chi(m)=$$

$$\frac{1}{2n_i}\int_{c-\mathrm{i}T}^{c+\mathrm{i}T} L_2(s,\chi)\,\frac{u^s-x_1^s}{s}\mathrm{d}s+O\left(\frac{x^{1+\varepsilon'}}{T}\right) \quad (1)$$

其中 $c=1+\frac{1}{L}$ 且

$$L_2(s,\chi)=\sum_{\substack{m=1\\(m,q)=1}}^{\infty} \mu(m)\chi(m)m^{-s}, \mathrm{Re}\ s>1$$

由于对 $\mathrm{Re}\ s>1$,有

$$L_2(s,\chi)=\prod_{p\nmid q}\left(1-\frac{\chi(p)}{p^s}\right)=$$

$$L^{-1}(s,\chi)\prod_{p\mid q}\left(1-\frac{\chi(p)}{p^s}\right)^{-1}$$

因此上式给出了 $L_2(s,\chi)$ 在 s 平面的延拓,且对 $\mathrm{Re}\ s>\frac{1}{2}$,有

$$L_2(\sigma+\mathrm{i}t,\chi)\ll|L(\sigma+\mathrm{i}t,\chi)|^{-1}\prod_{p\mid q}\left(1-\frac{1}{\sqrt{p}}\right)^{-1}\ll$$

$$L\rho(q)\ |L(\sigma+\mathrm{i}t,\chi)|^{-1} \quad (2)$$

我们以 M 表示 Ramachandra 所定义的所谓 Huxley-Hooley 围道(简称 H-H 围道). 其定义如下:取一长方形

$$\frac{1}{2}\leqslant\sigma\leqslant 1,\ |t|\leqslant T+2\,000(\log T)^2$$

将它分为高为 $400(\log T)^2$ 的相等小矩形,并使实轴将其中之一,记作 R^0,分为相等的两部分,以 $R^n(n=-n,\cdots,0,\cdots,n_1)$ 表示所有这些矩形. 在每一矩形 R^n 中,我们用下面的方法确定它的一条新右边,从而获得一个新矩形:考虑 R^{n-1},R^n,R^{n+1},并且 $\prod\limits_{\chi_l}{}^{*}L(s,\chi)$ 在其中的一个零点,使其实部 β_n 是 R^{n+1},R^n,R^{n-1} 中零点实部的最大者,那么就以 $\mathrm{Re}\ s=\beta_n$ 作为 R^n 的新右边. 用水平线段连接所有新矩形的右边,获得一曲线,记为 M'.

H-H 围道,通过对 M' 作如下修正得到:设 a,b,θ 为特定正常数,$0<\theta<1$,a 将取得很小,而 b 则非常接近 1. 若 $\beta_n<\theta$,则我们以 $\beta'_n=\beta_n+3a(1-\beta_n)$ 取代 β_n,若 $\beta_n\geqslant\theta$,则以 $\beta'_n=\beta_n+b(1-\beta_n)$ 取代 β_n. 这样所获得的围道即 M.

今用水平线段将 $c\pm\mathrm{i}T$ 与 M 连接起来,记这两条线段为 H_1,H_2,T 将取为 x 的某一适当幂次. Ramachandra 证明了,对于 s 属于 H_1 或 H_2,有

$$|L^{-1}(s,\chi)|\ll T^{\varepsilon'}$$

因此,将式(1) 中积分线移至 M,得

$$\sum_{\substack{n_1<m\leqslant u\\(m,q)=1}}\mu(m)\chi(m)=\frac{1}{2\pi\mathrm{i}}\int_M L_2(s,\chi)\ \frac{u^s-x_1^s}{s}\mathrm{d}s+O\left(\frac{x^{1+\varepsilon'}}{T}\right)$$

从而

$$s_1(\chi)=\int_{x_1}^{x_1+y_1}e(\lambda du)\mathrm{d}\sum_{\substack{x_1<m\leqslant u\\(m,q)=1}}\mu(m)\chi(m)=$$

$$\frac{1}{2\pi\mathrm{i}}\int_{x_1}^{x_1+y_1}e(\lambda du)\mathrm{d}u\int_M L_2(s,\chi)u^{s-1}\mathrm{d}s+$$

$$O\Big(\frac{1+|\lambda|y}{T}x^{1+\varepsilon'}\Big)=$$

$$\frac{1}{2\pi\mathrm{i}}\int_M L_2(s,\chi)\mathrm{d}s\int_{x_1}^{x_1+y_1}u^{s-1}e(\lambda du)\mathrm{d}u+$$

$$O\Big(\frac{1+|\lambda|y}{T}x^{1+\varepsilon'}\Big)$$

我们取 $T=d^{\frac{1}{2}}x^{1+\varepsilon}y^{-1}+d^{\frac{1}{2}}x^{1+\varepsilon}|\lambda|$，$x^{\frac{1}{3}}\ll T\ll x^{\frac{2}{3}+\varepsilon}$，有

$$H=xy^{-1}+10|\lambda|y$$

以 $M(H)$ 表示 M 满足

$$T_1\leqslant \mathrm{Re}\,s\leqslant T_1+H,\ |T_1|\leqslant 2T$$

的部分.类似于第二部分的讨论，得到

$$s_1(\chi)\ll Ld^{-\frac{1}{2}}\rho(q)(xy^{-1}H)^{\frac{1}{2}}\cdot$$

$$\max_{|T_1|\leqslant 2T}\int_{M(H)}x^{\sigma-1}|L^{-1}(s,\chi)||\mathrm{d}s|+yd^{-\frac{1}{2}}x^{-\frac{\varepsilon}{2}}$$

为证明定理 4，现只要证明对 $|T_1|\leqslant 2T$，有

$$\sum_{\chi_l}{}^{*}\int_{M(H)}x^{\sigma-1}|L^{-1}(s,\chi)||\mathrm{d}s|\ll(x^{-1}yH)^{\frac{1}{2}}L^{-A-1}$$

或，由于 $H\geqslant xy^{-1}$，只需证

$$\sum_{\chi_l}{}^{*}\int_{M(H)}x^{\sigma-1}|L^{-1}(s,\chi)||\mathrm{d}s|\ll L^{-A-1}\tag{3}$$

我们采用 Ramachandra 的方法来证明式(3) 成立.

Ramachandra 证明了若 $s\in M(H)$ 且 $\mathrm{Re}\,s\leqslant\theta+b(1-\theta)$，则

$$|L^{-1}(s,\chi)|\ll T^{\varepsilon'}$$

若 $s \in M(H)$ 且 $\mathrm{Re}\, s > \theta + b(1-\theta)$，则

$$|L^{-1}(s,\chi)| \ll \exp\{(\log T)^{2(1-b)}\}$$

将包含 $M(H)$ 的最小矩形分为宽度为$\frac{1}{\log T}$的矩形长条，考虑每一小长条 $M(H,\sigma')$，σ' 代表长条的右边. 我们有

$$\int_{M(H,\sigma')} |\mathrm{d}s| \ll N(\sigma,T,H,l)(\log T)^{10}$$

其中，$\sigma'=\sigma+3a(1+\sigma)$，若 $\sigma' \leqslant \theta$；$\sigma'=\sigma+b(1-\sigma)$，若 $\sigma' > \theta$.

由以上讨论及引理 4 ～ 6，我们得到(注意到 $l \ll L^{c_2}$)

$$\sum_{\chi_l}{}^{*} \int_{M(H)} x^{\sigma'-1} |L^{-1}(s,\chi)| |\mathrm{d}s| =$$

$$\sum_{\chi_l}{}^{*} \int_{\substack{M(H)\\ a'<\theta}} x^{\sigma-1} |L^{-1}(s,\chi)| |\mathrm{d}s| +$$

$$\sum_{\chi_l}{}^{*} \int_{\substack{M(H)\\ \theta\leqslant\sigma'\leqslant\theta+b(1-\theta)}} x^{\sigma'-1} |L^{-1}(s,\chi)| |\mathrm{d}s| +$$

$$\sum_{\chi_l}{}^{*} \int_{\substack{M(H)\\ \sigma'>\theta+b(1-\theta)}} x^{\sigma'-1} |L^{-1}(s,\chi)| |\mathrm{d}s| \ll \quad (s=\sigma'+\mathrm{i}t)$$

$$T^{\varepsilon'}\left(\frac{H^{\frac{8}{3}(1-3a)^{-1}}}{x}\right)^{1-\theta} + T^{\varepsilon'}\left(\frac{T^{1\,600(1-b)^{-\frac{3}{2}}(1-\theta)^{\frac{1}{2}}}}{x}\right)^{(1-b)(1-\theta)} +$$

$$\exp\{(\log T)^{3(1-b)}\}\left(\frac{T^{1\,600(1-\theta)^{\frac{1}{2}}(1-b)^{-\frac{1}{2}}}}{x}\right)^{c_0(1-b)(\log T)^{-\frac{4}{5}}}$$

这里假设 a,b,θ 满足

$$H^{\frac{8}{3}(1-3a)^{-1}} \leqslant x^{1-\varepsilon} \tag{4}$$

$$T^{2\,000(1-\theta)^{\frac{1}{2}}(1-b)^{\frac{-3}{2}}} \leqslant x \tag{5}$$

事实上，我们可先取 a，使得

$$\frac{8}{3}(1-3a)^{-1}(\frac{1}{3}+\varepsilon)<1-\varepsilon, H\leqslant x^{\frac{1}{3}+\varepsilon}$$

b 满足 $3(1-b)=\frac{1}{100}$，再取 θ 使式(5) 成立. 这样

$$\sum_{\chi_l}{}^{*}\int_{M(H)} x^{\sigma-1}\mid L^{-1}(s,\chi)\mid\mid \mathrm{d}s\mid \ll$$

$$\exp\{-c'_0 L^{\frac{1}{6}}\}, c'_0>0$$

这就证明了式(3)，从而得到定理 4.

麦比乌斯函数在有限域上的多项式和原根研究中的应用[①]

第六章

设 $f(x)$,$g(x)$ 为有限域 F_q 上的多项式. 利用 Weil 关于特征和的定理,信息工程学院的韩文报教授在1989年证明了当 q 足够大时,F_q 有元素 ξ 使 $f(\xi)$,$g(\xi)$ 同时为 F_q 的原根. 特别,我们得到了某些二元二次方程 $f(x,y)=0$ 有原根解.

对于有限域 F_q 上的二元一次方程

$$ax+by=c,a,b,c\in F_q,a\cdot b\cdot c\neq 0 \tag{1}$$

是否有解 (x,y) 使 x,y 同时为 F_q 的原根? 用 Jacobi 和的方法,王巨平证明了 $q\geqslant 2^{60}$,$a=b=1$ 时,方程(1)有

① 本章摘编自《数学学报》,1989年,第32卷第1期.

解(x,y)使x,y同时为F_q的原根，即证明了所谓的Golomb猜想. Cohen证明了$a=1,b=-1,q\geqslant 2^{60}$时，回答是肯定的. 由此，基本上解决了Vegh问题：任取有限域F_q的一个元素α，存在F_q的原根γ使$\gamma+\alpha$为F_q的原根. 孙琦基本上解决了关于方程(1)的原根解的问题，证明了$q\geqslant 2^{60}$时，方程(1)有解(x,y)使x,y同为F_q的原根. 运用Weil关于特征和的定理，本章得出了更一般的结果. 特别，我们得到了某些二元二次方程$f(x,y)=0$有原根解.

设$f(x),g(x)\in F_q[x]$，F_q为阶q的有限域. 并设$f(x),g(x)$在其分裂域内的不同根数为n,m. 用N_q表示$\xi\in F_q$使$f(\xi),g(\xi)$同为F_q的原根的个数. 若设$f(x),g(x)$满足如下条件：(i)$f(x)\neq a\cdot h_1^{l_1}(x)$，$g(x)\neq b\cdot h_2^{l_2}(x)$，$a,b\in F_q$，$1<l_i\mid q-1$，$h_i(x)\in F_q[x]$，$i=1,2$. (ii)$f(x)\cdot g^l(x)\neq c\cdot h^t(x)$，$1<t\mid q-1$，$l$整数，$c\in F_q$，$h(x)\in F_q[x]$. 我们有如下结果：

定理1　设$f(x),g(x)$如上所设，则

$$N_q\geqslant\left(\frac{\phi(q-1)}{q-1}\right)^2\{q-[(m+n-1)\cdot 2^{\omega(q-1)}-1]\cdot(2^{\omega(q-1)}-1)\sqrt{q}-(r_1+r_2)\frac{q-1}{\phi(q-1)}\}$$

其中r_1,r_2为$f(x),g(x)$在F_q内的不同根数，$\omega(q-1)$表示$q-1$的不同素因子个数，$\phi(n)$为欧拉函数.

定理2　当$\sqrt{q}\geqslant(m+n-1)\cdot 4^{\omega(q-1)}$时，$F_q$内有元素$\xi$使$f(\xi),g(\xi)$同为$F_q$的原根，即$N_q>0$，其中$f(x),g(x)$如上所设.

推论1　设$f(x)\in F_q[x]$，$f(0)\neq 0$. $f(x)$满足

(i),则当$\sqrt{q} \geqslant n \cdot 4^{\omega(q-1)}$时,$F_q$内有原根$\xi$使$f(\xi)$也为$F_q$的原根,$n$的意义如前所述.

推论 2　设$f(x)=ax+b, a, b \in F_q, a \cdot b \neq 0$,则当$q \geqslant 2^{60}$时,$F_q$内有原根$\xi$使$f(\xi)$也为$F_q$的原根.

推论 3　设$f(x)=ax^2+bx+c \neq a(x-\alpha)^2$, $a \cdot c \neq 0, a, b, c \in F_q, \alpha \in F_{q^2}$,则当$q \geqslant 2^{66}$时,$F_q$内有原根$\xi$使$f(\xi)$也为$F_q$的原根.

特别地,在F_q的特征为2的情况下,我们还可以得到下述更为精细的结果:

推论 4　设$f(x)=ax+b, a, b \in F_q, a \cdot b \neq 0$, $q=2^s$,则当$s>2$时,F_q有原根ξ使$f(\xi)$也为原根.

推论 5　设$f(x)=ax^2+bx+c, a, b, c \in F_q, a \cdot c \neq 0, q=2^s$,则当$s>2, s \neq 4,6,8,10,12$时,$F_q$内有原根$\xi$使$f(\xi)$也为原根.

为证明定理1,我们给出如下几个引理.

引理 1　设$\xi \in F_q, \xi \neq 0$,则

$$\sum_{d \mid q-1} \frac{\mu(d)}{\phi(d)} \sum_{\chi^{(d)}} \chi^{(d)}(\xi)=\begin{cases}\dfrac{q-1}{\phi(q-1)}, \text{如果 } \xi \text{ 为 } F_q \text{ 的原根} \\ 0, \text{否则}\end{cases}$$

其中$\chi^{(d)}$过全部F_q的d阶特征标,$\mu(d), \phi(d)$分别为麦比乌斯函数和欧拉函数.

引理 2(Weil定理)　设$f(x) \in F_q[x]. d \mid q-1$. χ为F_q的d阶特征标.若$f(x)$在其分裂域内有t个不同的根,$f(x) \neq a \cdot h^d(x), a \in F_q, h(x) \in F_q[x]$,则

$$\left|\sum_{\xi \in F_q} \chi(f(\xi))\right| \leqslant (t-1)\sqrt{q}$$

引理 3　设$f(x), g(x) \in F_q[x]$满足(i)(ii). χ, ψ为F_q的d_1, d_2阶特征标

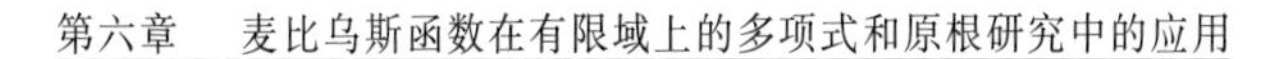

$$d_i \mid q-1, d_i > 1, i=1,2$$

则

$$\left|\sum_{\xi \in F_q} \chi(f(\xi))\psi(g(\xi))\right| \leqslant (m+n-1)\sqrt{q}$$

证明　设 $d = l \cdot c \cdot m\{d_1, d_2\}, d \mid q-1, d > 1$，并设 ρ 为 F_q 的 d 阶特征标，$\chi = \rho^{d/d_1}, \psi = \rho^{d/d_2 \cdot i}$，$(i, d_2) = 1$. 从而

$$\chi(f(\xi))\psi(g(\xi)) = \rho^{d/d_1}(f(\xi))\rho^{d/d_2 \cdot i}(g(\xi)) = \rho(f(\xi)^{d/d_1} \cdot g(\xi)^{d/d_2 \cdot i})$$

若 $f(x)^{d/d_1} \cdot g(x)^{d/d_2 \cdot i} = a \cdot h(x)^d, a \in F_q$，$h(x) \in F_q[x]$，则

$$g(x)^{d/d_2 \cdot i} = a\left(\frac{h(x)^{d_1}}{f(x)}\right)^{d/d_1}$$

所以 $f(x) \mid h(x)^{d_1}$. 令 $g_1(x) = \frac{h(x)^{d_1}}{f(x)}$，故 $g(x)^{d/d_2 \cdot i} = ag_1(x)^{d/d_1}$

又因 $(i, d_2) = 1, d/d_1 \mid d_2$，故 $(d/d_1, i) = 1$，$(d/d_2 \cdot i, d/d_1) = 1$，所以

$$g(x) = c \cdot g_2^{d/d_1}(x), c \in F_q, g_2(x) \in F_q[x]$$

由 $g(x)$ 满足(i)，我们得 $d = d_1$. 从而 $f(x) \cdot g(x)^{d/d_2 \cdot i} = a \cdot h(x)^d$ 与 $f(x), g(x)$ 满足(ii) 矛盾. 所以 $f(x)^{d/d_1} \cdot g(x)^{d/d_2 \cdot i} \neq a \cdot h^d(x)$.

又因 $f(x) \cdot g(x)$ 与 $f(x)^{d/d_1} \cdot g(x)^{d/d_2 \cdot i}$ 的分裂域相同，在分裂域内的不同根数也相同. 但 $f(x) \cdot g(x)$ 在其分裂域内的不同根数不大于 $m+n$，故应用引理 2，我们可得

$$\left|\sum_{\xi \in F_q} \chi(f(\xi))\psi(g(\xi))\right| \leqslant (m+n-1)\sqrt{q}$$

定理 1 的证明　应用引理 1，我们有

$$N_q=\sum_{\substack{\xi\in F_q\\ f(\xi)\neq 0\\ g(\xi)\neq 0}}\left[\left(\frac{\phi(q-1)}{q-1}\right)^2\sum_{\substack{d_1\mid q-1\\ d_2\mid q-1}}\frac{\mu(d_1)\mu(d_2)}{\phi(d_1)\phi(d_2)}\cdot\sum_{\substack{\chi^{(d_1)}\\ \chi^{(d_2)}}}\chi^{(d_1)}(f(\xi))\chi^{(d_2)}(g(\xi))\right]=$$

$$\left(\frac{\phi(q-1)}{q-1}\right)^2\sum_{\substack{d_1\mid q-1\\ d_2\mid q-1}}\frac{\mu(d_1)\mu(d_2)}{\phi(d_1)\phi(d_2)}\cdot\sum_{\substack{\chi^{(d_1)}\\ \chi^{(d_2)}}}\sum_{\substack{\xi\in F_2\\ f(\xi)\neq 0\\ g(\xi)\neq 0}}\chi^{(d_1)}(f(\xi))\chi^{(d_2)}(g(\xi))$$

当 $d_1=d_2=1$ 时，

$$内和=\sum_{\substack{\xi\in F_q\\ f(\xi)\neq 0\\ g(\xi)\neq 0}}\chi^{(1)}(f(\xi))\chi^{(1)}(g(\xi))=\sum_{\xi\in F_q}1-\sum_{\substack{\xi\in F_q\\ f(\xi)=0\\ 或g(\xi)=0}}1\geqslant q-(r_1+r_2) \tag{2}$$

其中 $\chi^{(1)}$ 为 F_q 的主特征标. 当 $d_1=1,d_2>1$ 时

$$内和=\sum_{\substack{d_2\mid q-1\\ d_2>1}}\frac{\mu(d_2)}{\phi(d_2)}\sum_{\chi^{(d_2)}}\sum_{\substack{\xi\in F_q\\ f(\xi)\neq 0}}\chi^{(d_2)}(g(\xi))=$$

$$\sum_{\substack{d_2\mid q-1\\ d_2>1}}\frac{\mu(d_2)}{\phi(d_2)}\sum_{\chi^{(d_2)}}\sum_{\xi\in F_q}\chi^{(d_2)}(g(\xi))-$$

$$\sum_{\substack{d_2\mid q-1\\ d_2>1}}\frac{\mu(d_2)}{\phi(d_2)}\sum_{\chi^{(d_2)}}\sum_{\substack{\xi\in F_q\\ f(\xi)=0}}\chi^{(d_2)}(g(\xi))$$

此时

$$内和的模\leqslant(m-1)(2^{\omega(q-1)}-1)\sqrt{q}+r_1\left(\frac{q-1}{\phi(q-1)}-1\right) \tag{3}$$

当 $d_1>1,d_2=1$ 时，同理

$$\text{内和的模} \leqslant (n-1)(2^{\omega(q-1)}-1)\sqrt{q}+r_2\left(\frac{q-1}{\phi(q-1)}-1\right) \tag{4}$$

当 $d_1>1, d_2>1$ 时

$$\text{内和} = \sum_{\substack{d_1 \mid q-1 \\ d_2 \mid q-1 \\ d_1>1 \\ d_2>1}} \frac{\mu(d_1)\mu(d_2)}{\phi(d_1)\phi(d_2)} \sum_{\substack{\chi^{(d_1)} \\ \chi^{(d_2)}}} \sum_{\xi \in F_q} \chi^{(d_1)}(f(\xi))\chi^{(d_2)}(g(\xi))$$

$$\text{上式的模} \leqslant (2^{\omega(q-1)}-1)^2 \cdot (m+n-1)\sqrt{q} \tag{5}$$

上面的式(3)(4)(5)用到引理2或引理3.由式(2)(3)(4)(5),我们得到

$$\begin{aligned} N_q \geqslant & \left(\frac{\phi(q-1)}{q-1}\right)^2 \{q-(r_1+r_2)-(m+n-2)\cdot \\ & (2^{\omega(q-1)}-1)\sqrt{q}-(r_1+r_2)\left(\frac{q-1}{\phi(q-1)}-1\right)- \\ & (m+n-1)\cdot(2^{\omega(q-1)}-1)^2\sqrt{q}\} = \\ & \left(\frac{\phi(q-1)}{q-1}\right)^2 \{q-[(m+n-1)\cdot 2^{\omega(q-1)}-1]\cdot \\ & (2^{\omega(q-1)}-1)\sqrt{q}-(r_1+r_2)\cdot\frac{q-1}{\phi(q-1)}\} \end{aligned}$$

由此,定理1得证.

定理2的证明　此时只需证明:

当 $\sqrt{q} \geqslant (m+n-1)\cdot 2^{2\omega(q-1)}$ 时,有

$$\begin{aligned} q > & [(m+n-1)\cdot 2^{\omega(q-1)}-1](2^{\omega(q-1)}-1)\sqrt{q}+ \\ & (r_1+r_2)\cdot\frac{q-1}{\phi(q-1)} = \\ & (m+n-1)\cdot 2^{2\omega(q-1)}\cdot \\ & \sqrt{q}-[(m+n)\cdot 2^{\omega(q-1)}-1]\sqrt{q}+ \\ & (r_1+r_2)\cdot\frac{q-1}{\phi(q-1)} \end{aligned} \tag{6}$$

由引理 1,我们得

$$\frac{q-1}{\phi(q-1)} \leqslant 2^{\omega(q-1)}$$

又

$$\sqrt{q} \cdot [(m+n) \cdot 2^{\omega(q-1)} - 1] =$$
$$(\sqrt{q} - 1) \cdot [(m+n) \cdot 2^{\omega(q-1)} - 1] - 1 +$$
$$(m+n) \cdot 2^{\omega(q-1)} >$$
$$(m+n) \cdot 2^{\omega(q-1)} \geqslant (r_1 + r_2) \cdot \frac{q-1}{\phi(q-1)}$$

故得式(6)成立,从而定理2成立.推论1显然由定理2可得.

推论 2 的证明 当 $r=\omega(q-1) \geqslant 16$ 时,有

$$q > 2 \times 3 \times 5 \times 7 \times \cdots \times 53 \times 16^{r-16} > 2^{4r}$$
$$r=\omega(q-1) < 16, q \geqslant 2^{60} \text{ 时}, q \geqslant 2^{4r}$$

总之,$q \geqslant 2^{60}$ 时,$\sqrt{q} \geqslant 2^{2r}$.由推论 1,我们证明了推论 2.

推论 3 的证明 与推论 2 证明类似.

$r=\omega(q-1) \geqslant 17$ 时,有

$$q > 2 \times 3 \times \cdots \times 59 \times 2^{4(r-17)} > 2^{4r+2}$$

又当 $q \geqslant 2^{66}, r=\omega(q-1) \leqslant 16$ 时,$q \geqslant 2^{4r+2}$.

综上,$q \geqslant 2^{66}$ 时,我们有$\sqrt{q} \geqslant 2 \cdot 2^{2r}$.再由推论 1 可得推论 3.综上,推论 3 成立.

为证明推论 4 和推论 5,我们先给出:

命题 1 当 $s > 2, s \neq 3,4,6,8,10,12$ 时,推论 4 成立.

命题 2 当 $s > 10, s \neq 12,16,20,24$ 时,推论 5 成立.

由推论 1,我们得 $s \geqslant 4\omega(q-1)$ 时,推论 4 成立;

$s \geqslant 4\omega(q-1)+2$ 时，推论 5 成立.

由推论 2 和推论 3 知 $s \geqslant 60, s \geqslant 66$ 时，推论 4 和推论 5 分别成立. 因此，对 $s < 60, s < 66$，通过检查 $2^s - 1$ 的分解表，验证是否有 $s \geqslant 4\omega(q-1)$ 或 $s \geqslant 4\omega(q-1)+2$，我们可得命题 1 和命题 2.

对于推论 4 和推论 5 其他情形的证明，需要一些计算，为此我们考察下列集合内的元素个数，其中 $f(x) \in F_q[x]$.

$S = \{(\xi, f(\xi)) \mid \xi \in F_q\}$；

$S_1 = \{(\xi, f(\xi)) \mid \xi \in F_q$ 为 F_q 的原根$\}$；

$S_2 = \{(\xi, f(\xi)) \mid \xi \in F_q, f(\xi)$ 为 F_q 的原根$\}$；

$S_3 = \{(\xi, f(\xi)) \mid \xi, f(\xi)$ 均不是 F_q 的原根，$\xi \in F_q\}$.

$M(r_1, r_2) = \{(\xi, f(\xi)) \mid \xi, f(\xi)$ 分别为 F_q 的 r_1, r_2 次剩余，即 $x^{r_1} = \xi, y^{r_2} = f(\xi)$ 在 F_q 内有解，$\xi \in F_q\}$，其中 $r_i \mid q-1, r_i > 1, i = 1, 2$.

$H = \{(\xi, f(\xi)) \mid \xi, f(\xi)$ 同为 F_q 的原根，$\xi \in F_q\}$.

我们有

$$\mid S \mid = q, \mid S \mid = \phi(g-1), \mid H \mid = N_q$$

$$S = S_1 \cup S_2 \cup S_3, H = S_1 \cap S_2$$

$$S_3 = \bigcup_{\substack{1<r_i \mid q-1 \\ i=1,2}} M(r_1, r_2)$$

$$\mid S \mid = \mid S_1 \mid + \mid S_2 \mid + \mid S_3 \mid - \mid H \mid$$

$$N_q = \mid H \mid = \mid S_1 \mid + \mid S_2 \mid + \mid S_3 \mid - \mid S \mid = \mid S_2 \mid + \mid S_3 \mid + \phi(q-1) - q$$

命题 3

$$\mid M(r_1, r_2) \mid \geqslant \frac{1}{r_1 r_2}\{q - (r_2 - 1)\sqrt{q}(n-1) - (r_2 - 1)(r_1 - 1) \cdot n\sqrt{q} - (n+1)\}$$

其中 $f(x) \in F_q[x], f(0) \neq 0, f(x) \neq a \cdot h^{r_2}(x)$，$a \in F_q, h(x) \in F_q[x]$，$n$ 的意义如前所述.

证明 设 χ, ψ 为 F_q 的 r_1, r_2 阶特征标，$\xi \in F_q$，$\xi \neq 0$，则

$$\sum_{i=0}^{r_1-1} \chi^i(\xi) = \begin{cases} r_1, \xi \text{ 为 } F_q \text{ 的 } r_1 \text{ 次剩余} \\ 0, \text{否则} \end{cases}$$

我们有

$$\begin{aligned} |M(r_1, r_2)| = & \sum_{\xi \in F_q} \frac{1}{r_1 r_2} \Big(\sum_{i=0}^{r_1-1} \chi^i(\xi) \sum_{j=0}^{r_2-1} \psi^j(f(\xi)) + \\ & \frac{r_1 - 1}{r_1} \delta_1 + \frac{r_2 - 1}{r_2} \delta_2 \Big) = \\ & \frac{1}{r_1 r_2} \{ q - (\delta_3 + 1) + \sum_{i=1}^{r_1-1} \sum_{\xi \in F_q} \chi^i(\xi) + \\ & \sum_{j=1}^{r_2-1} \sum_{\xi \in F_q} \psi^j(f(\xi)) + \\ & \sum_{\xi \in F_q} \sum_{i=1}^{r_1-1} \sum_{j=1}^{r_2-1} \chi^i(\xi) \psi^j(f(\xi)) + \\ & \frac{r_1 - 1}{r_1} \delta_1 + \frac{r_2 - 1}{r_2} \delta_2 \} \end{aligned}$$

其中

$$\delta_1 = \begin{cases} 1, f(0) \text{ 为 } r_2 \text{ 次剩余} \\ 0, \text{否则} \end{cases}$$

δ_2 为 $f(x)$ 在 F_q 内的根为 r_1 次剩余的个数. δ_3 为 $f(x)$ 在 F_q 内根的个数，$\delta_3 \leqslant n$.

我们知道

$$\sum_{\xi \in F_q} \chi^i(\xi) = 0, 1 \leqslant i \leqslant r_1 - 1$$

利用引理 2 和引理 3 得

$$|M(r_1,r_2)|\geqslant\frac{1}{r_1r_2}\{q-(\delta_3+1)-\sum_{j=1}^{r_2-1}\Big|\sum_{\xi\in F_q}\psi^j(f(\xi))\Big|-\sum_{i=1}^{r_1-1}\sum_{j=1}^{r_2-1}\Big|\sum_{\xi\in F_q}\chi^i(\xi)\psi^j(f(\xi))\Big|\}+\frac{r_1-1}{r_1}\delta_1+\frac{r_2-1}{r_2}\delta_2\geqslant\frac{1}{r_1r_2}\{q-(r_2-1)(n-1)\sqrt{q}-(r_2-1)(r_1-1)n\sqrt{q}-(n+1)\}$$

命题 4

$$|M(r_1,r_2)|\leqslant\frac{1}{r_1r_2}\{q+(r_2-1)(n-1)\sqrt{q}+(r_2-1)(r_1-1)n\sqrt{q}+(n+1)\}+\frac{r_1-1}{r_1}\delta_1+\frac{r_2-1}{r_2}\delta_2$$

推论 4 的证明　此时 $S_2=\phi(q-1)$，从而

$$N_q=|S_3|+2\phi(q-1)-q$$

当 $s=3,6,10$ 时，$2\phi(q-1)>q,q=2^s$，所以 $N_q>0$，推论 4 成立.

当 $s=4$ 时，设 χ 为 F_{2^4} 上的 3 阶特征标

$$|M(3,3)|=\frac{1}{9}\sum_{\xi\in F_{2^4}}(1+\chi(\xi)+\chi^2(\xi))\cdot(1+\chi(f(\xi))+\chi^2(f(\xi)))+\frac{2}{3}(\delta_1+\delta_2)=\frac{1}{9}\Big(2^4-\chi(a)-\chi^2(a)+\sum_{\xi\in F_{2^4}}\chi(\xi f(\xi))+\sum_{\xi\in F_{2^4}}\chi^2(\xi f(\xi))\Big)+\frac{2}{3}(\delta_1+\delta_2)$$

所以

$$|M(3,3)| \geqslant \frac{1}{9}(2^4-2-2\sqrt{2^4})>0$$

$$N_{2^4}=|S_3|+2\phi(2^4-1)-2^4 \geqslant |M(3,3)|+2\phi(2^4-1)-2^4=|M(3,3)|>0$$

故 $s=4$ 时,推论 4 成立.

当 $s=8$ 时,由命题 3,有

$$|S_3| \geqslant |M(3,3)| \geqslant \frac{1}{9}(2^8-4\cdot\sqrt{2^8})>0$$

故

$$N_{2^8}=|S_3|+2\phi(2^8-1)-2^8=|S_3| \geqslant |M(3,3)|>0$$

所以 $s=8$ 时推论 4 成立.

当 $s=12$ 时,同样利用命题 3 和命题 3′,我们得到

$$|M(3,3)| \geqslant 427$$

$$|M(3,5)| \geqslant 239$$

$$|M(5,3)| \geqslant 239$$

$$|M(15,3)| \leqslant 132$$

$$|M(3,15)| \leqslant 132$$

$$|S_3| \geqslant |M(3,3)|+|M(3,5)|+|M(5,3)|-|M(3,15)|-|M(15,3)|-|M(15,15)|+|M(15,15)| \geqslant 641$$

所以

$$N_q \geqslant 2\phi(q-1)+641-2^{12}=1$$

故 $s=12$ 时,推论 4 成立.

综上,推论 4 全部证完.

为证明推论 5,我们需对 $|S_2|$ 进行估计.

命题 5 设 $f(x) \in F_q[x]$, $f(x) \neq a\cdot h^l(x)$, $l\mid$

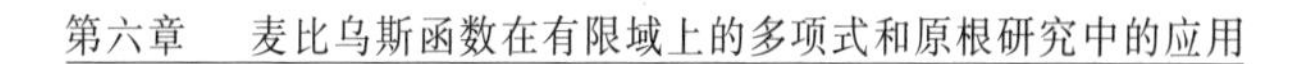

$q-1, l>1, a \in F_q, h(x) \in F_q[x]$,则

$$|S_2| \geqslant \frac{\phi(q-1)}{q-1}\{q-r_1-(2^{\omega(q-1)}-1)(n-1)\sqrt{q}\}$$

其中 n, r_1 分别为 $f(x)$ 在其分裂域和 F_q 内的不同根数.

证明　利用引理 1 和引理 2,我们可得

$$|S_2| = \frac{\phi(q-1)}{q-1}\sum_{d|q-1}\frac{\mu(d)}{\phi(d)}\sum_{\chi^{(d)}}\sum_{\substack{\xi\in F_q \\ f(\xi)\neq 0}}\chi^{(d)}(f(\xi)) =$$

$$\frac{\phi(q-1)}{q-1}\left\{\sum_{\substack{d|q-1 \\ d>1}}\frac{\mu(d)}{\phi(d)}\sum_{\chi^{(d)}}\sum_{\xi\in F_q}\chi^{(d)}(f(\xi))+q-r_1\right\}$$

所以

$$|S_2| \geqslant \frac{\phi(q-1)}{q-1}[q-r_1-(2^{\omega(q-1)}-1)(n-1)\sqrt{q}]$$

推论 5 的证明　当 $s=3,5,7,9$ 时,应用命题 5,我们有

$$|S_1|+|S_2|>q$$

例如 $s=3$ 时

$$|S_2| \geqslant \frac{6}{7}(2^3-2-\sqrt{2^3}) \geqslant 2.7$$

而 $|S_1| = \phi(2^3-1)=6$,所以

$$|S_1|+|S_2| \geqslant 8.7 > 2^3 = q$$

当 $s=16,20,24$ 时

$$|S_1|+|S_2|+|M(3,3)|>q$$

例如 $s=16$ 时,$q=2^{16}, q-1=3\times 5\times 17\times 257$,有

$$|S_2| \geqslant \frac{\phi(q-1)}{q-1}[q-2-(2^4-1)\sqrt{q}] > 30\ 847.47$$

$$|M(3,3)| \geqslant \frac{1}{9}(q-10\sqrt{q}-3) = 6\ 997$$

$$|S_1|=\phi(q-1)=32\ 768$$

所以

$$|S_1|+|S_2|+|M(3.3)|\geqslant$$
$$70\ 612.47>q=2^{16}=65\ 536$$

同理可以验证 $s=20.24$ 的情形,我们均有 $N_q>0$.

综上,推论 5 得证.

有限环上的齐次重量与麦比乌斯函数①

第七章

华中师范大学的樊恽和湖北大学的刘宏伟两位教授在2009年讨论了有限环上齐次重量、麦比乌斯函数和欧拉phi-函数等函数之间的关系. 在有限主理想环上给出了这些函数的易于计算的刻画,对于整数剩余类环把它们还原成了经典的数论麦比乌斯函数和数论欧拉phi-函数.

§1 引 言

有限环上的齐次重量是有限域上的Hamming重量和模4剩余类环$\mathbb{Z}_4$上的Lee重量的推广,在研究有

① 本章摘编自《数学年刊》,2010年,第31卷第3期.

限环上码的结构和相关度量时有重要意义. 齐次重量的概念最先由 Constantinescu 和 Heise 引入到编码研究中. 随后 Greferath 和 Schmidt 证明了有限环上齐次重量的存在性与唯一性,并且通过有限环的所有主理想构成的偏序集上的麦比乌斯函数和麦比乌斯反演,给出了有限环上齐次重量的一个计算公式. 利用生成特征标,Honold 给出了有限弗罗伯尼(Frobenius)环上齐次重量的计算公式. Voloch 和 Walker 给出了 Galois 环上的齐次重量的一种表达形式,并用来估计在有限环上构造出的代数几何码的齐次重量的界. 目前已有很多文章研究有限环上的带有齐次重量的线性码的结构及相关问题.

本章通过对有限环上的齐次重量的进一步研究,给出了有限主理想环上的麦比乌斯函数和欧拉 phi-函数的完全类似于经典数论麦比乌斯函数和数论欧拉 phi-函数的计算公式,从而得出了有限主理想环上齐次重量的易于计算的公式. 应用到整数模 n 剩余类环 $\mathbb{Z}_n$ 上,得出了使用经典数论麦比乌斯函数和数论欧拉 phi-函数的齐次重量计算公式. 本章还对有限弗罗伯尼环上齐次重量的计算公式给出了另一简洁证明.

§2 齐次重量、麦比乌斯函数和欧拉 phi-函数

本节是关于有限环的齐次重量的有关预备知识.

设 R 是一个有单位元的有限环且单位元 $1 \neq 0$,用 $R^{\times}$ 表示 R 中的所有可逆元构成的乘法群. 对 $x \in R$,令 $Rx = \{rx \mid r \in R\}$ 表示由 x 生成的左主理想. 用

$|X|$ 表示集合 X 的基数,用 $\mathbf{R}$ 表示实数集合.

令 $\mathscr{P}=\{Rx \mid x\in R\}$ 表示 R 的所有左主理想的集合.显然$(\mathscr{P},\supseteq)$是一个偏序集,这里“$\supseteq$”是集合包含关系.

定义 1　称映射 $w:R\to\mathbf{R}$ 为左齐次重量,如果 $w(0)=0$,且以下两条成立:

(1) 对任意 $x,y\in R$,如果 $Rx=Ry$,则 $w(x)=w(y)$;

(2) 存在非负实数 λ,使得对任意 $x\in R-\{0\}$,有 $\sum_{y\in Rx}w(y)=\lambda|Rx|$.

条件(2)表明齐次重量在 R 的所有非零左主理想上的平均值是一样的,都是 λ.相应地可以定义右齐次重量.对交换的有限环,齐次重量就没有左与右的差别.约定:以下所说理想、齐次重量都是指左理想、左齐次重量.

对 $x,y\in R$,若存在 $r\in R$,使得 $rx=y$,则记 $x\mid y$,称 x 整除 y.若 $x\mid y$ 且 $y\mid x$,等价地,若 $Rx=Ry$,则记 $x\overset{g}{\sim}y$.显然“$\overset{g}{\sim}$”是 R 上的等价关系,称为 R 上的相伴关系.相伴关系的等价类称为相伴类.用 $\tilde{x}$ 表示 x 所在的相伴类.因 R 是有限环,可验证 $\tilde{x}=R^{\times}x=\{ux\mid u\in R^{\times}\}$.按定义,相伴类 $\tilde{x}$ 就是主理想 Rx 的所有主生成元的集合.因而定义下述表示相伴类长度的函数,称之为欧拉 phi- 函数.

定义 2　对任意 $x\in R$,令 $\varphi(x)=|\tilde{x}|=|\{y\in R\mid Ry=Rx\}|$.

按定义,R 上的函数 φ 在一个相伴类上的取值是相同的,这种函数称为 R 上的相伴类函数.整除关系是

相伴类的集合 $\mathscr{A}:=\{\widetilde{x}\mid x\in R\}$ 上的偏序关系，而且

$$\mathscr{A}\xrightarrow{\cong}\mathscr{P},\widetilde{x}\mapsto Rx \tag{1}$$

是偏序集同构.因此，相伴类函数 φ 诱导一个定义在 $\mathscr{P}$ 上的函数：对任意 $I\in\mathscr{P}$，令 $\varphi(I)=\varphi(x)$，其中 $x\in I$，使得 $I=Rx$，即 $\varphi(I)$ 是主理想 I 的主生成元的个数.环 R 的任何理想 I 显然被划分为相伴类的不交并集，而由同构式(1)，相伴类恰对应于主理想，故

$$|I|=\sum_{\substack{J\in\mathscr{P}\\ I\supseteq J}}\varphi(J),\forall I\in\mathscr{P}$$

按照偏序集 $\mathscr{P}$ 上的麦比乌斯反演，就有

$$\varphi(I)=\sum_{\substack{J\in\mathscr{P}\\ I\supseteq J}}\mu(I,J)\cdot|J|,\forall I\in\mathscr{P} \tag{2}$$

其中 μ 是偏序集 $\mathscr{P}$(所以也是偏序集 $\mathscr{A}$) 上的麦比乌斯函数.

定义 1 中的条件(1) 实际上就是说齐次重量 w 是相伴类函数，所以 w 也诱导一个定义在 $\mathscr{P}$ 上的函数：对任意 $I\in\mathscr{P}$，函数 $w(I)=w(x)$，其中 $x\in I$，使得 $I=Rx$.

Greferath 和 Schmidt 给出了如下关于齐次重量的计算公式：任意 $x\in R$ 的齐次重量为

$$w(x)=\lambda\left(1-\frac{\mu(Rx,0)}{\varphi(x)}\right) \tag{3}$$

注 1 正如我们在引言中提到的，上述命题将齐次重量的计算归结为有限环上相应的麦比乌斯函数和欧拉 phi- 函数的计算.但一般有限环上的麦比乌斯函数和欧拉 phi- 函数并不容易得出.本章将给出在有限主理想环上的麦比乌斯函数和欧拉 phi- 函数的计算，从而得出有限主理想环上齐次重量的更精细的表达形

式. 为了后面计算的需要,先简述(3) 的一个证明.

对任意 $I \in \mathcal{P}$,如前所述 I 被划分为相伴类的不交并,因此,定义 1 的条件(2) 用上面的记号就表达为

$$\sum_{\substack{J \in \mathcal{P} \\ I \supseteq J}} \varphi(J) w(J) = \begin{cases} \lambda \mid I \mid, \text{若 } I \neq 0 \\ 0, \text{若 } I = 0 \end{cases}$$

定义 $\mathcal{P}$ 上的函数

$$t(I) = \begin{cases} \lambda \mid I \mid, \text{若 } I \neq 0 \\ 0, \text{若 } I = 0 \end{cases}$$

那么

$$t(I) = \sum_{\substack{J \in \mathcal{P} \\ I \supseteq J}} \varphi(J) w(J), \forall I \in \mathcal{P}$$

由偏序集 $\mathcal{P}$ 上的麦比乌斯反演,有

$$\varphi(I) w(I) = \sum_{\substack{J \in \mathcal{P} \\ I \supseteq J}} \mu(I, J) t(J), \forall I \in \mathcal{P}$$

即得

$$w(I) = \frac{1}{\varphi(I)} \sum_{\substack{J \in \mathcal{P} \\ I \supseteq J}} \mu(I, J) t(J), \forall I \in \mathcal{P}$$

观察函数 $t(J)$ 的定义并注意到对零理想 0,有 $\mid 0 \mid = 1$,再引用式(2),计算如下

$$\begin{aligned} w(I) = & \frac{1}{\varphi(I)} \sum_{\substack{0 \neq J \in \mathcal{P} \\ J \subseteq I}} \mu(I, J) \cdot \lambda \mid J \mid = \\ & -\lambda \frac{\mu(I, 0)}{\varphi(I)} + \frac{\lambda}{\varphi(I)} \sum_{\substack{J \in \mathcal{P} \\ I \supseteq J}} \mu(I, J) \cdot \mid J \mid = \\ & -\lambda \frac{\mu(I, 0)}{\varphi(I)} + \frac{\lambda}{\varphi(I)} \cdot \varphi(I) = \\ & \lambda \left(1 - \frac{\mu(I, 0)}{\varphi(I)} \right) \end{aligned}$$

这就是 Greferath 和 Schmidt 的公式(3).

§3 有限弗罗伯尼环的生成特征标与麦比乌斯函数

Honold 利用有限弗罗伯尼环的生成特征标给出了齐次重量的计算公式. 本节给出了有限弗罗伯尼环的麦比乌斯函数与生成特征标的一个直接联系，于是从 Greferath 和 Schmidt 的公式即 §2 中的公式(3) 直接导出 Honold 的计算公式.

回想从有限加群(运算写作加法的阿贝尔(Abel)群)A 到复数域乘法群 $\mathbb{C}^{\times}$ 的任一同态 $\chi:A\to\mathbb{C}^{\times}$ 称为 A 的一个特征标，此时对 A 的任一子群 B，限制映射 $\chi|_B:B\to\mathbb{C}^{\times}$ 当然也是同态，称为 χ 在子群 B 上的限制特征标. 把任 $a\in A$ 映射为 $1\in\mathbb{C}^{\times}$ 的特征标称为单位特征标，记作 1.

有限环 R 的加群的特征标 $\chi:R\to\mathbb{C}^{\times}$ 也称为环 R 的特征标. 如果环 R 的特征标 $\chi:R\to\mathbb{C}^{\times}$，使得它在任何非零主理想 $I\in\mathcal{P}$ 上的限制特征标 $\chi|_I:I\to\mathbb{C}^{\times}$ 都是非单位特征标，那么就称 χ 是有限环 R 的生成特征标.

可知有限环 R 是一个弗罗伯尼环当且仅当 R 有生成特征标. 我们指出生成特征标与麦比乌斯函数有以下联系：

引理 1 设 R 是有限弗罗伯尼环，χ 是 R 的生成特征标，则对任意 $x\in R$，有

$$\mu(Rx,0)=\sum_{y\in\tilde{x}}\chi(y)$$

证明 对主理想的阶 $|Rx|$ 归纳. 若 $|Rx|=1$，

则 Rx 是零理想，而 $x=0$，此时 $\chi(0)=1=\mu(0,0)$. 下面设$x\neq 0$，记 $I=Rx$. 对 $J\in\mathcal{P}$，以 $\widetilde{J}$ 记J 的主生成元的集合，即 $\widetilde{J}=\{y\in J\mid Ry=J\}$，它就是 §2 中同构式(1) 之下 J 对应的相伴类. 而 I 划分为相伴类的不交并，所以

$$\sum_{y\in I}\chi(y)=\sum_{\substack{J\in\mathcal{P}\\ I\supseteq J}}\sum_{y\in\widetilde{J}}\chi(y)=\sum_{y\in\widetilde{I}}\chi(y)+\sum_{\substack{J\in\mathcal{P}\\ I\supsetneqq J}}\sum_{y\in\widetilde{J}}\chi(y)$$

因为限制特征标 $\chi|_I$ 是加群 I 的非单位特征标，所以 $\sum\limits_{y\in I}\chi(y)=0$. 按归纳法，对任意 $J\in\mathcal{P}$ 且 $J\subsetneqq I$，$\sum\limits_{y\in\widetilde{J}}\chi(y)=\mu(J,0)$，故得

$$\sum_{y\in\widetilde{I}}\chi(y)+\sum_{\substack{J\in\mathcal{P}\\ I\supsetneqq J}}\mu(J,0)=0$$

另外，因 $I\neq 0$，故在偏序区间$[I,0]$上，麦比乌斯函数满足

$$\mu(I,0)+\sum_{\substack{J\in\mathcal{P}\\ I\supsetneqq J}}\mu(J,0)=\sum_{\substack{J\in\mathcal{P}\\ I\supseteq J}}\mu(J,0)=0$$

将此式与上式比较即得

$$\sum_{y\in\widetilde{I}}\chi(y)=\mu(I,0)$$

从 §2 中公式(3) 及引理 1 可得到下述推论.

推论1　设R是有限弗罗伯尼环，χ 是R 的生成特征标，w 是平均重量λ 的齐次重量，则对任意 $x\in R$，有

$$w(x)=\lambda\left(1-\frac{1}{\varphi(x)}\sum_{y\in\widetilde{x}}\chi(y)\right)$$

以下指出，Honold 给出的齐次重量公式与这个公式是一致的，记号同上推论. 前面已提到 x 的相伴类 $\widetilde{x}=R^{\times}x=\{ux\mid u\in R^{\times}\}$，也就是乘法群 $R^{\times}$ 以左平移方式可迁地作用在相伴类 $\widetilde{x}$ 上. 以 $R_x^{\times}$ 记x 在$R^{\times}$ 中的

稳定子群,那么作为群 $R^\times$ 作用集合,$\tilde{x} \cong R^\times / R_x^\times$. 所以 $|R^\times| = |R^\times : R_x^\times| \cdot |R_x^\times| = |\tilde{x}| \cdot |R_x^\times| = \varphi(x) \cdot |R_x^\times|$,而且

$$\sum_{u \in R^\times} \chi(ux) = \sum_{v \in R^\times / R_x^\times} \sum_{u \in vR_x^\times} \chi(ux) = \sum_{v \in R^\times / R_x^\times} |R_x^\times| \cdot \chi(vx) = |R_x^\times| \cdot \sum_{y \in \tilde{x}} \chi(y)$$

将以上两式代入推论 1,就得

$$w(x) = \lambda\left(1 - \frac{1}{|R^\times|} \sum_{u \in R^\times} \chi(ux)\right)$$

这就是 Honold 的计算公式.

§4 有限主理想环上的麦比乌斯函数和欧拉 phi- 函数

在本节中,我们将给出有限主理想环的麦比乌斯函数和欧拉 phi- 函数的完全类似于数论中相应函数的计算公式,从而给出有限主理想环上的齐次重量的精确刻画. 为此先简单介绍有限链环和有限主理想环的基本性质.

一个有限环称为链环,如果它的所有理想在包含关系之下是一个链. 由此得到有限链环有唯一极大主理想,并且其极大主理想由一个元生成.

设 R 是一个有限链环,$\mathfrak{m}$ 是 R 的唯一极大理想,γ 是极大理想 $\mathfrak{m}$ 的生成元,那么 $\mathfrak{m} = R\gamma$,这里 $R\gamma = \{\beta\gamma \mid \beta \in R\}$,且有

$$R=R\gamma^{0}\supseteq R\gamma^{1}\supseteq\cdots\supseteq R\gamma^{i}\supseteq\cdots$$

其中的链不可能无限，即存在指标 i，使得 $R\gamma^{i}=\{0\}$. 设 e 是使得 $R\gamma^{e}=\{0\}$ 的最小指标，称 e 为 γ 的幂零指数.

设$\mathbb{F}=R/\mathfrak{m}=R/R\gamma$ 是 R 对应的特征为 p 的剩余域，这里 p 是素数，那么存在整数 q 和 r，使得 $|\mathbb{F}|=q=p^{r}$，并且有$\mathbb{F}^{\times}=\mathbb{F}-\{0\}$，这表明 $|\mathbb{F}^{\times}|=p^{r}-1$.

引理 1　记号如上. 对任意 $0\neq r\in R$，存在唯一整数 i，$0\leqslant i<e$，使得 $r=u\gamma^{i}$，这里 u 是一个单位，单位 u 在模 γ^{e-i} 下唯一.

引理 2　设 R 是一个有限链环，$\mathfrak{m}=R\gamma$ 是 R 的极大理想，这里 γ 是 $\mathfrak{m}$ 的生成元，其幂零指数是 e. 设 $V\subseteq R$ 是 R 在模 γ 下的 R 的等价类的代表元的集合，那么：

(1) 对所有 $r\in R$，存在唯一 $r_{0},\cdots,r_{e-1}\in V$，使得 $r=\sum\limits_{i=0}^{e-1}r_{i}\gamma^{i}$；

(2) $|V|=|\mathbb{F}|$；

(3) $|R\gamma^{j}|=|\mathbb{F}|^{e-j}$，这里 $0\leqslant j\leqslant e-1$.

由引理 2，容易计算出 R 的基数如下

$$|R|=|\mathbb{F}|\cdot|R\gamma|=|\mathbb{F}|\cdot|\mathbb{F}|^{e-1}=|\mathbb{F}|^{e}=q^{e}\tag{1}$$

本节以下恒设 R 是一个有限主理想环，那么有如下同构

$$R\cong R_{1}\times\cdots\times R_{s}\tag{2}$$

其中 $R_{1},R_{2},\cdots,R_{s}$ 是有限链环. 对每个 k，$1\leqslant k\leqslant s$，设 $R_{k}\gamma_{k}$ 是 R_{k} 中由 γ_{k} 生成的唯一极大理想，并设 γ_{k} 的幂零指数是 e_{k}，$\mathbb{F}_{q_{k}}=R_{k}/R_{k}\gamma_{k}$ 是 R_{k} 的阶为 q_{k} 的剩余域，这里 q_{k} 是素数 p_{k} 的幂. 令 $\mathcal{P}_{k}$ 表示 R_{k} 的所有理想构成

的偏序集，那么($\mathcal{P}_k$，$\supseteq$)是如下的一个理想链

$$R_k = R_k\gamma_k^0 \supsetneqq R_k\gamma_k^1 \supsetneqq \cdots \supsetneqq R_k\gamma_k^{e_k-1} \supsetneqq R_k\gamma_k^{e_k} = 0$$

整数区间$[0,e_k]=\{0,1,\cdots,e_k-1,e_k\}$也是一个链：$0 \lneqq 1 \lneqq \cdots \lneqq e_k - 1 \lneqq e_k$，并且下述对应

$$[0,e_k] \to \mathcal{P}_k, i_k \mapsto R_k\gamma_k^{i_k} \tag{3}$$

是偏序集反同构，即上述对应是一个双射，并且满足

$$i_k \leqslant j_k \Leftrightarrow R_k\gamma_k^{i_k} \supseteq R_k\gamma_k^{j_k}$$

为方便，我们用

$$\mathcal{E} = [0,e_1] \times \cdots \times [0,e_s]$$

表示所有$[0,e_j]$的直积，这里$1 \leqslant j \leqslant s$，$\mathcal{E}$中的元素写为$\boldsymbol{i}=(i_1,\cdots,i_s)$，其中$i_k \in [0,e_k]$，$\mathcal{E}$是通常偏序集的直积

$$\boldsymbol{i} \leqslant \boldsymbol{j} \Leftrightarrow i_k \leqslant j_k, k=1,\cdots,s$$

注意到环同构(2)诱导下述乘群的同构

$$R^\times \cong R_1^\times \times \cdots \times R_s^\times \tag{2*}$$

对每个$1 \leqslant k \leqslant s$，取$\rho_k \in R$，使得$\rho_k$在$R_1 \times \cdots \times R_s$的象如下

$$\rho_k \mapsto (u_1,\cdots,u_{k-1},\gamma_k,u_{k+1},\cdots,u_s) \tag{4}$$

其中当$l \neq k$时，$u_l \in R_l^\times$，那么由同构(2)和(2*)，立即可得下面的引理.

引理3　环R中的每一个元x可以写成如下形式

$$x = u\rho_1^{i_1}\cdots\rho_s^{i_s}, u \in R^\times$$

$$(i_1,\cdots,i_s) \in \mathcal{E} = [0,e_1] \times \cdots \times [0,e_s]$$

其中$(i_1,\cdots,i_s)$由x唯一决定.

设x如同以上引理所述，那么R的理想Rx在$R_1 \times \cdots \times R_s$中的象就是

$$Rx \to R_1\gamma_1^{i_1} \times \cdots \times R_s\gamma_s^{i_s} \tag{5}$$

因此R中的每一个理想I，对应唯一一个$\boldsymbol{i}=(i_1,\cdots,$

$i_s) \in \mathcal{E}$,使得

$$I = R \cdot (\rho_1^{i_1} \cdots \rho_s^{i_s})$$

如同 §2,本节中仍用 $\mathcal{P}$ 表示R 中的所有主理想构成的偏序集,但因为 R 是主理想环,故此时 $\mathcal{P}$ 恰好是R 中的所有理想构成的集合. 上述讨论已说明

$$\mathcal{E} \to \mathcal{P}, \boldsymbol{i} \mapsto R \cdot (\rho_1^{i_1} \cdots \rho_s^{i_s})$$

是一个双射,注意到(3) 是一个反同构, 因此上述双射是一个反同构.

对 $\boldsymbol{i} = (i_1, \cdots, i_s) \in \mathcal{E}$,令 $\bar{\boldsymbol{i}} = (\bar{i}_1, \cdots, \bar{i}_s) \in \mathcal{E}$,其中 $\bar{i}_k = e_k - i_k, k = 1, \cdots, s$. 对每一个 k,映射$[0, e_k] \to [0, e_k], i_k \mapsto \bar{i}_k$,是一个反同构,因此得到如下反同构

$$\mathcal{E} \to \mathcal{E}$$

$$\boldsymbol{i} = (i_1, \cdots, i_s) \mapsto \bar{\boldsymbol{i}} = (\bar{i}_1, \cdots, \bar{i}_s) = (e_1 - i_1, \cdots, e_s - i_s) \tag{6}$$

由此立即得到如下引理.

引理 4　记号如上. 以下对应是偏序集同构

$$\mathcal{E} \to \mathcal{P}, \boldsymbol{i} \to R \cdot (\rho_1^{\bar{i}_1} \cdots \rho_s^{\bar{i}_s})$$

类似于数论欧拉 phi- 函数,对 q_k,定义 q_k-phi- 函数如下

$$\varphi_k(q_k^{i_k}) = \begin{cases} q_k^{i_k} - q_k^{i_k - 1}, 若\ i_k > 0 \\ 1, 若\ i_k = 0 \end{cases}$$

在 $\mathcal{E}$ 上定义 q-phi- 函数 φ 为

$$\varphi(\boldsymbol{i}) = \prod_{k=1}^{s} \varphi_k(q_k^{i_k}) = \prod_{\substack{1 \leqslant k \leqslant s \\ i_k > 0}} (q_k^{i_k} - q_k^{i_k - 1}) \tag{7}$$

由 §2 中定义 2,对 $x \in R$,$\varphi(x)$ 表示相伴类 $\tilde{x}$ 的基数. 由引理 3 并参照同构(4),存在唯一 $\boldsymbol{i} = (i_1, \cdots, i_s) \in \mathcal{E}$,使得 $x = u\rho_1^{\bar{i}_1} \cdots \rho_s^{\bar{i}_s}$,这里 $u \in R^{\times}$.

引理 5 $\varphi(u\rho_1^{\bar{i}_1}\cdots\rho_s^{\bar{i}_s})=\varphi(\boldsymbol{i})=\prod\limits_{\substack{1\leqslant k\leqslant s\\ i_k>0}}(q_k^{i_k}-q_k^{i_k-1})$.

证明 由(5)中的对应，$\varphi(u\rho_1^{\bar{i}_1}\cdots\rho_s^{\bar{i}_s})$是在直积环$R_1\times\cdots\times R_s$中满足$R_1x_1\times\cdots\times R_sx_s=R_1\gamma_1^{\bar{i}_1}\times\cdots\times R_s\gamma_s^{\bar{i}_s}$的元素$x=(x_1,\cdots,x_s)$的个数，这等价于对任意$k=1,\cdots,s$，$R_kx_k=R_k\gamma_k^{\bar{i}_k}$. 因为$R_k$是链环，$R_kx_k=R_k\gamma_k^{\bar{i}_k}$当且仅当$x_k\in R_k\gamma_k^{\bar{i}_k}-R_k\gamma_k^{\bar{i}_k+1}$. 对$\bar{i}_k=e_k$(等价地，$i_k=0$)，当然有$R_kx_k=R_k\gamma_k^{\bar{i}_k}$当且仅当$x_k=0$. 因此

$$\varphi(u\rho_1^{\bar{i}_1}\cdots\rho_s^{\bar{i}_s})=\prod_{1\leqslant k\leqslant s}|R_k\gamma_k^{\bar{i}_k}-R_k\gamma_k^{\bar{i}_k+1}|=\prod_{\substack{1\leqslant k\leqslant s\\ i_k>0}}(q_k^{i_k}-q_k^{i_k-1})=\varphi(\boldsymbol{i})$$

如同§2，用$\mu(I,J)$表示偏序集$\mathcal{P}$上的麦比乌斯函数. 现在偏序集$\mathcal{P}\cong\mathcal{E}=[0,e_1]\times\cdots\times[0,e_s]$. 对$\boldsymbol{i}=(i_1,\cdots,i_s)\in\mathcal{E}$和$\boldsymbol{j}=(j_1,\cdots,j_s)\in\mathcal{E}$，有麦比乌斯函数$\mu(\boldsymbol{i},\boldsymbol{j})$. 由于麦比乌斯函数具有乘法性质，故$\mu(\boldsymbol{i},\boldsymbol{j})=\prod\limits_{k=1}^{s}\mu_k(i_k,j_k)$，这里$\mu_k(i,j)$是偏序集$[0,e_k]$上的麦比乌斯函数. 由于$[0,e_k]$是一个链，因此

$$\mu_k(i_k,j_k)=\begin{cases}1,若\ i_k-j_k=0\\ -1,若\ i_k-j_k=1\\ 0,否则\end{cases}$$

因而如果存在指标k，使得$i_k-j_k<0$或者$i_k-j_k>1$，那么$\mu_k(i_k,j_k)=0$，从而$\mu(\boldsymbol{i},\boldsymbol{j})=0$；否则$0\leqslant i_k-j_k\leqslant 1$，若存在指标$k$，使得$i_k-j_k=0$，则$\mu_k(i_k,j_k)$对$\mu(\boldsymbol{i},\boldsymbol{j})$的贡献为1，而当$i_k-j_k=1$时，$\mu_k(i_k,j_k)$对$\mu(\boldsymbol{i},\boldsymbol{j})$的贡献为$-1$，即得

$$\mu(\boldsymbol{i},\boldsymbol{j})=\begin{cases}0,\text{如果存在指标 } k,\text{使得 } i_k-j_k<0 \text{ 或者 } i_k-j_k>1\\(-1)^{\beta(\boldsymbol{i},\boldsymbol{j})},\text{否则}\end{cases}\tag{8}$$

其中 $\beta(\boldsymbol{i},\boldsymbol{j})=|\{k\mid i_k-j_k=1\}|$ 是满足 $i_k-j_k=1$ 的指标 k 的个数.

引理 6　按引理 4 的对应,设 $I,J\in\mathcal{P}$ 分别对应于 $\boldsymbol{i},\boldsymbol{j}\in\mathcal{E}$,即 $I=R\cdot(\rho_1^{\bar{i}_1}\cdots\rho_s^{\bar{i}_s})$,$J=R\cdot(\rho_1^{\bar{j}_1}\cdots\rho_s^{\bar{j}_s})$,则

$$\mu(I,J)=\mu(\boldsymbol{i},\boldsymbol{j})=\begin{cases}0,\text{如果存在指标 } k,\text{使得 } i_k-j_k<0 \text{ 或者 } i_k-j_k>1\\(-1)^{\beta(\boldsymbol{i},\boldsymbol{j})},\text{否则}\end{cases}$$

证明　由引理 4 中的偏序集同构和计算公式(8)即得.

由引理 3(元素表达形式)、引理 5($\varphi(\boldsymbol{i})$ 计算公式)和引理 6($\mu(\boldsymbol{i},\boldsymbol{j})$ 计算公式),得到有限主理想环的齐次重量计算公式如下:

定理 1　记号如上. 对任意 $\boldsymbol{i}=(i_1,\cdots,i_s)\in[0,e_1]\times\cdots\times[0,e_s]$ 和 $u\in R^{\times}$,有

$$w(u\rho_1^{\bar{i}_1}\cdots\rho_s^{\bar{i}_s})=\lambda\left(1-\frac{\mu(\boldsymbol{i},\boldsymbol{0})}{\varphi(\boldsymbol{i})}\right)$$

特别地,如果 $s=1$,即 R 是一个链环,则由定理 1 立即得到推论 1.

推论 1　设 R 是一个有限链环,其极大理想为 $R\gamma$,设 γ 的幂零指数为 e,令 $q=|R/R\gamma|$,则对任意 $x\in R$,有

$$w(x)=\begin{cases}0,\text{如果 } x=0\\\dfrac{\lambda q}{q-1},\text{如果 } 0\neq x\in R\gamma^{e-1}\\\lambda,\text{否则}\end{cases}$$

证明　由于 R 是链环,故对任意 $x\in R$,有 $x=$

$u\gamma^{\bar{i}}$，其中 $u \in R^{\times}$，$i \in [0,e]$，这里 $\bar{i}=e-i$. 由定理 1，有

$$w(x)=w(u\gamma^{\bar{i}})=\lambda\left(1-\frac{\mu(i,0)}{\varphi(i)}\right)$$

如果 $x=0$，即 $\bar{i}=e$，从而有 $i=0$，此时 $\varphi(0)=1=\mu(0,0)$，故 $w(x)=0$.

如果 $0 \neq x \in R\gamma^{e-1}$，即有 $i=1$，则由引理 5，得 $\varphi(1)=q-1$，并且由引理 6，得 $\mu(i,0)=-1$，因此

$$w(x)=\lambda\left(1-\frac{-1}{q-1}\right)=\frac{\lambda q}{q-1}$$

否则 $e \geqslant i \geqslant 2$，因此 $\mu(i,0)=0$，从而 $w(x)=\lambda(1-0)=\lambda$.

§5　剩余类环 $\mathbb{Z}_n$ 上的齐次重量

本节给出模 n 剩余类环 $\mathbb{Z}_n$ 上齐次重量的计算，并可看到 $\mathbb{Z}_n$ 上的麦比乌斯函数和欧拉 phi- 函数就是相应的经典数论函数.

对任何整数 $m>1$，有标准分解式 $m=p_1^{i_1}\cdots p_r^{i_r}$，其中，$p_1,\cdots,p_r$ 是互不相同的素数，并且对 $k=1,\cdots,r$，有 $i_k>0$. 经典的数论欧拉 phi- 函数如下

$$\varphi(m)=\prod_{1\leqslant k\leqslant r}(p_k^{i_k}-p_k^{i_k-1})$$

我们还有经典的数论麦比乌斯函数

$$\mu(m)=\begin{cases}(-1)^r, \text{如果对所有 } k=1,\cdots,r, \text{有 } i_k=1\\ 0, \text{否则}\end{cases}$$

并且 $\varphi(1)=\mu(1)=1$.

定理 1　设 n 是一个正整数，w 是 $\mathbb{Z}_n$ 上的齐次重

量函数，则 $\mathbb{Z}_n$ 上的任何元素能够写成 $u\cdot\frac{n}{m}$，其中，$u\in\mathbb{Z}_n^{\times}$，$m\mid n$，并且

$$w\left(u\cdot\frac{n}{m}\right)=w\left(\frac{n}{m}\right)=\lambda\left(1-\frac{\mu(m)}{\varphi(m)}\right)$$

证明　设 $n=p_1^{e_1}\cdots p_s^{e_s}$，其中，$p_1,\cdots,p_s$ 是互不相同的素数，并且对所有的 $k=1,\cdots,s$，有 $e_k>0$，则

$$\mathbb{Z}_n\cong\mathbb{Z}_{p_1^{e_1}}\times\cdots\times\mathbb{Z}_{p_s^{e_s}}$$

这里 $\mathbb{Z}_{p_k^{e_k}}$ 是链环，其极大理想是 $\mathbb{Z}_{p_k^{e_k}}\cdot p_k$，$p_k$ 的幂零指数是 e_k，并且剩余域的阶等于 p_k. 对 $p_k\in\mathbb{Z}_n$，在上述同构映射中被映射到右边中的如下元素

$$p_k\mapsto(p_k,\cdots,p_k,\cdots,p_k)$$

这里当 $l\neq k$ 时，对照 §4 中的公式(4)，右边的括号中的第 l 个位置的 p_k 是 $\mathbb{Z}_{p_l^{e_l}}$ 中的单位. 因此，由 §4 中的引理 3，$\mathbb{Z}_n$ 中的任意元 x 能被写成

$$x=up_1^{l_1}\cdots p_s^{l_s},u\in\mathbb{Z}_n^{\times}$$

$$\boldsymbol{l}=(l_1,\cdots,l_s)\in\mathcal{E}=[0,e_1]\times\cdots\times[0,e_s]$$

设 $(i_1,\cdots,i_s)=\boldsymbol{i}=(e_1-l_1,\cdots,e_s-l_s)$，并设 $m=p_1^{i_1}\cdots p_s^{i_s}$，则 $x=u\cdot\frac{n}{m}$. 因此 $w(x)=w(u\cdot\frac{n}{m})=w\left(\frac{n}{m}\right)$，由 §4 中的定理 1，即得

$$w\left(\frac{n}{m}\right)=w(p_1^{\bar{i}_1}\cdots p_s^{\bar{i}_s})=\lambda\left(1-\frac{\mu(\boldsymbol{i},\boldsymbol{0})}{\varphi(\boldsymbol{i})}\right)$$

再由 §4 中的式(7)

$$\varphi(\boldsymbol{i})=\prod_{1\leqslant k\leqslant s,i_k>0}(p_k^{i_k}-p_k^{i_k-1})=\varphi(m)$$

由 §4 中的引理 6 的公式 $\mu(\boldsymbol{i},\boldsymbol{j})$，容易验证 $\mu(\boldsymbol{i},\boldsymbol{0})=\mu(m)$. 因此

$$w\left(\frac{n}{m}\right)=\lambda\left(1-\frac{\mu(m)}{\varphi(m)}\right)$$

注 1 更精确地,对 $m=p_1^{i_1}\cdots p_s^{i_s}$,其中 $(i_1,\cdots,i_s)\in[0,e_1]\times\cdots\times[0,e_s]$,有

$$w\left(\frac{n}{m}\right)=\begin{cases}\lambda, 若存在一个\ i_k>1\\ \lambda\left(1-\dfrac{1}{\varphi(m)}\right),\\ \quad 若每一个\ i_k\leqslant 1, 并且\ \beta(m)\ 是偶数\\ \lambda\left(1+\dfrac{1}{\varphi(m)}\right),\\ \quad 若每一个\ i_k\leqslant 1, 并且\ \beta(m)\ 是奇数\end{cases}$$

这里 $\beta(m)$ 表示满足 $i_k=1$ 的指标 k 的个数.特别地,对 $m=n$,我们得到

$$w(1)=\begin{cases}\lambda, 若存在一个\ e_k>1\\ \lambda\left(1-\dfrac{(-1)^s}{\varphi(n)}\right), 否则\end{cases}$$

例 1 利用定理 1,容易计算出环 $\mathbb{Z}_{24}$,$\mathbb{Z}_{12}$ 和 $\mathbb{Z}_6$ 中的齐次重量,如表 7.1 ~ 7.3.

表 7.1 $\mathbb{Z}_{24}$ 元素的齐次重量

$\mathbb{Z}_{24}$	$w(x)$	$\mathbb{Z}_{24}$	$w(x)$
0	0	12	2λ
1	λ	13	λ
2	λ	14	λ
3	λ	15	λ
4	$\frac{1}{2}\lambda$	16	$\frac{3}{2}\lambda$
5	λ	17	λ
6	λ	18	λ
7	λ	19	λ
8	$\frac{3}{2}\lambda$	20	$\frac{1}{2}\lambda$
9	λ	21	λ
10	λ	22	λ
11	λ	23	λ

表 7.2　$\mathbb{Z}_{12}$ 元素的齐次重量

$\mathbb{Z}_{12}$	$w(x)$
0	0
1	λ
2	$\frac{1}{2}\lambda$
3	λ
4	$\frac{3}{2}\lambda$
5	λ
6	2λ
7	λ
8	$\frac{3}{2}\lambda$
9	λ
10	$\frac{1}{2}\lambda$
11	λ

表 7.3　$\mathbb{Z}_6$ 元素的齐次重量

$\mathbb{Z}_6$	$w(x)$
0	0
1	$\frac{1}{2}\lambda$
2	$\frac{3}{2}\lambda$
3	2λ
4	$\frac{3}{2}\lambda$
5	$\frac{1}{2}\lambda$

第八章 麦比乌斯函数在关于格的卡氏积的特征多项式和几何性研究中的应用[①]

河北北方学院的钱国栋和张家口职业技术学院的赵燕冰，以及海南软件职业技术学院的霍元极三位教授在 2010 年利用格 $L_i(i=1,2)$ 的性质研究了它们的卡氏积 $L=L_1\times L_2$ 的性质，得到了 L 的秩函数、麦比乌斯函数和特征多项式，并且由 L_i 的几何性证明了 L 的几何性.

§1 预备知识

定义 1 设 $\mathcal{P}$ 是一个非空集，"$\leqslant$"是定义在 $\mathcal{P}$ 上的一个二元关系.

① 本章摘编自《数学的实践与认识》，2010 年，第 40 卷第 15 期.

如果下列的三条公理(1)～(3)成立,那么 $\mathscr{P}$ 就叫作一个偏序集,"$\leqslant$"就叫作 $\mathscr{P}$ 上的偏序.

(1) 对于任意 $x \in \mathscr{P}$,都有 $x \leqslant x$.

(2) 对于任意 $x,y \in \mathscr{P}$,如果 $x \leqslant y$,而且 $y \leqslant x$,那么 $x = y$.

(3) 对于任意 $x,y,z \in \mathscr{P}$,如果 $x \leqslant y$,而且 $y \leqslant z$,那么 $x \leqslant z$.

$\mathscr{P}$ 上的偏序"$\leqslant$"有时记作"$\geqslant$",如果 $x \leqslant y$,而 $x \neq y$,就记 $x < y$(或 $y > x$).

设 $\mathscr{P}$ 是一个偏序集,$a,b \in \mathscr{P}$,如果不存在 $c \in \mathscr{P}$,使得 $a < c < b$,则称 b 是 a 的覆盖,记作 $a <\cdot\, b$. $\mathscr{P}$ 中的元素 m 叫作 $\mathscr{P}$ 的一个极小(大)元,如果不存在 $x \in \mathscr{P}$,使得 $x < m(x > m)$. 如果对所有 $x \in \mathscr{P}$,都有 $m > x(m < x)$,则 m 叫作 $\mathscr{P}$ 的最大(小)元. $\mathscr{P}$ 中唯一的最大(小)元记作 1(0). 设 $\mathscr{P}$ 是含 0 的偏序集,对于$a \in \mathscr{P}$,如果 $0 <\cdot\, a$,则称 a 是 $\mathscr{P}$ 的原子. 设 $\mathscr{Q}$ 是偏序集的一个子集,$u \in \mathscr{P}$,如果对所有 $x \in \mathscr{Q}$ 都有 $u \geqslant x$(或 $u \leqslant x$),u 就叫作 $\mathscr{Q}$ 的一个上(下)界,如果 u 是 $\mathscr{Q}$ 的一个上界,而对 $\mathscr{Q}$ 的任一个上界 v,都有 $v \geqslant u$,那么 u 就叫作 $\mathscr{Q}$ 的上确界. 同样可以定义下确界.

对于 $x,y \in \mathscr{P}$,$x < y$. 如果存在 $x = x_0, x_1, \cdots, x_n = y$,使得

$$x = x_0 < x_1 < x_2 < \cdots < x_n = y \qquad (1)$$

那么就把(1)叫作以 x 为起点,y 为终点的链,也叫 x,y 链,而 n 叫作它的长. 如果 $x_i <\cdot\, x_{i+1}(i=0,1,\cdots,n-1)$,那么(1)就叫作 x,y 的极大链. 如果

$$x = x'_0 < x'_1 < \cdots < x'_n = y \qquad (2)$$

那么也是 x,y 的链. 而 $x_i(1 \leqslant i \leqslant n)$ 都在(2)中出现,

则(2) 就叫作(1) 的加细. 假定 x,y 链都可加细成极大链，而且 x,y 极大链的长相等，就把它叫作从 x 到 y 的长，记作 $d(x,y)$. 如果偏序集含有 0 元，那么就记 $d(0,x)$ 为 $r(x)$.

设 $\mathcal{P}$ 是偏序集，$x,y\in\mathcal{P}$，而 $x<y$，定义 $[x,y]=\{z\in\mathcal{P}\mid x\leqslant z\leqslant y\}$，把 $[x,y]$ 称为以 x,y 为端点的区间，简称区间. 如果 $\mathcal{P}$ 的所有区间都是有限集，那么 $\mathcal{P}$ 就称为局部有限偏序集. 有限集是局部有限偏序集.

定义 2　设 $\mathcal{P}$ 是包含 0 的偏序集，$\mathbb{N}_0$ 是非负整数所成的集合. 函数

$$r:P\rightarrow\mathbb{N}_0$$
$$a\mapsto r(a)$$

叫作 $\mathcal{P}$ 上的秩函数，如果下面的(i) 和(ii) 成立.

(i)$r(0)=0$；

(ii) 对于 $a,b\in\mathcal{P}$，而 $a<b$，那么 $r(b)=r(a)+1$.

定义 3　偏序集 L 称为格，如果 L 中任意两个元素都有上确界和下确界，L 中元素 a,b 的上确界和下确界分别记成 $a\vee b$ 和 $a\wedge b$，分别读作 a 并 b 和 a 交 b.

当格 L 含有限个元素时，就叫作有限格. 含 0 的格称为原子格，如果对每个 $a\in L\backslash\{0\}$，a 都是 L 中一些原子的上确界，即 $a=\bigvee\{p\in L\mid 0<\cdot\, p\leqslant a\}$.

定义 4　设 L 是含 0 的有限格，L 叫作几何格，如果满足以下的条件：

(1)L 是一个原子格；

(2)L 具有秩函数 r，而且对所有的 $x,y\in L$，都有

$$r(x\wedge y)+r(x\vee y)\leqslant r(x)+r(y)$$

定义 5　设 $\mathcal{P}$ 是有限偏序集，K 是特征数为 0 的域，并且 $\mu(x,y)$ 是定义在 $\mathcal{P}$ 上而在 K 中取值的二元函数. 假定 $\mu(x,y)$ 满足以下 3 个条件：

(1) 对任意 $x \in \mathcal{P}$，总有 $\mu(x,x)=1$；

(2) 对于 $x,y \in \mathcal{P}$，如果 $x \not\leqslant y$，则 $\mu(x,y)=0$；

(3) 对于 $x,y \in \mathcal{P}$，如果 $x < y$，则 $\sum\limits_{x \leqslant z \leqslant y} \mu(x,z) = 0$.

就把 $\mu(x,y)$ 叫作 $\mathcal{P}$ 上而在 K 中取值的麦比乌斯函数，简称 $\mathcal{P}$ 上的麦比乌斯函数.

定义 6　设 $\mathcal{P}$ 是有 0 和 1 的有限偏序集，并且 $\mathcal{P}$ 上有秩函数 r 和麦比乌斯函数 μ，那么多项式

$$\chi(\mathcal{P},x) = \sum_{a \in \mathcal{P}} \mu(0,a) x^{r(1)-r(a)}$$

叫作 $\mathcal{P}$ 上的特征多项式.

§2　主要结论

引理 1　局部有限偏序集上一定有麦比乌斯函数，而且是唯一的.

定理 1　设 $L_i(i=1,2)$ 是格，它的偏序、交和并分别记为"$\leqslant_i$""$\wedge_i$"和"$\vee_i$"，而 $L = L_1 \times L_2$.

对于 $(a_1,b_1),(a_2,b_2) \in L_1 \times L_2$，定义

$$(a_1,b_1) \leqslant (a_2,b_2) \Leftrightarrow a_1 \leqslant_1 a_2 \text{ 和 } b_1 \leqslant_2 b_2 \quad (1)$$

$$(a_1,b_1) \wedge (a_2,b_2) \Leftrightarrow a_1 \wedge_1 a_2 \text{ 和 } b_1 \wedge_2 b_2 \quad (2)$$

$$(a_1,b_1) \vee (a_2,b_2) \Leftrightarrow a_1 \vee_1 a_2 \text{ 和 } b_1 \vee_2 b_2 \quad (3)$$

那么"$\leqslant$"是 L 的偏序，并且 L 是一个格. 当 L_1 和 L_2 是有限时，L 也是有限格.

证明 (1) $\forall (a,b) \in L$,则 $a \in L_1, b \in L_2$. 因为"$\leqslant_i$"是 L_i 的偏序,所以 $a \leqslant_1 a, b \leqslant_2 b$,再由式(1),有 $(a,b) \leqslant (a,b)$.

(2) 对于 $(a,b),(c,d) \in L$,如果 $(a,b) \leqslant (c,d)$ 而 $(c,d) \leqslant (a,b)$,那么 $a,c \in L_1, b,d \in L_2$,并且

$$a \leqslant_1 c, c \leqslant_1 a; b \leqslant_2 d, d \leqslant_2 b \tag{4}$$

因为"$\leqslant_1$"和"$\leqslant_2$"分别是 L_1 和 L_2 的偏序,所以由(4),可得 $a=c, b=d$. 因此 $(a,b)=(c,d)$.

(3) 对于 L 中的元素 $(a,b),(c,d),(e,f)$. 如果 $(a,b) \leqslant (c,d),(c,d) \leqslant (e,f)$,那么 $a,c,e \in L_1, b,d,f \in L_2$,并且

$$a \leqslant_1 c \text{ 而 } c \leqslant_1 e; b \leqslant_2 d \text{ 而 } d \leqslant_2 f \tag{5}$$

再由"$\leqslant_i$"是 L_i 的偏序和(5),可得 $a \leqslant_1 e, b \leqslant_2 f$. 因而 $(a,b) \leqslant (e,f)$. 因此"$\leqslant$"是 L 的偏序.

对于 $(a,b),(c,d) \in L$,由式(2) 和式(3),有

$$(a,b) \wedge (c,d) \Leftrightarrow a \wedge_1 c$$

和

$$b \wedge_2 d, (a,b) \vee (c,d) \Leftrightarrow a \vee_1 c \text{ 和 } b \vee_2 d$$

因为"$\wedge_i$"和"$\vee_i$"在 L_i 中封闭,且满足格的公理,所以"$\wedge$"和"$\vee$"在 L 中封闭,且满足格的公理,因此 L 是一个格.

定理 2 设 $\mathcal{P}_i (i=1,2)$ 是包含 0 的有限偏序集,而 $\mathcal{P}=\mathcal{P}_1 \times \mathcal{P}_2$,并且 $\mathcal{P}_i$ 具有秩函数 r_i,那么 $\mathcal{P}$ 按定理 1 中定义的偏序"$\leqslant$"具有秩函数.

证明 因为 $\mathcal{P}_1$ 和 $\mathcal{P}_2$ 是包含 0 的偏序集,所以由定理 2 的证明,可知 $\mathcal{P}_1 \times \mathcal{P}_2$ 是具有最小元 $(0,0)$ 的偏序集.

对于 $(a_1,b_1),(a_2,b_2) \in \mathcal{P}_1 \times \mathcal{P}_2$,如果 $(a_1,b_1) <$

(a_2,b_2)，那么$(a_1,b_1)<(a_1,b_2)<(a_2,b_2)$或$(a_1,b_1)<(a_2,b_1)<(a_2,b_2)$成立.特别地，从$(a_1,b_1)<\cdot(a_2,b_2)$，可得$(a_1,b_1)<\cdot(a_1,b_2)$，$b_1<\cdot b_2$或$(a_1,b_1)<\cdot(a_2,b_1)$，$a_1<\cdot a_2$，即$a_1=a_2$，$b_1<\cdot b_2$或$b_1=b_2$，$a_1<a_2$.设

$$r:\mathcal{P}_1\times\mathcal{P}_2\to\mathbb{N}_0$$
$$(a_1,a_2)\mapsto r(a_1,a_2)=r_1(a_1)+r_2(a_2)$$

那么r是$\mathcal{P}_1\times\mathcal{P}_2$到$\mathbb{N}$的函数，因为：

(1)$r(0,0)=r_1(0)+r_2(0)=0$；

(2)对于(a_1,b_1)，$(a_2,b_2)\in\mathcal{P}_1\times\mathcal{P}_2$，而$(a_1,b_1)<\cdot(a_2,b_2)$，那么当$a_1=a_2$，$b_1<\cdot b_2$时，有

$$r(a_2,b_2)=r_1(a_2)+r_2(b_2)=$$
$$r_1(a_1)+r_2(b_1)+1=r(a_1,b_1)+1$$

当$b_1=b_2$，$a_1<\cdot a_2$时，有

$$r(a_2,b_2)=r_1(a_2)+r_2(b_2)=r_1(a_1)+r_2(b_1)+1=$$
$$r(a_1,b_1)+1$$

所以r是$\mathcal{P}_1\times\mathcal{P}_2$到$\mathbb{N}_0$的秩函数.我们记$r=r_1+r_2$.

定理3　设$\mathcal{P}_1$和$\mathcal{P}_2$是具有0的偏序集，$\mathcal{P}=\mathcal{P}_1\times\mathcal{P}_2$.令$\mu$，$\mu_1$和$\mu_2$分别是$\mathcal{P}$，$\mathcal{P}_1$和$\mathcal{P}_2$的麦比乌斯函数，那么

$$\mu((x_1,x_2),(y_1,y_2))=\mu_1(x_1,y_1)\mu_2(x_2,y_2)$$
$$\forall x_1,y_1\in\mathcal{P}_1,x_2,y_2\in\mathcal{P}_2 \tag{6}$$

证明　由麦比乌斯函数的定义，有

$$\sum_{\substack{(y_1,y_2)\in\mathcal{P}\\(x_1,x_2)\leqslant(y_1,y_2)\leqslant(z_1,z_2)}}\mu_1((x_1,x_2),(y_1,y_2))=$$
$$\delta((x_1,x_2),(z_1,z_2)) \tag{7}$$

$$\sum_{\substack{y_i\in\mathcal{P}_i\\x_i\leqslant y_i\leqslant z_i}}\mu(x_i,y_i)=\delta_i(x_i,z_i),i=1,2$$

其中 δ 和 δ_i 是 δ 函数,即

$$\delta((x_1,x_2),(z_1,z_2))=\begin{cases}1,\text{如果}(x_1,x_2)=(z_1,z_2)\\0,\text{如果}(x_1,x_2)\neq(z_1,z_2)\end{cases}$$

$$\delta_i(x_i,z_i)=\begin{cases}1,\text{如果 } x_i=z_i\\0,\text{如果 } x_i\neq z_i\end{cases}$$

那么

$$\delta((x_1,x_2),(y_1,y_2))=\delta_1(x_1,y_1)\delta_2(x_2,y_2)$$

并且有

$$\sum_{\substack{(y_1,y_2)\in\mathcal{P}\\(x_1,x_2)\leqslant(y_1,y_2)\leqslant(z_1,z_2)}}\mu_1(x_1,y_1)\mu_2(x_2,y_2)=$$

$$\sum_{\substack{y_1\in\mathcal{P}_1\\x_1\leqslant y_1\leqslant z_1}}\sum_{\substack{y_2\in\mathcal{P}_2\\x_2\leqslant y_2\leqslant z_2}}\mu_1(x_1,y_1)\mu_2(x_2,y_2)=$$

$$\Big(\sum_{\substack{y_1\in\mathcal{P}_1\\x_1\leqslant y_1\leqslant z_1}}\mu_1(x_1,y_1)\Big)\Big(\sum_{\substack{y_2\in\mathcal{P}_2\\x_2\leqslant y_2\leqslant z_2}}\mu_2(x_2,y_2)\Big)=$$

$$\delta_1(x_1,z_1)\delta_2(x_2,z_2)=\delta((x_1,x_2),(z_1,z_2))\quad(8)$$

因为对于 $\mathcal{P}$ 中的任意区间$((x_1,x_2),(z_1,z_2))$,(7) 和 (8) 都成立,所以由引理1,对于所有的 $x_1,y_1\in\mathcal{P}_1$ 和 $x_2,y_2\in\mathcal{P}_2$,都有(6) 成立.

定理 4 设 $\mathcal{P}=\mathcal{P}_1\times\mathcal{P}_2$,其中 $\mathcal{P}_i$ 是具有 0,1 和秩函数 r_i 的有限偏序集,那么

$$\chi(\mathcal{P},t)=\chi(\mathcal{P}_1,x)\chi(\mathcal{P}_2,t)$$

证明 因为 $\mathcal{P}_1$ 和 $\mathcal{P}_2$ 是具有 0 和 1 的有限偏序集,所以 $\mathcal{P}$ 是具有最小元(0,0) 和最大元(1,1) 的有限偏序集. 因为 $\mathcal{P}_1,\mathcal{P}_2$ 分别有秩函数 r_1 和 r_2,所以由定理 2,$\mathcal{P}$ 有秩函数 r,并且对于$(a_1,a_2)\in\mathcal{P}$,有

$$r(a_1,a_2)=r_1(a_1)+r_2(a_2)$$

设 μ 是 $\mathcal{P}$ 的麦比乌斯函数,那么由 §1 中定义 6,有

$$\chi(\mathcal{P};t)=\sum_{(a_1,a_2)\in\mathcal{P}}\mu((0,0)(a_1,a_2))t^{r(1,1)-r(a_1,a_2)}$$

令 $\mu_i(i=1,2)$ 是 $\mathcal{P}_i(i=1,2)$ 上的麦比乌斯函数，由定理 3，有

$$\mu((0,0)(a_1,a_2))=\mu_1(0,a_1)\mu_2(0,a_2) \tag{9}$$

再由定理 3 和式(9)，可得

$$\begin{aligned}\chi(\mathcal{P},t)=&\sum_{(a_1,a_2)\in\mathcal{P}}(\mu_1(0,a_1)\mu_2(0,a_2))\cdot\\&t^{(r_1(1)+r_2(1))-(r_1(a_1)+r_2(a_2))}=\\&\sum_{a_1\in\mathcal{P}_1,a_2\in\mathcal{P}_2}\mu_1(0,a_1)t^{r_1(1)-r_1(a_1)}\cdot\\&\mu_2(0,a_2)t^{r_2(1)-r_2(a_2)}=\\&\sum_{a_1\in\mathcal{P}_1}\mu_1(0,a_1)t^{r_1(1)-r_1(a_1)}\cdot\\&\sum_{a_2\in\mathcal{P}_2}\mu_2(0,a_2)t^{r_2(1)-r_2(a_2)}=\\&\chi(\mathcal{P}_1,t)\cdot\chi(\mathcal{P}_2,t)\end{aligned}$$

定理 5　设 $L_i(i=1,2)$ 是几何格，而 $L=L_1\times L_2$，那么 L 是几何格.

证明　由 $L_i(i=1,2)$ 是几何格，可知 L 是一个格，并且在 L_i 中 §1 中定义 4 的条件(1) 成立. 设 p_i 是 L_i 的原子，显然，$(p_1,0)$ 和 $(0,p_2)$ 是 L 的原子.

反之，设 (q_1,q_2) 是 L 的原子，即 $(0,0)<\cdot(q_1,q_2)$. 由 $(0,0)<\cdot(q_1,q_2)$，可得

$$(0,0)<\cdot(q_1,0),0<\cdot q_1$$

或者

$$(0,0)<\cdot(0,q_2),0<\cdot q_2$$

因而 q_i 是 L_i 的原子，因此 L 的原子都可写成 $(p_1,0)$ 或 $(0,p_2)$，其中 p_1,p_2 分别是 $\mathcal{P}_1$ 和 $\mathcal{P}_2$ 的原子.

$\forall(a,b)\in L$，则 $a\in L_1,b\in L_2$. 因为在 L_i 中 G_1 成立，所以

$$a = \bigvee \{p_1 \in L_1 \mid 0 <\cdot\, p_1 \leqslant a\}$$
$$b = \bigvee \{p_2 \in L_2 \mid 0 <\cdot\, p_2 \leqslant b\}$$

因此

$$\begin{aligned}(a,b) = (&\bigvee \{p_1 \in L_1 \mid 0 <\cdot\, p_1 \leqslant a\} \vee \\ &\{p_2 \in L_2 \mid 0 <\cdot\, p_2 \leqslant b\}) = \\ &(\{(p_1,0) \mid p_1 \in L_1, 0 <\cdot\, p_1 \leqslant a\} \vee \\ &\{(0,p_2) \mid p_2 \in L_2, 0 <\cdot\, p_2 \leqslant b\})\end{aligned}$$

于是在 L 中 G_1 成立.

假设 r_i 是 L_i 的秩函数, $i=1,2$, 那么 $r=r_1+r_2$ 是 L 的秩函数. 再从 L_i 是几何格, 可知在 L_i 中 §1 中定义 4 的条件(2) 成立. 令 L_i 的交与并分别是"$\wedge_i$"和"$\vee_i$", L 的交与并分别是"$\wedge$"和"$\vee$", 那么对于 a_i, $b_i \in L_i$, 就有

$$r_i(a_i \wedge b_i) + r_i(a_i \vee b_i) \leqslant r_i(a_i) + r_i(b_i) \tag{10}$$

因而

$$\begin{aligned}&r((a_1,b_1) \wedge (a_2,b_2)) + r((a_1,b_1) \vee (a_2,b_2)) = \\ &r(a_1 \wedge_1 a_2, b_1 \wedge_2 b_2) + r(a_1 \vee_1 a_2, b_1 \vee_2 b_2) = \\ &r_1(a_1 \wedge_1 a_2) + r_2(b_1 \wedge_2 b_2) + \\ &r_1(a_1 \vee_1 a_2) + r_2(b_1 \vee_2 b_2) = \\ &(r_1(a_1 \wedge_1 a_2) + r_1(a_1 \vee_1 a_2)) + \\ &(r_2(b_1 \wedge_2 b_2) + r_1(b_1 \vee_2 b_2))\end{aligned} \tag{11}$$

由式(10) 和式(11), 可得

$$\begin{aligned}&r((a_1,b_1) \wedge (a_2,b_2)) + r((a_1,b_1) \vee (a_2,b_2)) \leqslant \\ &r_1(a_1) + r_1(a_2) + r_2(a_2) + r_2(b_2)\end{aligned}$$

因此

$$\begin{aligned}&r((a_1,b_1) \wedge (a_2,b_2)) + r((a_1,b_1) \vee (a_2,b_2)) \leqslant \\ &r(a_1,b_1) + r(a_2,b_2)\end{aligned}$$

所以在 L 中 G_2 成立.

综上所述,在 L 中 §1 中定义 4 的条件(1) 和(2)成立,所以 L 是一个几何格.